普通高等教育公共课系列教材

信息技术基础

（WPS 版）

主　编　杨明娜　孔繁慧　徐群利

副主编　苏　涛　陈晓莉　刘　源

参　编　景　梅　许　可　马　洋　张　翻

　　　　张　欣　顾心雨　唐彩云

西安电子科技大学出版社

内 容 简 介

本书介绍了信息技术基础知识和相关技能。全书共分 8 个单元，包括新一代信息技术与信息素养、计算机和网络的基础知识、Windows 10 操作系统的使用、信息检索、文字处理、表格处理、演示文稿制作、程序设计基础等内容。

本书从实际出发，以培养学生的实际动手能力和创新能力为目标，在每个单元设置知识目标、能力目标、学习重点、素养目标等板块，同时还给出了实践案例、课后习题，将"预""学""练"贯穿全书。

本书可作为普通高等院校计算机基础课程的配套教材，也可以作为计算机爱好者、办公人员的参考用书。

图书在版编目 (CIP) 数据

信息技术基础 : WPS 版 / 杨明娜，孔繁慧，徐群利主编 . -- 西安 : 西安电子科技大学出版社, 2025. 8. -- ISBN 978-7-5606-7746-0

Ⅰ. TP3

中国国家版本馆 CIP 数据核字第 2025PC0496 号

信息技术基础 (WPS 版)
XINXI JISHU JICHU (WPS BAN)

策　　划　刘统军
责任编辑　许青青
出版发行　西安电子科技大学出版社 (西安市太白南路 2 号)
电　　话　(029) 88202421　88201467　　　　邮　　编　710071
网　　址　www.xduph.com　　　　　　　　　电子邮箱　xdupfxb001@163.com
经　　销　新华书店
印刷单位　咸阳华盛印务有限责任公司
版　　次　2025 年 8 月第 1 版　　　　　　　2025 年 8 月第 1 次印刷
开　　本　787 毫米 × 1092 毫米　1/16　　　印　　张　17.75
字　　数　420 千字
定　　价　52.00 元
ISBN 978-7-5606-7746-0
XDUP 8047001-1
*** 如有印装问题可调换 ***

前 言

PREFACE

随着互联网的普及和数字化时代的到来，掌握信息技术已经成为人们适应社会发展、提高竞争力的必备技能。在当前的就业市场上，具备信息技术背景的人才也更受企业青睐。信息技术具有广泛的跨学科性，学习信息技术可以拓宽自己的学术视野，促进跨学科的学习与融合，从而在未来的学术研究和创新实践中取得更加突出的成果。

本书从实际出发，以培养学生的实际动手能力和创新能力为目标，着重介绍了信息技术的基础知识、职场办公必备技能以及公民的信息素养与社会责任。

全书共 8 个单元。单元 1 介绍了信息技术、新一代信息技术、信息素养、信息安全及社会责任等；单元 2 介绍了计算机的发展历程、计算机的分类与特点、计算机系统的组成以及网络的相关知识；单元 3 介绍了 Windows 10 操作系统的使用；单元 4 介绍了信息检索的相关工具以及工具的使用方法；单元 5 介绍了 WPS 2019 文字的常规排版、图文混排、表格操作等；单元 6 介绍了 WPS 2019 表格的基本操作、公式和函数的使用、数据分析处理、图表操作、数据透视表和数据透视图等；单元 7 介绍了 WPS 2019 演示的基本操作、演示文稿设计、演示文稿的格式转换等；单元 8 介绍了 Python 语言的语法基础，旨在为后续学习网络爬虫、数据分析、Web 开发、大数据、人工智能等打下良好的语言基础。

在本书的编写过程中，编者参考和借鉴了大量文献资料，在此向这些文献资料的作者致以诚挚的感谢。由于编者水平有限，书中难免存在不妥之处，恳请广大读者批评指正。

编 者

2025 年 4 月

目 录

CONTENTS

单元 1　新一代信息技术与信息素养

(1) 掌握云计算、大数据、物联网、人工智能、区块链、5G 等新一代信息技术的基本概念、特点及典型应用场景，理解技术间的融合关系。

(2) 熟悉信息素养、信息安全及社会责任的相关内容。

(1) 了解新一代信息技术的发展史，提升信息素养。

(2) 具备根据新一代信息技术的特征选择合适的技术解决相关问题的能力。

(1) 新一代信息技术的核心特点。

(2) 信息素养核心能力。

在信息技术概论、信息素养和信息安全课程的学习中，我们应注重培养自己的社会责任感和道德意识。信息技术不仅是工具，更是推动社会进步的重要力量。我们应认识到，信息技术的应用必须符合法律法规和道德规范，尤其是在信息安全领域，保护个人隐私和数据安全是每个人的责任。通过课程学习，我们应树立正确的信息伦理观，增强网络安全意识，避免网络犯罪和不良信息传播，同时要运用信息技术服务社会，如参与公益项目，推动信息化建设等，体现科技向善的理念，最终成长为既有技术能力又有社会责任感的复合型人才，为社会发展贡献力量。

1.1　信 息 技 术

1.1.1　信息技术的定义

信息技术 (Information Technology，IT) 是管理和处理信息所采用的各种技术的总称，它主要包括传感技术、计算机与智能技术、通信技术和控制技术。

信息技术可以从广义和狭义两个层面来理解：

广义层面上的信息技术是指能充分利用与扩展人类信息器官功能的各种方法、工具与技能的总和。其强调的是从哲学上阐述信息技术与人的本质关系。

　　狭义层面上的信息技术是指利用计算机、网络、广播电视等各种硬件设备及软件工具与科学方法，对文、图、声、像各种信息进行获取、加工、存储、传输与使用的技术之和。其强调的是信息技术的现代化与高科技含量。

　　信息技术的应用广泛，包括计算机硬件和软件、网络和通信技术、应用软件开发工具等。自计算机和互联网普及以来，人们普遍地使用计算机来生产、处理、交换和传播各种形式的信息。

1.1.2　信息技术的分类与特点

1. 信息技术的分类

　　信息技术按照不同的分类标准，可以分为以下 4 类。

　　(1) 按照表现形态可分为硬技术和软技术。硬技术又被称为物化技术，例如电话机、通信卫星、多媒体电脑等。软技术又被称为非物化技术，例如语言文字技术、数学统计分析技术、规划决策技术、计算机软件技术等。

　　(2) 按照工作流程中的基本环节可分为信息获取技术、信息传递技术、信息存储技术、信息加工技术以及信息标准化技术。

　　信息获取技术：能够对各种信息进行测量、存储、感知和采集的技术，包括信息的搜索、感知、接收和过滤等。

　　信息传递技术：跨越空间共享信息的技术，如单向传递与双向传递技术，单通道传递、多通道传递与广播传递技术等。

　　信息存储技术：跨越时间保存信息的技术，如印刷术、照相术、录音术、录像术、缩微术等。

　　信息加工技术：指对信息进行描述、分类、排序、转换、压缩、扩充、创新等的技术。

　　信息标准化技术：指使信息的获取、传递、存储、加工各环节有机衔接，提高信息交换共享能力的技术。

　　(3) 按照使用信息的设备可分为电话技术、电报技术、广播技术、电视技术、复印技术、缩微技术、卫星技术、计算机技术、网络技术等。

　　(4) 按照技术的功能层次可分为基础层次的信息技术 (如新材料技术和新能源技术)、支撑层次的信息技术 (如机械技术、电子技术、激光技术、生物技术、空间技术)、主体层次的信息技术 (如传感技术、通信技术、计算机技术、控制技术) 和应用层次的信息技术 (如文化教育、商业贸易、工农业生产、社会管理中用以提高效率和效益的各种自动化、智能化、信息化应用软件与设备)。

2. 信息技术的特点

　　信息技术具有高速化、网络化以及多学科交叉综合等特点。

　　(1) 高速化：计算机和通信的发展追求高速度、大容量，如每秒能运算千万次的计算机已经进入普通家庭。

　　(2) 网络化：信息网络分为电信网、广电网和计算机网，三网各有其形成过程和服务对象，但互为补充、共同构成了现代信息网络。

(3) 多学科交叉综合：信息技术是一门多学科交叉综合的技术，计算机技术、通信技术、多媒体技术、网络技术互相渗透、互相作用、互相融合。

1.1.3 信息技术的发展历程

信息技术的发展经历了多个阶段，包括语言的使用、文字的出现、印刷术的发明、电磁波传播技术的发展以及计算机和互联网的使用等。每个阶段都是信息技术进步的重要里程碑，共同推动了人类社会的快速发展。

1. 语言的使用：信息传递的原始曙光

在人类历史的早期，语言的出现无疑是信息技术发展的第一个重大里程碑。在语言诞生之前，人类主要依靠简单的肢体动作、面部表情和声音信号进行有限的交流，这种交流方式所能传递的信息量极为有限，且容易产生误解。随着人类大脑的发育和社交需求的增加，语言应运而生。

语言的出现，使得人类能够更加准确、详细地表达自己的思想、情感和经验。通过语言，人们可以分享狩猎技巧、传授生存经验、讲述神话传说等，从而促进了知识的积累和文化的传承。它打破了时间和空间的限制，让信息能够在更广泛的范围内传播。例如，在原始部落中，长辈们通过口口相传的方式，将狩猎、采集的技能传授给年轻一代，使得部落能够在恶劣的自然环境中生存和发展。语言的出现为人类社会的形成和发展奠定了坚实的基础，开启了人类文明的新纪元。

2. 文字的出现：信息存储与传播的革命

随着人类社会的发展，语言交流的局限性逐渐显现。语言具有瞬时性，信息一旦说出便难以保存和重复传播。为了克服这一局限性，文字应运而生。文字的出现是人类信息技术发展史上的又一次重大飞跃，它实现了信息的长期存储和远距离传播。

不同地区的人类先后发明了各种文字系统，如古埃及的象形文字、两河流域的楔形文字、中国的甲骨文等。这些文字系统通过特定的符号记录语言，将信息以可视化的形式固定下来。人们可以将重要的事件、知识、法律等刻在石头、龟甲、兽骨或泥板上，使得这些信息能够跨越几代人甚至几十代人传承下去。例如，古埃及的金字塔铭文记录了法老的功绩和宗教信仰，为后人研究古埃及文明提供了珍贵的资料；中国的甲骨文则记录了商朝的政治、经济、军事等方面的信息，是研究中国古代历史的重要依据。

文字的出现还促进了文化的交流与融合。不同地区的人们可以通过文字了解彼此的文化、思想和科技成果，从而推动了人类文明的共同进步。同时，文字也催生了书籍、文献等知识载体，为教育和学术研究提供了便利条件，进一步加速了人类社会的发展。

3. 印刷术的发明：信息传播的规模化飞跃

在文字出现后的很长一段时间里，书籍的复制主要依靠手工抄写，这种方式效率低下，成本高昂，且容易出现错误，极大地限制了知识的传播。直到印刷术发明，才彻底改变了这一局面。

中国北宋时期的毕昇发明了泥活字印刷术，这是印刷技术的一次重大革新。活字印刷术采用单个的活字排版，这些活字可以重复使用，大大提高了印刷效率和质量。此后，印刷术逐渐传播到世界各地，并不断改进和发展。德国人约翰·古登堡在 15 世纪中叶发明了铅活字印刷术，进一步推动了印刷技术的普及。

印刷术的发明使得书籍能够大规模生产，成本大幅降低，价格更加亲民。越来越多的人能够接触到书籍，获取知识。这不仅促进了教育的普及，提高了人们的文化素质，还推动了科学技术的传播和创新。例如，在欧洲，印刷术的普及使得宗教改革运动得以迅速传播，马丁·路德的著作被大量印刷和传播，对天主教会的权威产生了巨大冲击，推动了欧洲社会的变革。同时，印刷术也为文学、艺术等领域的发展提供了广阔的平台，促进了文化的繁荣。

4. 电磁波传播技术的发展：信息传递的时空跨越

19 世纪，电磁波的发现和相关技术的发展，为信息传播带来了又一次革命性的变革。电磁波具有在真空中传播、传播速度快等特点，使得信息能够在瞬间跨越长距离，打破了传统信息传播方式在时间和空间上的限制。

1837 年，美国人莫尔斯发明了电报，通过电信号的长短组合来传递信息，实现了远距离的即时通信。电报的出现，使得商业、军事、外交等领域的信息传递更加迅速和准确。随后，电话的发明进一步改善了信息传递的质量，人们可以直接通过声音进行交流，如同面对面交谈一般。

20 世纪初，无线电广播和电视技术的出现，更是将信息传播推向了一个新的高度。无线电广播通过电磁波将声音信号传播到千家万户，让人们能够及时了解国内外的新闻、音乐、娱乐等信息。电视则结合了图像和声音，为人们带来了更加直观、生动的信息体验。这些技术的发展，使得信息传播的范围更加广泛，影响力更加深远，深刻地改变了人们的生活方式和信息获取习惯。

5. 计算机和互联网的使用：数字化信息时代的开启

20 世纪中叶，计算机的诞生标志着人类进入了数字化信息时代。计算机具有强大的计算能力和数据处理能力，能够快速、准确地处理各种复杂的信息。随着计算机技术的不断发展，其性能不断提高，体积不断缩小，价格不断降低，逐渐走进了人们的日常生活和工作之中。

20 世纪 60 年代末，互联网的前身——阿帕网诞生。互联网的出现，将全球范围内的计算机连接在一起，实现了信息的共享和交流。通过互联网，人们可以随时随地获取各种信息，如新闻资讯、学术文献、娱乐内容等。同时，互联网也催生了许多新的应用和服务，如电子邮件、即时通信、电子商务、社交媒体等，极大地改变了人们的沟通方式、工作方式和生活方式。

在当今时代，计算机和互联网已经成为人们生活中不可或缺的一部分。它们不仅推动了经济的发展，促进了科技创新，还加强了人与人之间的联系和交流。例如，电子商务的兴起使得购物变得更加便捷，人们可以在网上轻松购买到世界各地的商品；远程办公和在线教育的普及，让人们能够突破地域限制，实现更加灵活的工作和学习方式。

1.2　新一代信息技术

1.2.1　什么是新一代信息技术

2010 年，《国务院关于加快培育和发展战略性新兴产业的决定》中提到"现阶段重点培育和发展节能环保、新一代信息技术、生物、高端装备制造、新能源、新材料、新能源汽车等产业"。其中新一代信息技术被确立为七大战略性新兴产业之一，它代表了信息技术领域的最新发展方向和趋势。新一代信息技术不仅仅是信息领域的一些分支技术（如集成电路、计算机、无线通信等）的纵向升级，更主要的是指信息技术的整体平台和产业的代际变迁。新一代信息技术主要包括云计算、大数据、物联网、人工智能、区块链、5G等新兴技术。这些技术在医疗保健、金融、教育、汽车、智慧城市等多个领域得到了广泛应用，并深刻改变了人们的生活方式和工作模式。

1. 云计算

云计算 (Cloud Computing) 是一种基于互联网的计算方式，通过这种方式，共享软硬件资源和信息可以按需求提供给计算机和其他设备。云用户不需要关注物理资源（如服务器、存储设备等）在什么地方，只需要通过互联网就可以使用虚拟资源。云计算不仅具有高效的运算能力，还能够根据用户的需求快速配备计算能力和资源，云用户只需为实际使用的资源和服务付费，从而降低了成本。云计算以其高效、灵活、可扩展的特性在数据处理与分析、软件开发与测试、人工智能与机器学习、企业信息化、物联网、教育、医疗等领域得到了广泛的应用。随着技术的不断进步和应用场景的不断拓展，云计算将在更多领域发挥重要作用。未来云计算将更加注重安全性和隐私保护，提供更加灵活和智能的服务模式。同时，云计算还将与人工智能、大数据、物联网等技术深度融合，推动数字转型和智能化升级。此外，随着全球气候的变化和环境问题的日益严重，可持续性和绿色云计算将成为未来的重要趋势。

如果说云计算强调的是计算，那么大数据就是计算的对象。它为云计算提供了有价值的用武之地。

2. 大数据

大数据 (Big Data) 到目前为止没有确切的定义。一般意义上来讲，大数据又称为巨量资料，具有海量的数据规模，这个规模巨大到无法在一定时间范围内使用传统的数据处理技术进行获取、管理和分析。

2013 年，IBM 公司提出大数据具有 5V 特征，即 Volume(大量)、Velocity(高速)、Variety (多样)、Value(价值)、Veracity(真实性)。

(1) Volume(大量)。国际数据公司 (International Data Corporation，IDC) 的《数据时代 2025》报告显示，全球数据量大约每两年就增长一倍，2025 年人类的大数据量将达到163 ZB (1 ZB 约等于全世界海滩上沙子数量的总和)。

(2) Velocity(高速)。大数据以惊人的速度产生，如社交媒体上的实时更新等，所以要求数据在极短的时间内被采集、传输、存储和处理。业界对大数据的处理能力称为"1 秒定律"。这一特征在金融交易、自然灾害预警、实时广告投放、高频交易、实时监控和在线推荐系统等需要实时进行数据分析的场景中尤为重要。

(3) Variety(多样)。科学研究、企业应用和 Web 应用等每天都在源源不断地生成新的类型繁多的数据。生物大数据、交通大数据、医疗大数据、电信大数据、电力大数据、金融大数据等都呈现井喷式增长。例如，截至 2024 年 10 月，中国平安有 8.8 亿客户的脸谱和信用信息以及 5000 万个声纹库；中国工商银行拥有 5.5 亿个人客户，全行数据超过 60 PB；中国建设银行用户超过 5 亿，手机银行用户达到 1.8 亿，网银用户超过 2 亿，数据存储能力达到 100 PB；中国农业银行拥有 5.5 亿个人客户，日梳理数据达到 1.5 TB，数据存储量超过 15 PB；中国银行拥有 5 亿个人客户，手机银行客户达到 1.15 亿，电子渠道业务替代率达到 94%。大数据的数据类型虽然繁多，但总体可分为结构化数据、半结构化数据和非结构化数据三大类。结构化数据有行和列，类似于 Excel 中的表格，通常采用关系型数据库存储，如 SQL 数据库。半结构化数据介于结构化数据和非结构化数据类型之间，一般采用 XML 文件和 JSON 文件等进行存储。而非结构化数据，如音频、视频、微信、链接信息等，则存储在 NoSQL 数据库中。

(4) Value(价值)。在大数据时代，很多有价值的信息都是分散在海量数据中的，其价值密度低，商业价值高。例如道路实时监控，如果没有意外事件发生，连续不断产生的数据都是没有任何价值的，当意外情况发生时，也只有记录了事件过程的那一小段视频是有价值的。但是，为了能够获取意外发生时的那一段宝贵的视频，不得不投入大量资金购买监控设备、网络设备、存储设备，耗费大量的电能和存储空间来保存摄像头连续不断传来的实时监控数据。再如，在零售行业中，企业可以通过收集和分析顾客的购物历史、浏览行为、社交媒体互动等数据来预测顾客的购买意向和偏好。这些数据虽然价值密度低(因为包含了大量的日常购物记录和无关信息)，但是通过分析可以揭示出顾客的潜在需求和市场趋势，从而指导企业制订更精准的营销策略和产品定位，使企业获得更大的商业价值。

(5) Veracity(真实性)。大数据时代数据的来源广泛且多样，而且数据量非常大，所以为了确保数据的真实有效性，就需要对数据进行清洗，比如采用删除重复值、填充缺失值、纠正错误等方式去提高数据的质量，还需要使用统计方法和技术等手段检查数据的一致性和准确性。例如在医疗领域，通过确保医疗数据的真实有效性，可以提高疾病诊断的准备性和治疗效果；在金融领域，通过验证金融数据的可信度，可以降低金融风险并保障客户的资金安全。

大数据涉及的数据存储单位的换算如表 1-1 所示。

表 1-1　数据存储单位换算

单位名称	换算关系
Byte(字节)	1 Byte = 8 bit
KB(千字节)	1 KB = 1024 Byte
MB(兆字节)	1 MB = 1024 KB
GB(吉字节)	1 GB = 1024 MB
TB(太字节)	1 TB = 1024 GB
PB(拍字节)	1 PB = 1024 TB
EB(艾字节)	1 EB = 1024 PB
ZB(泽字节)	1 ZB = 1024 EB
YB(尧字节)	1 YB = 1024 ZB

3. 物联网

物联网 (Internet of Things，IoT) 起源于传媒领域，是互联网的扩展和延伸，它将所有物品通过信息传感设备与互联网连接起来，进行信息交换，即物物相息，以实现智能化识别和管理。

物联网的基本架构包含三层：

第一层为感知层，负责采集物理世界中的各种数据，例如温度、湿度、气压、光线强度等。感知层的设备一般为传感器、执行器等。

第二层为网络层，负责连接感知层和应用层，实现数据的传输和处理。网络层的技术一般为无线通信技术 (蓝牙、Wi-Fi 等)、云计算技术和大数据处理技术等。

第三层为应用层，负责对感知层采集的数据进行处理和应用。应用层的技术一般为人工智能、机器学习和数据分析等。

物联网的应用领域非常广泛，涵盖了家庭、城市、工业、农业、医疗等各个领域。例如，上海浦东国际机场防入侵系统使用了物联网传感器，铺设了 3 万多个传感点，覆盖了地面、栅栏和低空探测，可以防止人员的翻越、偷渡、恐怖袭击等攻击性入侵。

物联网在为社会各领域带来便利和效益的同时，也带来了一些问题，例如物联网的安全如何保障，隐私如何保护等，这些问题也将成为未来发展的重要方向。

4. 人工智能

人工智能 (Artificial Intelligence，AI)，在百度百科上的定义是研究、开发用于模拟、延伸和扩展人的智能的理论、方法、技术及应用系统的一门新的技术科学。美国麻省理工学院的温斯顿教授对人工智能定义的解释更加通俗易懂，他认为："人工智能研究如何使计算机去做过去只有人才能做的智能工作。"也就是说，人工智能是研究人类智能活动的规律，构造具有一定智能的人工系统，研究如何让计算机去完成以往需要人的智力才能胜任的工作，即研究如何应用计算机的软硬件来模拟人类某些智能行为的基本理论、方法和技术。

人工智能技术的核心是机器学习和深度学习等算法。这些算法通过大量数据和训练，使计算机能够自动发现数据中的规律，并进行模式识别、分类、预测等操作。

人工智能的应用领域非常广泛。例如，在汽车和飞行器等交通工具上实现自主导航和自动驾驶，可以提高交通效率和安全性；在教育领域可以提供定制化的教学方案，辅助教师进行课堂教学，提供教学资源和反馈，为学生提供便捷的在线学习途径等。随着生成式人工智能等技术的进一步发展，未来的计算机能力将像水和电一样普遍、易用，为人们的生活带来更多便利和可能性。

5. 区块链

区块链 (Blockchain) 技术起源于比特币，是一种块链式存储、不可篡改、安全可信的去中心化分布式账本，它结合了分布式存储、点对点传输、共识机制、密码学等技术，通过不断增长的数据块链 (Blocks) 记录交易和信息，确保数据的安全和透明性。通俗地讲，区块链是一个收录所有历史交易的账本，不同节点之间各持一份，节点间能通过共识算法确保所有人的账本最终趋于一致。区块链中的每一个区块就是账本的每一页，记录了一个批次下来的交易条目。区块链分布式记账网络如图 1-1 所示。

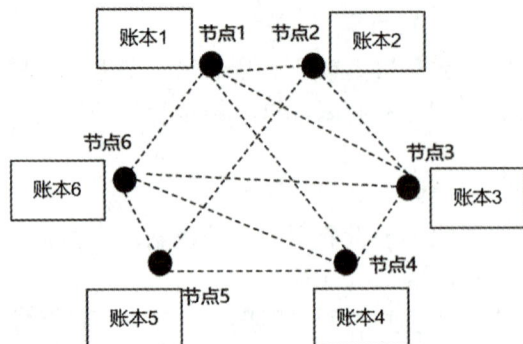

图 1-1　分布式记账网络

从图 1-1 中可以看到，每个节点的"地位"都是相等的，既是服务的提供者，也是服务的获取者，即"去中心化"。然而区块链系统又是开放的，任何人都可以参与到区块链网络中，因此整个系统的信息高度透明。但是数据交换的双方又是匿名的，系统中的各个节点不需要知道彼此的身份和个人信息即可进行数据交换。这是因为开放性和匿名性并不是互斥的，开放性是指参与的广泛性，匿名性(加密)是对开放信息的一种保护。

区块链技术应用在金融领域，通过消除中间商，提高交易的效率和透明度。例如，传统的跨境支付业务通常需要多个中介银行进行转账，每个中介银行都需要用户支付一笔手续费，不仅费钱，而且耗时。使用区块链技术进行点对点的支付，不仅可以节约运营成本，还能提高支付结算效率，降低交易成本。图 1-2 列出了部分使用区块链的公司。

序号	产品名称	成立日期	产品标签	所属地	简介	所属公司
1	FTX US	2020-01-01	区块链	美国	FTX US 允许用户交易各种数字资产，如比特币、以太坊、Solana 和狗狗币。	FTX US
2	sMiles bitcoin	2020-01-01	区块链	美国	sMiles bitcoin是美国一个比特币交易平台，专注于利用闪电网络技术和专有后端进行比特币小额支付和微奖励，用于步行、购物、玩游戏等。	sMiles bitcoin
3	VALR	2018-01-01	区块链	南非	VALR是一家南非比特币交易所，用户可以在该平台上无缝和安全地买卖、存储和转移加密货币。VALR提供最广泛的数字资产选择之一。	VALR Pty Ltd.
4	洛克源	2017-05-18	区块链	中国	洛克源加密数字资产交易平台由深圳洛克源网络科技有限公司研发和运营，用于对颠覆性区块链技术进行研究、教育和试点。公司希望通过多年积累的全球 ...更多	深圳洛克源网络科技有限公司
5	币发布	2016-12-22	区块链	中国	币发布是国内最早做区块链ICO导航的平台，也是国内首个ICO导航式的网站，币发布对ICO项目进行初期筛选，为用户提供一个可查阅ICO的媒介。所有项目均 ...更多	币发布
6	Bitcoin Australia	2016-12-01	区块链	澳大利亚	BBitcoin Australia 是目前澳大利亚最安全、速度最快、最本地化的比特币交易平台，公司除了提供比特币购买和卖出服务之外，还提供比特币数字钱包服务。	Bitcoin.com.au

图 1-2　部分使用区块链技术的公司

区块链技术在多个领域都展现出巨大的应用潜力，并正在逐步改变着行业的格局。例如，区块链技术在供应链管理领域可以实现信息的全程追溯，确保产品的真实性和安全性，如食品、药品、奢侈品等行业。区块链技术与物联网结合，可以为物联网设备提供安全、可靠的数据传输和存储机制，推动物联网产业的智能化发展。区块链技术应用在医疗健康领域可以确保医疗数据的安全共享，保护患者隐私，同时提高医疗服务的效率和透明度。在版权保护领域，区块链技术可以通过不可篡改的特性，为数字内容提供版权保护，防止盗版和侵权行为。随着技术的不断成熟和应用场景的拓展，区块链行业将保持快速发展的态势。

6. 5G

5G 即第五代移动通信技术 (5th Generation Mobile Communication Technology)，是一种具有高速率、低时延和大连接特点的新一代宽带移动通信技术。5G 在理论上速度可达 20 Gb/s，相当于下载速度为 2.5 Gb/s，也就是说一部 1 GB 的电影在半秒内即可下载完成。

5G 通信技术的发展促进了直播行业的快速发展，使用直播成为一种趋势和模式。例如，2024 年杭州马拉松直播就采用了 5G + 4K + 多位机 + 无人机直播方案。以 5G 无线摄像机为基础，采用 4K 摄像机保证画面清楚，为提高客户感知，从海陆空三个维度进行多机位直播，用户可以从自己喜欢的维度选择直播画面。在观看马拉松直播的同时，还可以欣赏远在千里之外的城市美景，给观众带来一场超级震撼的视觉盛宴。

在城市安防监控方面，结合大数据及人工智能技术，5G + 超高清视频监控可以实现对人脸、行为、特殊物品、车辆等精确识别，形成对潜在危险的预判能力和对紧急事件的快速响应能力；在城市安全巡检方面，5G 结合无人机、无人车、机器人等安防巡检终端，可以实现城市立体化智能巡检，提高城市日常巡查的效率。

5G 除了在上述领域的应用之外，在工业领域、车联网与自动驾驶、能源领域、教育领域、医疗领域、文旅领域、信息消费领域以及金融领域都有广泛的应用。

2018 年 3 月 9 日，工信部部长苗圩表示中国已经着手研究 6G(第六代移动通信技术)，未来 6G 的数据传输速度可能达到 5G 的 50 倍，时延缩短到 5G 的十分之一，在峰值速率、时延、流量密度、连接数据库、移动性、频谱效率、定位能力等方面将远优于 5G，预计在 2030 年左右，6G 将在中国实现商用。

1.2.2　新一代信息技术的特征

新一代信息技术的特征主要有：高速率与低延迟性，大连接与智能化，多媒体化与网络化，交互性与移动化，高可靠性、高安全性与个性化。

1. 高速率与低延迟性

新一代信息技术，尤其是 5G 及未来的 6G 技术，提供了前所未有的数据传输速度。5G 技术的峰值速率可达 20 Gb/s，延迟低至 1 ms，能够支持多种高带宽、低延迟的应用场景，如高清视频传输、虚拟现实 (VR)、增强现实 (AR) 以及自动驾驶等。这些特性使得信息的实时传输和处理成为可能，极大地提升了用户体验和效率。

2. 大连接与智能化

新一代信息技术还具有大连接和智能化的特点。5G 技术每平方千米可支持 100 万台设备接入，为物联网的广泛应用提供了坚实的基础。同时，人工智能技术的快速发展，使得新一代信息技术能够实现从数据中提取有价值信息并进行自主决策。这种智能化不仅体现在数据处理和分析上，还体现在设备的自动化控制和优化上。

3. 多媒体化与网络化

新一代信息技术支持多种媒体类型，如文字、图像、音频、视频等，使得信息的呈现方式更加丰富多样。同时，新一代信息技术基于网络技术，可以实现信息的远程传输和共享，打破了时间和空间的限制，使得信息的获取和交流更加便捷。

4. 交互性与移动化

新一代信息技术支持人机交互和机机交互，使得信息的处理和交流更加智能化和便捷化。此外，随着移动设备的普及和移动互联网的发展，新一代信息技术也更加注重移动化，支持随时随地获取和处理信息，极大地提升了用户的便利性和灵活性。

5. 高可靠性、高安全性与个性化

新一代信息技术在追求高速率和智能化的同时，也更加注重系统的可靠性和安全性。通过采用先进的加密技术和安全防护措施，新一代信息技术能够确保数据的隐私和网络安全。此外，新一代信息技术还注重个性化服务，通过数据分析和挖掘，可为用户提供更加智能化的个性化服务和定制化应用。

1.2.3 新一代信息技术的发展趋势

新一代信息技术的发展趋势呈现出多元化和加速创新的态势。2024 通明湖论坛开幕式上，通明湖论坛组委会联合龙芯中科、超云、东方通、金篆信科、京东集团、联通数科、神州数码、亚信安全、开放原子开源基金会、华翊量子 10 家信息技术应用创新全产业链合作伙伴，共同发布《信息技术应用创新 2025 十大发展趋势》。根据该成果可将新一代信息技术的发展趋势归纳为科技创新加速、智能化水平提升、开源生态繁荣、应用生态多样化、算力底座坚实、产业集群竞争力提升和产品出海迎来新机遇等 7 个特点。这些趋势将共同推动信息技术的快速发展和应用，为经济社会发展注入新的动力。

1. 科技创新加速

先进存储、先进计算、人机界面、量子信息等前沿技术将加速落地应用，为产业发展提供强大支撑。这些技术的突破和应用将推动信息技术的整体进步。此外，自主信息技术产品性能持续突破，部分产品已达到世界领先水准。国际激烈竞争将倒逼产品能力升级，进一步推动科技创新。

2. 智能化水平提升

无代码编程、多模态等人工智能技术将赋能信息技术产品，实现智能化蝶变。这些技术将提升产品的智能化水平，使其更加高效、易用。同时，行业高质量数据集的加速形成将为人工智能技术的发展提供有力支持。这些数据集将促进算法的优化和模型的训练，进一步提升人工智能技术的性能。

3. 开源生态繁荣

开源社区、代码托管平台汇聚了庞大的开源贡献者，他们共同推动自主产品体系的繁荣发展。开源生态的繁荣将促进技术的共享和创新，加速信息技术的进步。

4. 应用生态多样化

从办公系统到行业应用、社交娱乐，多端合一、互联互通的应用生态将充满无限想象。这种多样化的应用生态将满足用户在不同场景下的需求，提升用户体验。

5. 算力底座坚实

面对封锁打压，国产 GPU 性能持续提升，万卡集群规模有望加速扩展。这将为信息技术的发展提供坚实的算力支撑。开放解耦、互联互通的算力生态的茁壮成长，进一步推动信息技术的创新和应用。

6. 产业集群竞争力提升

京津冀、长三角、大湾区等区域性数字产业集群的国际竞争力持续提升。这些产业集群将形成规模效应和协同效应，推动信息技术的快速发展和应用。

7. 产品出海迎来新机遇

企业抱团出海意愿强烈，中国方案大步迈向"一带一路"，为世界提供多样化选择。这将推动中国信息技术产品的国际化进程，提升中国在全球信息技术领域的地位和影响力。

1.3　信 息 素 养

1.3.1　信息素养的发展历程

信息素养是指人们获取、处理、分析和利用信息的能力，是现代社会中人们必不可少的一项技能，对于个人和组织的发展都具有非常重要的意义。

信息素养的概念最早是在 1974 年由美国信息产业协会主席保罗·泽考斯基提出的。他将信息素养定义为"利用大量的信息工具及主要信息源使问题得到解答的技术和技能"，这一定义强调了信息素养在解决问题和获取信息方面的作用。1989 年美国图书馆学会进一步阐释了信息素养的内涵，指出"具有信息素养的人能够判断何时需要信息，并懂得如何去获取、评价和有效地利用所需要的信息"。

在我国，信息素养的概念是在 20 世纪 90 年代中期被介绍进来的。1984 年，教育部下发了关于文献检索课的文件，被视为我国信息素养教育的早期萌芽。

王吉庆在《信息素养论》中提出了我国的"信息素养"概念，认为信息社会中有文化、有知识的人应该很好地把握信息、物质和能量这三个人类社会发展的基本要素以及它们之间的关系，对于信息科技对人类文化的影响应该有本质的认识，应该具有在信息社会学习文化、取得知识和信息的基本意识与能力，特别是能够获取与利用建设现代社会所需要的信息，也就是具有一种"信息素养"或"信息文化"。

进入 21 世纪，随着信息技术的飞速发展和广泛应用，信息素养的重要性日益凸显。2002 年，在全国高校图书情报工作指导委员会召开的全国高校信息素质教育学术研讨会上，研究人员开拓性地将"文献检索课学术研讨会"改名为"信息素质教育学术研讨会"，这标志着我国信息素养教育进入了一个新的发展阶段。此后，信息素养教育逐渐在全国范围内得到推广和应用，成为现代教育的重要组成部分。

目前，我国信息素养的定义已经相对明确和完善，包括信息意识、信息知识、信息能力和信息道德四个方面。这四个方面相互关联、相互促进，共同构成了信息素养的完整体系。

1.3.2　信息素养的主要要素

信息素养主要包含信息意识、信息知识、信息能力以及信息道德 4 个要素。

1. 信息意识

信息意识是信息素养的前提，它体现了个人对信息的洞察力和敏感度，是人们对自然界和社会的各种现象从信息的角度去理解、感受和评价的能力。通俗地讲，信息意识就是面对不懂的东西时，能积极主动地寻找答案，并知道在哪里、用什么方法去寻求答案。

2. 信息知识

信息知识是信息素养的基础，它涵盖了有关信息的特点、类型、交流和传播的基本规律与方式等方面的知识。

3. 信息能力

信息能力是信息素养的核心，它体现了个人获取、处理、交流、应用创造信息的能力，具体来说是指能够根据需要，通过各种途径和渠道获取信息，并能够对获取的信息进行归纳、分类、存储、鉴别、遴选、分析、综合处理，在与他人进行信息交流时可以清晰、准确地发送信息，最后不仅可以将信息应用于解决实际问题中，而且在多种信息交互的作用下创建出新的信息。

4. 信息道德

信息道德是信息素养的准则，它体现了个人在组织和利用信息时应遵循的道德规范。例如，要尊重他人的知识产权，不抄袭、不剽窃；尊重和保护个人隐私；自觉抵制和消除垃圾信息等。

1.3.3　信息素养教育

信息素养教育是对信息用户有目的地普及信息知识、启发信息意识、强化信息能力、规范信息行为的一种教育活动，主要包括信息能力教育、信息意识教育、信息知识教育、信息道德与信息法规教育。其中信息能力教育是信息素养教育的核心，但这个能力教育不单单指技术能力，而是包含信息认知能力、信息获取能力、信息处理能力和信息利用能力等。在当今这个信息大爆炸的时代，大学生只有掌握了信息素养，才能更好地适应信息社会的发展和变化。

1. 信息认知能力教育

信息认知能力是指个体对信息的识别、理解和判断的能力，是信息获取、整理、处理、利用和交流的开端，也是信息素质教育的基础内容之一。信息认知能力教育旨在培养学生的信息意识，使他们能敏锐地感觉到信息的存在，并能够对信息进行初步的判断和筛选，学会识别信息的质量和价值，避免被虚假或低质量的信息误导。

2. 信息获取能力教育

信息获取能力是指利用信息技术手段进行信息查询和检索的能力，以及通过人际交流和大众传媒获取信息的能力。信息获取能力教育是信息能力教育的核心和内容之一。通过信息获取能力教育，要培养学生的信息查询和检索技能，使他们能够快速、准确地找到所需的信息。同时，信息获取能力教育还应注重培养学生的信息筛选和判断能力，使他们能够在海量的信息中筛选出真实、可靠的信息。

3. 信息处理能力教育

信息处理能力是在信息获取的基础上，结合专业知识进行分析、判断，使信息有序化、专业化的能力，是信息组织、加工、分析能力的综合体现。通过信息处理能力教育，可培养学生的信息加工和整理技能，使他们能够将获得的信息进行有效组织和分类。信息处理能力教育还应注重培养学生的信息分析和判断能力，使他们能够对信息进行深入分析和判断，从而得出准确的结论。

4. 信息利用能力教育

信息利用能力教育是指个体将获取到的信息应用于实践中的能力，它是信息素质教育的最终目的。信息利用能力教育的宗旨是培养学生的信息应用和实践能力，使他们能够将获取到的信息转化为实际行动或决策，学会如何有效地利用信息来解决问题、推动工作和发展事业。

1.4　信 息 安 全

1.4.1　信息安全概述

信息安全从宏观上讲涉及国家安全、军事安全等，从微观上讲涉及企业信息安全、个人信息安全等。信息安全从内容上又细分为硬件安全、软件安全、运行服务安全以及数据安全四个方面。

1. 硬件安全

硬件安全即网络硬件和存储媒体的安全。如果硬件存在安全漏洞，攻击者就可以利用这些漏洞获取敏感信息、破坏系统或者控制设备。硬件安全问题可能导致严重的后果，如数据泄露、系统瘫痪、经济损失甚至对国家安全造成威胁。因此，加强硬件安全研究和技术创新，提高硬件设备的安全性和可靠性，是保障信息安全的重要措施。

2. 软件安全

软件安全是指计算机及其网络中各种软件不被篡改或破坏，不被非法操作或误操作，功能不会失效，不被非法复制等。通过采用关键技术、遵循安全开发流程等措施，可以有效地提高软件的安全性。

3. 运行服务安全

运行服务安全是指在计算机系统或网络服务运行过程中，确保数据在传输、处理和存储过程中不被非法篡改或破坏，保障数据的真实性和完整性。加强运行服务安全，可以防止系统受到恶意攻击或病毒入侵，从而确保系统的稳定运行。运行服务安全通过身份认证、访问控制等手段，确保只有授权用户才能访问系统资源。运行服务安全是计算机系统或网络服务运行过程中的重要保障。

4. 数据安全

数据安全是指在网络中存在及流通的数据的安全。保护网络中的数据不被篡改、非法增删、复制、解密、显示、使用等是保障网络安全最根本的目的。

1.4.2 信息安全的特征

信息安全的主要特征包含完整性、保密性、可用性、不可否认性和可控性。

1. 完整性

完整性是信息安全最重要的特征之一。在信息传输的过程中要保持信息的原样性，即信息在传输的过程中不被修改、不丢失、不被破坏。可以通过控制访问 (允许有权限的用户访问网络信息，拒绝无权限的用户访问) 来保障信息的完整性。

2. 保密性

保密性是信息安全的核心特征，它使用加密技术、访问控制、物理隔离等多种信息技术确保敏感信息不被未获取授权的实体或进程访问。

3. 可用性

可用性直接关系到业务的连续性和用户的满意度，所以可用性不仅仅指信息或资源被授权者访问并使用，还指在系统遭受破坏时快速恢复信息资源。

4. 不可否认性

不可否认性也称为不可抵赖性，简单来说，就是所有参与者在使用网络资源的时候都会在系统中留下一定痕迹。例如，发送方已发送的信息、接收方已收到的信息等，这些都是曾经完成的操作或承诺，都是不可抵赖的。

5. 可控性

可控性是指对信息的传播及内容具有控制能力的特性。例如，通过访问权限控制，可以对不同用户的访问权限进行设定，从而限制信息的传播范围。

1.4.3 个人信息保护

个人信息是以电子或者其他方式记录的与已识别或者可识别的自然人有关的各种信息，不包括匿名处理后的信息。姓名、性别、出生日期、身份证号码、电话号码、住址等都属于个人信息。个人信息一旦泄露或被滥用，可能会对个人的生活、工作和财产安全造成严重影响。因此，保护个人信息至关重要。

为了保障个人信息的安全，我国已经出台了一系列相关的法律法规，其中最重要的是从 2021 年 11 月 1 日起实施的《中华人民共和国个人信息保护法》。该法明确规定，自然人的个人信息受法律保护，任何组织、个人不得侵害自然人的个人信息权益。但是在实际生活中，仍然有人通过非法手段获取并贩卖他人的手机号码和验证码，用于注册新的 App 账号或进行其他违法行为。还有一些企业、机构甚至个人，从商业利益出发，随意收集、违法获取个人信息，利用个人信息侵扰人民群众的生活，危害人民群众的生命健康和财产安全。这些鲜活的案例都在提醒我们，个人信息保护不仅是一项法律义务，更是一项社会责任。

个人信息保护可以从以下几个方面做起。

1. 提高自我保护意识

个人的身份证、银行卡等信息载体要妥善放置，不要向陌生人随意透露个人信息。在网络环境中，需要谨慎对待需要输入个人信息的情况，陌生人发来的链接不要随意打开，个人信息不要随意输入。

2. 采取技术保护措施

在设备中安装杀毒软件，定期扫描、查杀木马程序，确保设备安全。在进行网购或查看信息时要使用正规的网络平台。在公共网络环境下，注意保护个人信息，下线前清理使用痕迹。

3. 了解并行使法律权利

熟悉相关法律法规，例如《中华人民共和国民法典》中关于个人信息保护的规定。在个人信息受到侵害时，要敢于维权，及时向有关部门投诉或报警。

4. 养成良好的网络使用习惯

不在社交媒体上公开过多的个人信息，例如家庭地址、电话号码等。避免在公共场合使用不安全的 Wi-Fi 进行敏感操作，例如网购、网银交易等。对于收到的垃圾邮件或诈骗信息，不要点击其中的链接，也不要下载附件。

个人信息保护是一个复杂而重要的议题，需要政府、企业、个人等多方面的共同努力，才能创造一个安全、和谐的网络环境。

1.5　社 会 责 任

社会责任是指组织或个体对社会所应该承担的责任。

1.5.1　组织的社会责任

对于组织而言，社会责任是指组织承担的高于组织自己目标的社会义务，它超越了法律与经济对组织所要求的义务，是组织管理道德要求，完全是组织出于义务的自愿行为。

在数字化的信息社会中，组织在参与社会治理和服务社会的过程中要承担确保法人主体地位、推动社会治理现代化、保护数据安全与隐私、促进资源公平分配与共享、加强社会责任教育与宣传、参与解决社会问题、推动可持续发展等多重社会责任。

在数字化治理方面，企业、组织要利用大数据、云计算、人工智能等先进技术优化内部管理流程，提高服务响应速度，精准地对接社会需求。

在数据安全和隐私方面，企业、组织要建立严格的数据管理制度，确保数据的收集、存储、使用和共享符合法律法规，加强员工的数据安全意识培训，防止数据泄露和滥用。

企业、组织要通过数字化手段，精准地识别社会需求，优化资源配置，确保资源能够公平地惠及所有需要的人群。此外，企业、组织还可以与政府等其他社会主体加强合作，共同推动资源的共享和利用。

企业、组织还应该通过内部社会责任的培训，提升员工的社会责任意识，从而提高自身的社会责任感和公信力。

1.5.2　个人的社会责任

对个人而言，社会责任是指坚持道德上正确的主张或真理，坚持实践正义原则，愿为之作出奉献和牺牲。

作为新一代大学生，要深刻认识到社会责任是每个人应尽的义务，具备信息素养对数字化社会建设和国家安全都有着重要的意义。

1.6　实　践　案　例

【案例描述】

Waymark 是一家专注于视频创作的科技公司，其核心业务是为本地企业提供高效、低成本的广告视频制作服务。然而，传统视频创作流程依赖人工脚本编写、拍摄和后期剪辑，耗时长且成本高昂。为解决这一问题，Waymark 与 OpenAI 合作，将 GPT-3 大模型集成到其视频创作平台中。用户只需输入自然语言描述 (如 "为一家咖啡店制作宣传视频，突出咖啡豆的产地和手工冲泡工艺")，GPT-3 即可在几秒钟内生成定制化脚本，并自动匹配视觉素材、音乐和旁白，生成完整的广告视频。这一创新使 Waymark 成为 "世界上第一个自然语言视频创作平台"，大幅降低了视频制作门槛，帮助本地企业快速推广业务。

【案例分析】

1. 技术突破

自然语言理解：GPT-3 通过微调模型，能够精准解析用户意图，将模糊的文本描述转化为结构化脚本。

多模态生成：结合视觉、音频和文本数据，GPT-3 可自动匹配素材库中的视频片段、背景音乐和配音，实现 "输入即输出" 的创作体验。

效率提升：传统视频制作需数周时间，而 Waymark 平台将流程缩短至几分钟，客户编辑脚本的时间减少 90% 以上。

2. 商业价值

客户覆盖扩大：本地企业无须专业团队即可制作高质量视频，Waymark 的客户群体从大型企业扩展至中小商户。

成本降低：自动化流程减少了人工参与，视频制作成本降低 60%，同时提升了客户满意度。

竞争优势：Waymark 通过 AI 技术构建了差异化壁垒，成为视频创作领域的领军者。

3. 社会影响

赋能中小企业：帮助缺乏营销资源的本地企业提升品牌曝光度，促进经济发展。

推动创意民主化：降低视频创作门槛，使更多人能够表达创意，丰富数字内容生态。

【案例启示】

1. AI 与垂直行业的深度融合

Waymark 的成功表明，AI 技术需与具体行业需求结合，通过定制化模型解决痛点。例如，医疗领域的 AI 影像诊断、金融领域的智能投顾，均需针对行业数据和流程进行优化。

2. 用户体验至上

Waymark 将复杂技术隐藏在简洁的交互界面后，用户只需输入自然语言即可完成创作。这种"去技术化"的设计理念值得其他 AI 应用借鉴。

3. 数据与算法的协同进化

GPT-3 的性能依赖于海量数据训练和持续迭代。企业需建立数据闭环，通过用户反馈优化模型，形成"数据—算法—产品"的正向循环。

4. 伦理与责任的平衡

尽管 AI 生成内容效率高，但需防范虚假信息传播风险。Waymark 需建立内容审核机制，确保生成视频的真实性和合规性。

【案例总结】

Waymark 与 OpenAI 的合作是 AI 赋能传统行业的典范。通过集成 GPT-3，Waymark 不仅革新了视频创作模式，还为中小企业提供了普惠化的营销工具。这一案例揭示了 AI 技术发展的三大趋势：

(1) 从工具到平台：AI 正从单一功能工具 (如图像识别) 升级为综合性平台 (如自然语言视频创作)。

(2) 从效率到创造力：AI 不仅替代重复性劳动，还激发人类创意，推动内容生产方式的变革。

(3) 从技术到生态：成功的 AI 应用需构建开放生态，整合数据、算法、硬件和用户资源，形成可持续的商业模式。

未来，随着大模型技术的进一步成熟，AI 将在更多领域实现"自然语言交互 + 自动化生成"的突破，为人类社会创造更大价值。

课后习题 1

单元 2 计算机和网络的基础知识

知识目标

(1) 了解计算机的发展史。
(2) 掌握计算机硬件组成。
(3) 理解网络的基本概念。

能力目标

(1) 会进行数制之间的转换。
(2) 掌握网络的相关知识。

学习重点

(1) 计算机系统组成。
(2) 计算机网络组成与原理。

素养目标

　　计算机网络作为信息社会的基石，其发展推动了全球互联与资源共享，但也带来了网络安全、隐私保护等挑战。我们应认识到，网络技术的使用必须遵守法律法规和道德规范，杜绝网络攻击、数据窃取等违法行为。通过课程学习，我们应树立"网络空间命运共同体"意识，倡导文明上网、理性表达，维护清朗的网络环境。同时，运用网络技术解决社会问题，如推动远程教育、医疗资源共享等，体现科技向善的理念。

2.1　计算机基础知识

　　计算机俗称电脑，常见的计算机是个人计算机 (Personal Computer，PC)。计算机由硬件和软件组成，硬件如中央处理器 (CPU)、主板、内存、电源、显卡等，软件如操作系统、应用软件等。计算机能够进行高速算术和逻辑运算，具有存储记忆功能，并能够接收和输出信息，它是现代信息社会的核心工具。

2.1.1　计算机的发展历程

　　世界上第一台电子计算机是 1946 年 2 月 14 日在美国宾夕法尼亚大学问世的"电子

数字积分计算机"ENIAC(Electronic Numerical Integrator and Computer)。ENIAC 的中文名称为埃尼阿克,是美国奥伯丁武器试验场为了满足计算弹道需要而研发制成的。它使用了 18 800 个真空管,长 50 英尺(约 15 米)、宽 30 英尺(约 9 米),重达 30 吨,每秒可进行 5000 次的加法运算,造价约为 487 000 美元(以 2024 年 12 月的汇率计算约为 350 万元人民币)。虽然 ENIAC 与现代的计算机无法相比,但是它的问世具有划时代的意义,表明计算机时代的到来。

从第一台计算机诞生以来,计算机每隔数年在软硬件方面就会有一次重大的突破,至今计算机的发展经历了 4 代。

1. 第 1 代:电子管计算机 (1946—1958 年)

第 1 代计算机主要元件是电子管,所以也叫电子管计算机,计算速度每秒可达几千次到几万次,外存储器采用的是磁带。软件方面采用的是机器语言和汇编语言。应用领域主要以军事和科学计算为主。

第 1 代计算机的缺点是体积大、功耗高、可靠性差、速度慢、价格昂贵,但其为以后的计算机发展奠定了基础。

2. 第 2 代:晶体管计算机 (1958—1964 年)

第 2 代计算机使用晶体管替代电子管,计算机的体积缩小了很多,耗电量也少,而且价格便宜,运算速度更快,每秒可达十万次,最高可达每秒三百万次。在软件上开始使用面向过程的程序设计语言,如 Fortran、Cobol 等。应用领域以科学计算和事务处理为主,并开始进入工业控制领域。

3. 第 3 代:中小规模集成电路计算机 (1964—1970 年)

第 3 代计算机使用中小规模集成电路代替晶体管元件,运算速度进一步提高,每秒可达数百万次,最高可达数千万次。由于这种硅集成电路在单个芯片上可集成十个晶体管,所以第 3 代计算机的体积大大减小,价格也大幅度降低。它的应用范围更广,出现了操作系统和高级语言,使得计算机的使用更加便捷。

4. 第 4 代:大规模和超大规模集成电路计算机 (1970 年至今)

第 4 代计算机采用了大规模和超大规模集成电路 (LSI 和 VLSI),大规模集成电路的出现,使得在一个芯片上集成几十万甚至几百万个晶体管成为可能,而超大规模集成电路的集成度比大规模集成电路更高。第 4 代计算机的体积更小、速度更快、性能更强、价格更低。它的应用领域从科学计算、事务管理、过程控制逐步走向家庭。

计算机的发展经历了从电子管到晶体管,再到集成电路的逐步演进过程,每个阶段都伴随技术的飞跃和应用的拓展。未来,计算机技术将继续引领科技发展的潮流,为人类创造更加美好的未来。

2.1.2　计算机的分类和特点

1. 计算机的分类

计算机发展到今天,种类繁多,可以从不同的角度对计算机进行分类。按照计算机信息的表示形式和对信息的处理方式不同可分为数字计算机、模拟计算机和混合计算机。按照计算机的用途不同可分为通用计算机和专用计算机。按照计算机运算速度快慢、存储数据量的大小、功能的强弱，以及软硬件的配套规模等不同又分为巨型计算机、大中型计算机、小型计算机、微型计算机、工作站和服务器等，现分别介绍如下。

(1) 巨型计算机。巨型计算机又称为超级计算机 (Super Computer)，是指运算速度超过每秒 1 亿次的高性能计算机，它的结构复杂、功能最强、速度最快，也是价格最贵的计算机。主要用于解决气象、太空、能源、医药等尖端科学研究和战略武器研制中的复杂计算。

我国自行研制的银河 - Ⅰ 型巨型计算机 (1983 年 12 月 22 日研制成功)，每秒运算速度超过 1 亿次，填补了国内巨型计算机的空白，使中国成为继美国、日本之后，第三个能独立设计和制造巨型计算机的国家。1992 年 11 月 19 日通过国家鉴定的银河 - Ⅱ巨型计算机运算速度每秒超 10 亿次。1997 年 6 月 19 日通过国家鉴定的银河 - Ⅲ巨型计算机运算速度峰值可达每秒 130 亿次。银河系列巨型计算机代表着我国计算机的最高水平。

(2) 大中型计算机。大中型计算机也有很高的运算速度和很大的存储量，并允许相当多的用户同时使用。大中型计算机在结构上也比巨型机简单，而且价格也比巨型机要便宜很多。因此使用的范围也比巨型机普遍。主要用于大量数据和关键项目的计算，例如：银行金融交易及数据处理、人口普查、企业资源规划等。

(3) 小型计算机。小型计算机介于大型计算机和微型计算机之间，可以支持十几个用户同时使用，而且小型机的体积小、价格低、性价比高等优点，适合中小企业、事业单位用于工业控制、数据采集、分析计算、企业管理以及科学计算等，也可以做巨型计算机或大中型计算机的辅助机。

(4) 微型计算机。微型计算机是当今使用最普及、产量最大的一类计算机，它的体积小、功耗低、成本少，灵活性大，性价比明显优于其他类型的计算机，因而得到了广泛的应用。其中 PC 机就是微型计算机中的一种，适用于个人用户和家庭用户。

(5) 工作站。工作站是介于 PC 机和小型计算机之间的高档微型计算机，通常配备有大屏幕显示器和大容量存储器，具有较高的运算速度和较强的网络通信能力，不仅具有大型计算机或小型计算机的多任务和多用户功能，而且还具有微型计算机的操作便利和人机界面友好的特点，因此在工程设计领域得到广泛使用。

(6) 服务器。服务器是一种可供网络用户共享的高性能计算机，它一般具有大容量的存储设备和丰富的外部接口，运行网络操作系统，要求较高的运行速度，所以很多服务器都配置双 CPU。服务器常用于存放各类资源，为网络用户提供丰富的资源共享服务。常用的资源服务器有 DNS(Domain Name System，域名解析) 服务器、E-mail(电子邮件) 服务器、Web (网页) 服务器、BBS(Bulletin Board System，电子公告板) 服务器等。

2. 计算机的特点

计算机主要有以下特点。

(1) 运算速度快。计算机最显著的特点就是运算速度快。现在普通的微型计算机每秒可执行几十万条指令，巨型计算机每秒可达几十亿甚至几百亿次的运算，使得大量复杂的科学计算问题得以解决。例如：卫星轨道的计算、大型水坝的计算、24 小时天气预报的计算等，过去人工计算需要几年、几十年，如今用计算机只需几天甚至几分钟就可以完成。

(2) 计算精度高。计算机的运算结果完全不受情绪、疲劳等人为因素的影响，从而保证了结果的精确性。一般计算机可以有十几位甚至几十位 (二进制) 有效数字，计算精度可由千分之几到百万分之几，是任何计算工具所望尘莫及的。

(3) 存储容量大。计算机的存储设备 (例如：硬盘) 可以存储大量的数据，包括程序、文件、图像、音频、视频等。目前计算机的存储量已高达千兆乃至更高数量级的容量，并且还在提高。

(4) 逻辑运算能力强。计算机不仅能进行算术运算，同时还能进行各种逻辑运算，具有极强的逻辑判断能力，并能够根据判断的结果自动决定下一步执行的操作。

(5) 可编程性强。计算机可以根据用户的需求进行灵活的程序设计和修改。通过编程语言，用户可以编写各种算法和逻辑，实现不同的功能。

(6) 自动化程序高。由于计算机具有存储记忆能力和逻辑判断能力，因此人们可以将预先编写的程序存入计算机内存。在程序的指导下，计算机能够连续、自动地执行任务，无须人工干预。例如，当计算机执行完一条指令后，它会根据程序计数器自动获取并执行下一条指令，直至完成任务。这种高度的自动化不仅提高了工作效率，也大大降低了人为错误的可能性。

(7) 交互性强。计算机可以通过各种输入设备 (如键盘、鼠标、触摸屏等) 和输出设备 (如显示器、打印机、音响等) 与用户进行交互，使得用户能够方便地获取信息、进行人机沟通交流。

(8) 网络连接能力强。计算机可以通过网络与其他计算机进行连接和通信，实现远程访问、数据传输、资源共享等功能，这使得计算机具有全球范围的信息交流和合作能力。

(9) 可移植性强。现代计算机的体积不断减小，使得计算机便于携带和移动。这个特点使计算机能够在各种场合和环境中灵活应用。

2.1.3　计算机系统的组成

一个完整的计算机系统由硬件系统和软件系统两大部分组成，如图 2-1 所示。

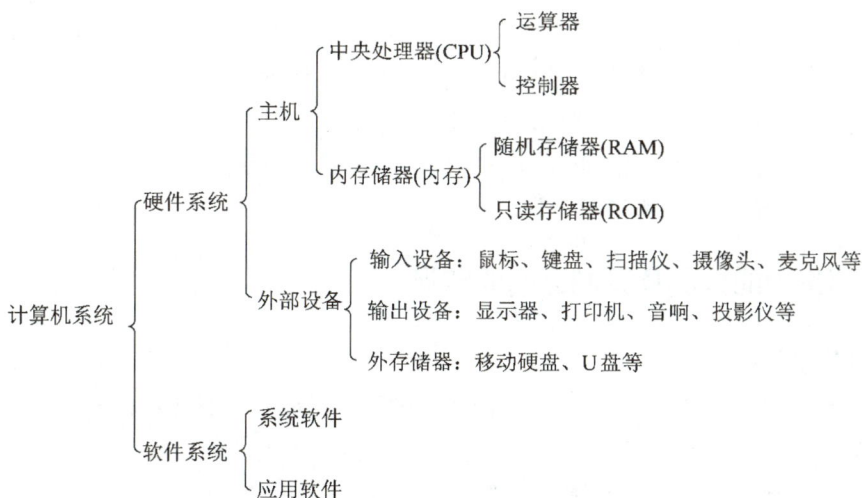

图 2-1　计算机系统的基本组成

计算机的硬件系统是指构成计算机的物理装置，是人们看得见、摸得着的实体。这些物理设备作为一个统一体协调运行。计算机的硬件主要由运算器、控制器、存储器、输入设备和输出设备五部分组成，采用总线结构将各部分连接起来。

运算器也称为算术逻辑单元 (ALU)，是计算机中进行算术运算和逻辑运算的部件。控制器是计算机的指挥中心，负责从内存中取出指令，并对指令进行译码，然后向其他部件发出控制信号，协调各部件的工作。控制器和运算器共同组成了中央处理器 (CPU)，是计算机的核心部件。存储器是计算机中的记忆设备，用于存放程序和数据。内存储器直接与 CPU 交换信息，存取速度快但容量较小；外存储器存取速度慢但存储容量大，用于长期保存大量信息。输入设备是人与计算机交互的接口之一，用于将外部信息 (如文字、图像、声音等) 输入计算机中。输出设备也是人与计算机交互的接口之一，用于将计算机处理的结果以人们能够识别的形式输出。计算机硬件系统的工作过程如图 2-2 所示。

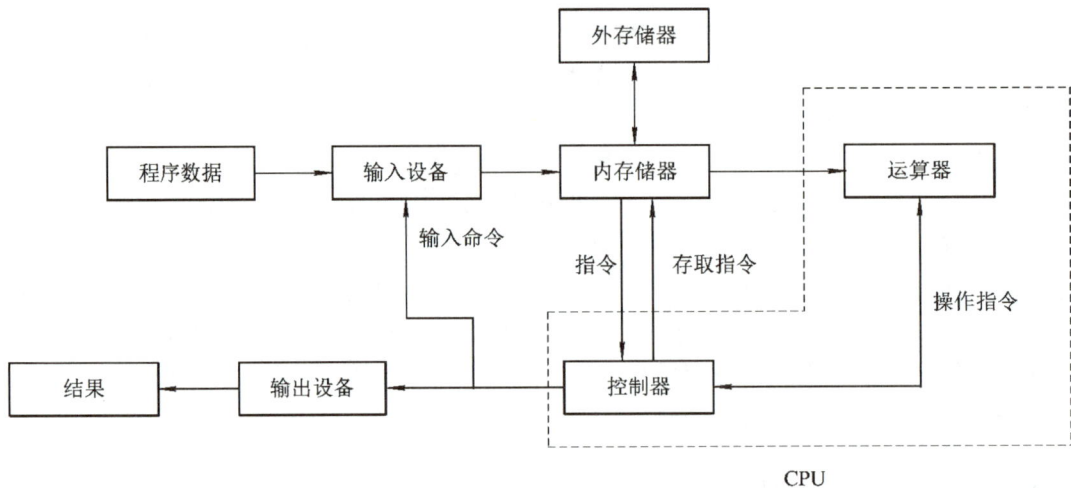

图 2-2　计算机硬件系统的工作过程

只有硬件而没有安装任何软件的计算机称为"裸机"，"裸机"是不能进行工作的，必须有相应的软件作为支撑。软件系统一般分为系统软件和应用软件。系统软件是支持计算机系统正常运行和为用户提供基本服务的软件 (如 Windows 10 操作系统)，操作系统是系统软件的核心，负责管理和控制计算机的硬件和软件资源，为用户提供一个良好的操作环境。应用软件是为了满足用户特定需求而开发的软件，它的种类繁多，功能各异，涵盖了办公、图形设计、数据分析、娱乐等多个领域。

2.1.4　计算机中的数制及数制之间的转换

1. 计算机中的数制

计算机的数制及转换是计算机科学中的基础概念，对于理解计算机内部如何存储和处理数据至关重要。在日常生活中最常用的计数方法就是十进制计数，即"逢十进一"，表示时间的六十进制，即"逢六十进一"等。在计算机中主要使用的是二进制计数，即"逢二进一"，所以在二进制数中只有"0"和"1"两个数字，除了二进制计数之外，计算机中常用的还有八进制、十进制和十六进制。计算机中常用的数制如表 2-1 所示。

表 2-1 计算机中常用的数制

数制	基数	基本符号	位权	举 例
二进制	2	0、1	2^n	$(11011)_2$ 表示二进制数 11011
八进制	8	0～7	8^n	$(457)_8$ 表示八进制数 457
十进制	10	0～9	10^n	$(123)_{10}$ 表示十进制数 123
十六进制	16	0～9、A～F(a～f)	16^n	$(12AD)_{16}$ 表示十六进制数 12AD

2. 数制之间的转换

1) 十进制转换为其他进制数

十进制转换成二进制数、八进制数和十六进制数，可以将整数部分和小数部分分别进行转换，然后再拼接起来。

整数部分：采用"除 R 取余法"(R 表示相应的进制，如 2、8、16)，先余为低位，后余为高位。

小数部分：采用"乘 R 取整法"(R 表示相应的进制，如 2、8、16)，先整为高位，后整为低位。

例如：将十进制数 $(36.365)_{10}$ 分别转换为二进制数、八进制数和十六进制数。

(1) 将 $(36.365)_{10}$ 转换为二进制数：

整数部分：36　　　　　　　　小数部分：0.365

所以，$(36.365)_{10} = (100100.0101110)_2$ (近似取 7 位)。

(2) 将 $(36.365)_{10}$ 转换为八进制数：

整数部分：36　　　　　　　　小数部分：0.365

所以，$(36.365)_{10} = (44.272)_8$ (近似取 3 位)。

(3) 将 $(36.365)_{10}$ 转换为十六进制数：

整数部分：36　　　　　　　　　　　　小数部分：0.365

　　　　取余数　　　　　　　　　　　　　　　取整数

$$
\begin{array}{r}
16\,\lfloor\,36 \\
16\,\lfloor\,2\quad\ \ 4 \\
0\quad\ \ 2
\end{array}
$$
　↑ 低位　　　　　　$0.365 \times 16 = 5.84$　　5　│ 高位

　　高位　　　　　　$0.84 \times 16 = 13.44$　　D　↓ 低位

所以，$(36.365)_{10} = (24.5D)_{16}$(近似取 2 位)。

2) 将 R 进制转换为十进制数

将二进制数、八进制数和十六进制数转换成十进制数，可以采用按位权展开后累加。例如将 $(110.011)_2$、$(54.12)_8$、$(3A.45)_{16}$ 转换为十进制数。

(1) 将 $(110.011)_2$ 转成十进制数：

$$(110.011)_2 = 1 \times 2^2 + 1 \times 2^1 + 0 \times 2^0 + 0 \times 2^{-1} + 1 \times 2^{-2} + 1 \times 2^{-3}$$
$$= 4 + 2 + 0 + 0 + 0.25 + 0.125$$
$$= 6.375$$

所以，$(110.011)_2 = (6.375)_{10}$。

(2) 将 $(54.12)_8$ 转成十进制数：

$$(54.12)_8 = 5 \times 8^1 + 4 \times 8^0 + 1 \times 8^{-1} + 2 \times 8^{-2}$$
$$= 40 + 4 + 0.125 + 0.031\,25$$
$$= 44.156\,25$$

所以，$(54.12)_8 = (44.156\,25)_{10}$。

(3) 将 $(3A.45)_{16}$ 转成十进制数：

$$(3A.45)_{16} = 3 \times 16^1 + 10 \times 16^0 + 4 \times 16^{-1} + 5 \times 16^{-2}$$
$$= 48 + 10 + 0.25 + 0.019\,531\,25$$
$$= 58.269\,531\,25$$

所以，$(3A.45)_{16} = (58.269\,531\,25)_{10}$。

2.1.5　字符编码

计算机是以二进制的形式存储和处理数据的，因此对于非数值的文字和其他符号在进行处理时都需要使用二进制编码来表示。对于西文字符最常用的编码方案有 ASCII 码和 Unicode 编码方式等。对于汉字我国也制定了相应的编码方案。

1. 西文字符的编码

1) ASCII 编码

美国信息交换标准代码 (American Standard Code for Information Interchange，ASCII)，是标准的单字节字符编码方案，被国际标准化组织指定为国际标准。ASCII 码将字符表示为 7 位二进制数。ASCII 一共定义了 $2^7 = 128$ 个不同的编码值，包括英文字母 (大写和小写)、数字、标点符号和一些控制字符。标准的 ASCII 表如图 2-3 所示。

ASCII 码	字符	ASCII 码	字符	ASCII 码	字符	ASCII 码	字符	ASCII 码	字符
0	NUL	26	SUB	52	4	78	N	104	h
1	SOH	27	ESC	53	5	79	O	105	i
2	STX	28	FS	54	6	80	P	106	j
3	ETX	29	GS	55	7	81	Q	107	k
4	DOT	30	RS	56	8	82	R	108	l
5	ENQ	31	US	57	9	83	S	109	m
6	ACK	32	SPACE	58	:	84	T	110	n
7	BEL	33	!	59	;	85	U	111	o
8	BS	34	"	60	<	86	V	112	p
9	HT	35	#	61	=	87	W	113	q
10	LF	36	$	62	>	88	X	114	r
11	VT	37	%	63	?	89	Y	115	s
12	FF	38	&	64	@	90	Z	116	t
13	CR	39	'	65	A	91	[	117	u
14	SO	40	(	66	B	92	\	118	v
15	SI	41	)	67	C	93	]	119	w
16	DLE	42	*	68	D	94	^	120	x
17	DC1	43	+	69	E	95	_	121	y
18	DC2	44	,	70	F	96	`	122	z
19	DC3	45	-	71	G	97	a	123	{
20	DC4	46	.	72	H	98	b	124		
21	NAK	47	/	73	I	99	c	125	}
22	SYN	48	0	74	J	100	d	126	~
23	TB	49	1	75	K	101	e	127	DEL
24	CAN	50	2	76	L	102	f	NUL(空)	
25	EM	51	3	77	M	103	g	SOH(标题开始)	
STX(正文开始)	VT 垂直制表		CR 回车		SYN 同步空闲		CAN 取消		
ETX(正文结束)	FF 换页 / 新页		SO 移出		ETB 传输快结束		EM 媒体结束		

图 2-3 标准的 ASCII 表

从图 2-3 标准的 ASCII 表中可以看出 0~9、A~Z、a~z 都是按顺序排列的，而且小写字母的编码值与大写字母的编码值之差为 32，例如大写 A 的编码值为 65，65 + 32 = 92 即小写字母的编码值，可利用该公式实现大小写字母之间的转换。

在 ASCII 表中最后一个编码 127 表示的是键盘上的"Backspace"按键。另外需要指出的是，计算机处理的基本信息的单位是字节，1 个字节 = 8 bit(位)，即 8 位二进制数，其中 7 位用于存储 ASCII 码，最高位为 0，用于凑成 1 个字节，也就是说 1 个字节可以存储 1 个字符。例如大写字母 A 在字节中的表示形式如图 2-4 所示。

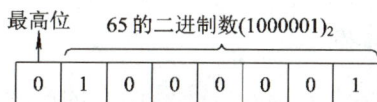

图 2-4 大写字母 A 在字节中的表示形式

2) Unicode 编码

由于 ASCII 码所能表示的字符个数十分有限，因此有关国际组织制定出了 Unicode 编码。Unicode 采用 2 个字节表示 1 个字符，一共可以表示 65 536 个不同的字符。Unicode 编码表中不仅包含中文，还包含几乎世界上所有的可书写语言。需要注意的是 Unicode 表中的前 128 个编码即 ASCII 码。

2. 中文编码

对于中文字符，由于其数量远超过 ASCII 码所能表示的范围，因此采用了更加复杂的编码方式，如 GB 2312—80、GBK、GB 18030 以及 Unicode(包括 UTF-8、UTF-16) 等。

1) GB 2312—80

1980 年，为了使每个汉字有一个全国统一的代码，我国颁布了汉字编码的国家标准：GB 2312—80《信息交换用汉字编码字符集》基本集，这个字符集是我国中文信息处理技术的发展基础，也是国内所有汉字系统的统一标准。在 GB 2312—80 中规定 2 个字节 (16 位) 表示 1 个字符，一共收录了 7445 个字符，其中汉字 6763 个，非汉字 682 个，汉字覆盖率达到了 99.75%。

2) GBK

GBK 是对 GB 2312—80 的扩展，增加了对繁体字的支持，仍然使用 2 个字节表示 1 个字符，共收录了 21 003 个字符，完全兼容 GB 2312—80 标准，支持国际标准和国家标准中的全部中日韩 (CJK) 汉字，并包含了 BIG5(BIG5，又称为大五码或五大码，是使用繁体中文 (正体中文) 社区中最常用的计算机汉字字符集标准，共收录了 13 060 个汉字) 编码中的所有汉字。

3) GB 18030

GB 18030 是在中华人民共和国用于对中文字符进行编码的一个单独标准。在该标准中没有固定编码的字节数，可以使用 1 个字节、2 个字节或 4 个字节表示 1 个字符。在 GB 18030 编码中共收录了 70 244 个汉字 (包含了少数民族的文字)。

4) Unicode 编码

Unicode 统一了世界字符的编码标准。在该编码标准中包含 1 个字节、2 个字节和 3 个字节的长度，为了将 Unicode 存储到计算机中，出现了 UTF-8、UTF-16 等几种算法，其中 UTF-8 为事实上的流行者。

2.2　网络基础知识

2.2.1　计算机网络的基本概念

计算机网络是现代通信技术与计算机技术相结合的产业。它是指将地理位置不同的、具有独立功能的多台计算机，通过物理设备进行连接起来，以功能完善的网络软件及协议实现资源共享和信息传递的系统。要想组成计算机网络至少要有两台计算机和连接它们的一条链路，即两个节点和一条链路。

1. 计算机网络的组成

计算机网络是一个复杂的系统，由多个组件和层次组成，以实现数据的传输、交换和共享，其主要组成部分为网络硬件和网络软件。其中网络硬件主要包括服务器、工作站、传输介质和通信设备等；网络软件包括网络操作系统、通信软件和网络协议等。计算机网络的组成如图 2-5 所示。

服务器是指为网络提供共享资源的基本设备，常用的服务器有文件服务器、域名服务器、打印服务器、通信服务器以及数据库服务器。

工作站又被称为终端，是用户使用的设备，如计算机、电传打字机等，用于接入网络并访问共享资源的设备。

图 2-5　计算机网络的组成

传输介质是指通信中实际传送信息的载体，在网络中是用于连接收发双方的物理通路。可分为有线介质（如双绞线、光纤等）和无线介质（如卫星通信、无线电波、激光等）。

通信设备是构建和维持网络运行的关键部分，它们负责数据的传输、路由、交换和管理网络流量。主要的设备有路由器、交换机、网桥和集线器等。

网络软件中的网络操作系统是一种特殊的操作系统，该系统是专门为网络环境设计的，用于支持网络上的各种操作和服务。它不仅是网络的核心组件，也是用户与网络资源之间的接口，提供了对网络资源的管理和控制功能。典型的网络操作系统有微软公司开发的 Windows Server、开源的网络操作系统 Linux 以及历史悠久的网络操作系统 UNIX。

通信软件是计算机网络中实现数据交换和通信的关键组件，它运行在网络设备或计算机上，负责在不同的设备之间建立、管理和维护通信连接，确保数据能够准确、高效地传输。

网络协议中最常用的通信协议就是 TCP/IP 协议（传输控制协议 / 网际协议），它定义了网络通信的规则和数据单元的格式。除了 TCP/IP 协议之外，还有 HTTP（超文本传输协议）、FTP（文件传输协议）以及 DNS（域名系统）等，它们分别用于不同的网络应用和服务。

2. 计算机网络的分类

计算机网络的分类方式多种多样，根据不同的分类原则，可以得到不同类型的计算机网络。

1) 根据网络的覆盖范围分类

根据网络的覆盖范围的大小可以分为局域网 (LAN)、城域网 (MAN) 以及广域网 (WAN)。覆盖范围通常在几米到几千米之间的网络称为局域网，如学校内部的网络、企业内部的网络等。局域网的传输速度快，延时短。覆盖范围在几十千米到几百千米之间的称为城域网，如城市网络。城域网的传输速率介于局域网和广域网之间，用于城市范围内的数据传输。覆盖范围可以跨越多个城市或国家，甚至全球的网络称为广域网，如互联网。广域网的传输距离远，但传输速率相对比较低，延时也较大。

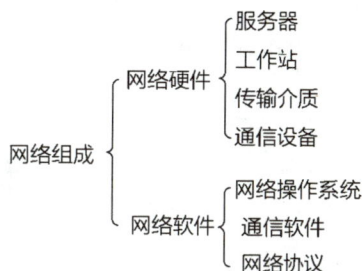

2) 根据拓扑结构分类

计算机网络的拓扑结构是指将网上的计算机或设备和连接的线路分别抽象成点与线，用几何关系表示的网络结构。常见的网络拓扑结构主要有星型拓扑、总线型拓扑、环型拓扑、树型拓扑以及网状拓扑。

在星型拓扑结构中，所有的节点都连接到一个中心节点，中心节点控制整个网络的数据传输。星型拓扑的结构简单，易于管理和维护，由于中心点控制整个网络，因此一旦中心节点出现故障，整个网络将瘫痪。星型拓扑结构如图 2-6 所示。

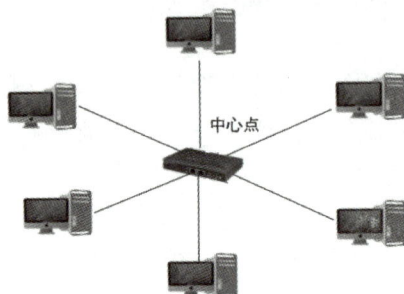

图 2-6　星型拓扑结构

总线型拓扑结构是指所有节点都连接在一条主干线上，数据沿主干线进行传输。总线型拓扑结构简单、成本比较低，节点加入和退出网络都非常方便，一个节点出现故障也不会影响其他节点之间通信，因此这种拓扑结构是在局域网中常被采用的。总线型拓扑结构如图 2-7 所示。

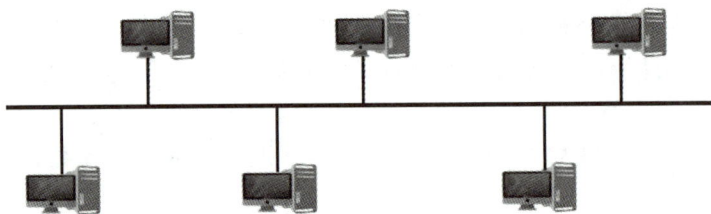

图 2-7　总线型拓扑结构

在环型拓扑结构中，所有节点形成一个闭合的环，数据沿着一个方向传输，由目的节点接收。环型拓扑结构简单，数据传输路径固定、可靠性比较高，缺点就是如果某个节点出现故障可能导致整个网络瘫痪。环型拓扑结构如图 2-8 所示。

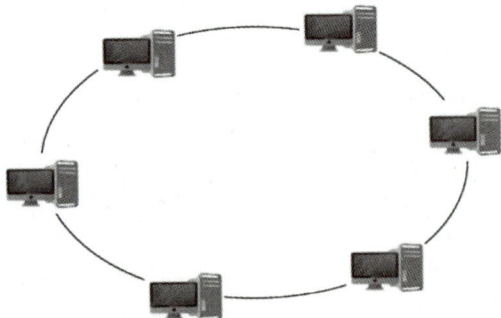

图 2-8　环型拓扑结构

在树型拓扑结构中，节点按层次进行连接，像一棵倒挂着的树，信息交换主要在上、下节点之间进行。树型拓扑结构简单，易于扩展和维护，缺点就是一旦根节点出现故障将影响整个网络。树型拓扑结构如图 2-9 所示。

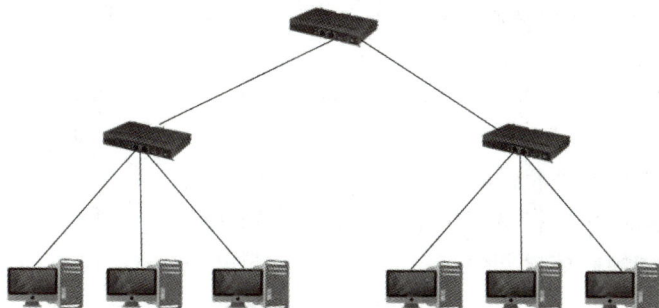

图 2-9　树型拓扑结构

网状拓扑结构没有明显的规则，节点之间任意连接，提供多条通信路径。网状拓扑的可靠性高，即使部分节点或链路出现故障，网络仍然能够保持通信，缺点就是结构复杂，成本比较高。网状拓扑结构通常应用在广域网中。网状拓扑结构如图 2-10 所示。

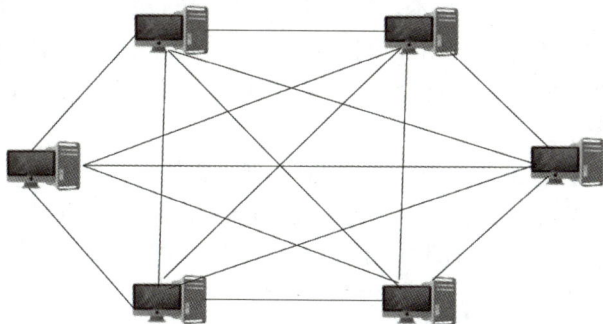

图 2-10　网状拓扑结构

3) 根据传输介质分类

网络的传输介质是指在网络中传输信息的通道，常用的传输介质可分为有线传输介质和无线传输介质两大类。

有线传输介质是指在两个通信设备之间实现的物理连接部分，常用的有双绞线、同轴电缆和光纤等。有线传输介质的传输速率高，稳定性好，缺点就是布线复杂、灵活性差。

无线传输介质是利用无线电波在自由空间的传播，常用的无线传输介质包括无线电波、微波、红外线等。无线传输介质的灵活性强，易于扩展，缺点就是传输速率受环境影响比较大，稳定性较差。

2.2.2　互联网的基本概念

Internet 即因特网，是一个开放的、互联的，全球性的计算机互联网络，遵从 TCP/IP 协议，使得世界上不同类型的计算机都可以在该网络中实现信息的交换、数据的传输以及资源共享。互联网中的基本概念有 TCP/IP 协议、IP 地址、域名和域名服务器等。现在对这些概念分别进行介绍。

1. TCP/IP 协议

TCP/IP(Transmission Control Protocol/Internet Protocol，传输控制协议 / 网际协议) 是一组网络协议，只是因为在 TCP/IP 协议中 TCP 协议和 IP 协议最具代表性，所以被称为 TCP/IP 协议。它是互联网的基础，用于定义电子设备如何连入因特网以及数据如何在它们之间传输的标准。

TCP 是一种面向连接的协议，需要在通信的双方之间建立连接后才能进行数据传输，类似于生活中的打电话，只有对方接通后双方才可以进行通信。TCP 协议负责数据的可靠传输，它能够保证数据的完整性和正确性。

IP 协议即 IP 地址，用于在网络中唯一标识一台电子设备。它负责数据包的路由和寻址，能够保证数据包正确地到达目的地。

2. IP 地址

IP 地址就像我们的家庭地址一样，如果你要给一个好朋友寄一个快递，你就要知道对方的地址，这样快递员才能把快递送到。计算机发送信息就好比快递员，它必须知道唯一的“家庭”地址才能正确地投递包裹。只不过我们的地址是用文字来表示的，计算机的地址 (IP 地址) 是用二进制数进行表示的。

IP 地址有 IPv4 和 IPv6 两个版本，IPv4 是互联网协议第四版，其地址是一个 32 位的二进制数，采用“点分十进制”表示，例如：192.168.231.1 的 32 位二进制数为 (11000000.10101000.11100111.00000001)。IPv6 是互联网协议第六版，其地址由 8 个 4 位十六进制数表示。

如何查看本机的 IP 地址呢？按“Windows 键 + R”打开运行窗口，在运行窗口输入“cmd”，然后点击“确定”，如图 2-11 所示。在打开的命令行窗口中输入命令“ipconfig”，如图 2-12 所示，即可查看到本机的 IPv4 和 IPv6 地址。如图 2-13 所示。

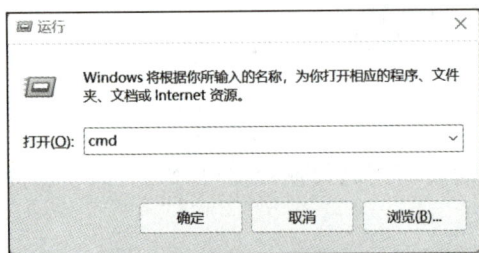

图 2-11 启动命令行窗口

C:\Users\68554>ipconfig

图 2-12 输入 ipconfig 命令

```
连接特定的 DNS 后缀 . . . . . . . :
本地链接 IPv6 地址. . . . . . . : fe80::d90a:51ab:3b8c:844d%18
IPv4 地址 . . . . . . . . . . . : 192.168.31.1
子网掩码 . . . . . . . . . . . : 255.255.255.0
默认网关. . . . . . . . . . . :
```

图 2-13 本机的 IPv4 和 IPv6 地址

根据网络号和主机号的长度可以将 IP 地址分为以下五类。

(1) A 类 IP 地址。A 类 IP 地址由 1 个字节的网络地址和 3 个字节的主机地址组成，主要用于大型网络，网络地址的最高位必须是“0”，地址范围从 1.0.0.0 到 127.0.0.0，共有 127 个，每个网络可容纳 16 777 214 台主机。其中 127.0.0.1 是一个特殊的 IP 地址，表示主机本身，用于本地机器的测试。A 类 IP 地址如图 2-14 所示。

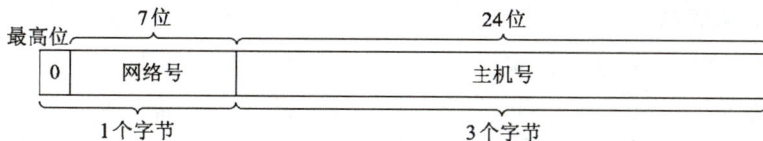

图 2-14　A 类 IP 地址

(2) B 类 IP 地址。B 类 IP 地址由 2 个字节的网络地址和 2 个字节的主机地址组成，主要用于中型网络，网络地址的最高位必须是 "10"；地址范围从 128.0.0.0 到 191.255.255.255。其中 128.0.0.0 和 191.255.0.0 为保留 IP，实际范围是 128.1.0.0 到 191.254.0.0。可用的 B 类网络有 16 382 个，每个网络能容纳 6 万个主机。B 类 IP 地址如图 2-15 所示。

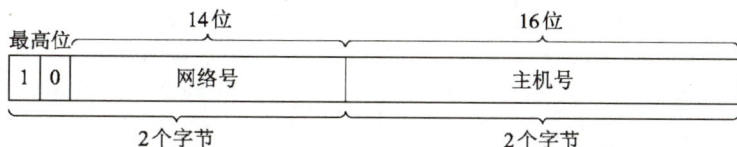

图 2-15　B 类 IP 地址

(3) C 类 IP 地址。C 类 IP 地址由 3 个字节的网络地址和 1 个字节的主机地址组成，主要用于小型网络，网络地址的最高位必须是 "110"；地址范围从 192.0.0.0 到 223.255.255.255。其中 192.0.0.0 和 223.255.255.0 为保留 IP，实际范围是 192.0.1.0 到 223.255.254.0。C 类网络可达 209 万余个，每个网络可容纳 254 台主机。C 类 IP 地址如图 2-16 所示。

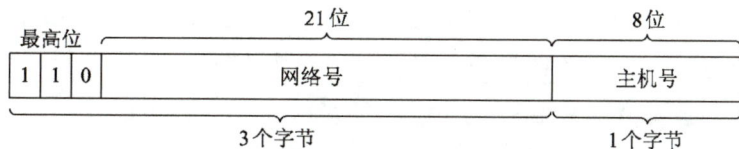

图 2-16　C 类 IP 地址

(4) D 类 IP 地址。D 类 IP 地址以 "1110" 开始，是一个专门保留的地址。它不指向特定的网络，被用在多点广播中。多点广播地址用来一次寻址一组计算机，它标识共享同一协议的一组计算机。范围从 224.0.0.0 到 239.255.255.225。D 类 IP 地址如图 2-17 所示。

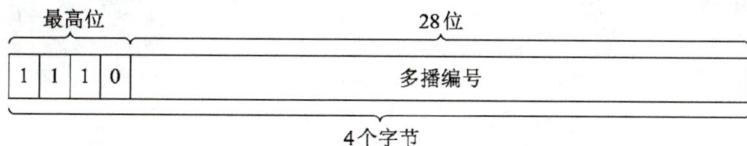

图 2-17　D 类 IP 地址

(5) E 类 IP 地址。E 类 IP 地址以 "11110" 开始，为将来使用保留，地址范围从 240.0.0.0 到 255.255.255.254，255.255.255.255 用于广播地址。E 类 IP 地址如图 2-18 所示。

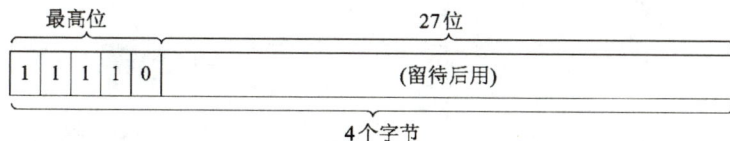

图 2-18　E 类 IP 地址

3. 域名及域名服务器

尽管 IP 地址可以唯一地标识网络上的一台计算机，但是 IP 地址是一长串数字，不直观，而且也不方便记忆，于是人们又发现了另一套字符串的地址方案，即域名地址。例如百度的 IP 地址和域名如图 2-19 所示。打开浏览器输入百度的网址，在页面上任意一个位置单击鼠标右键选择"检查"即可打开"检查窗口"。在检查窗口中点击"Network"之后再按下回车键，刷新一下界面，点击"Name"处的百度域名，在右侧"Headers"中即可看到百度的 IPv6 的 IP 地址。

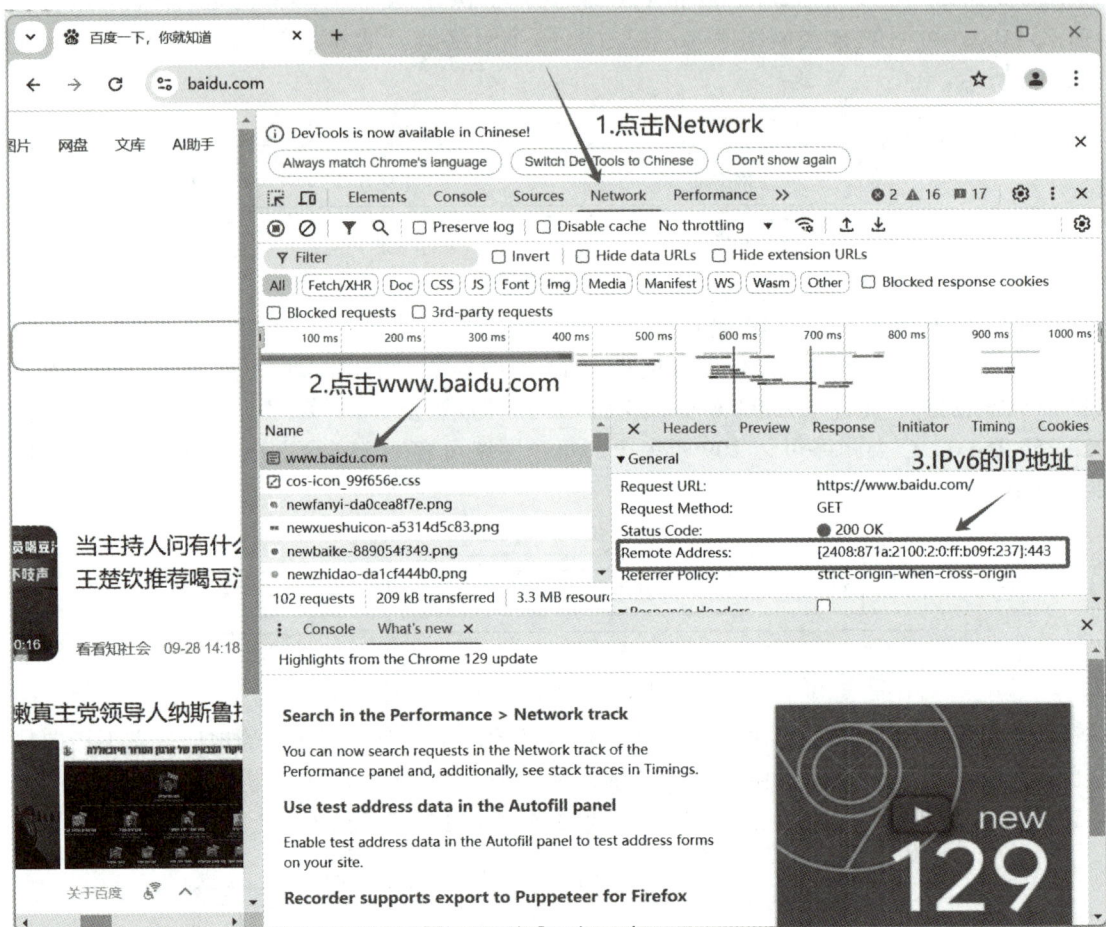

图 2-19　百度的 IP 地址和域名

IP 地址和域名是一一对应的关系，域名地址的信息存放在域名服务器 (Domain Name Server，DNS) 的主机内，用户只需要了解易于记忆的域名，对应转换工作就交给域名服务器。域名服务器就是提供 IP 地址和域名之间转换服务的服务器。域名到 IP 地址的转换如图 2-20 所示。

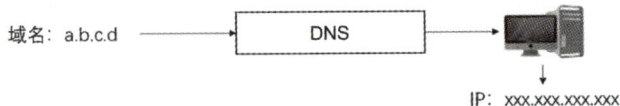

图 2-20　域名通过 DNS 到 IP 地址的转换

　　域名由多个部分组成，一般包括顶级域名（一级域名）、二级域名、三级域名等，各部分之间使用"."进行分隔。例如 www.example.com 中，com 为顶级域名，example 为二级域名，www 为三级域名。

　　常用的顶级域名主要分为两大类：通用顶级域名和国家代码顶级域名。常用的通用顶级域名和国家代码顶级域名如表 2-2 所示。

表 2-2　常用的通用顶级域名和国家代码顶级域名

通用顶级域名	含　义	国家代码顶级域名	含　义
com	商业机构	cn	中国
net	网络服务机构	uk	英国
org	非营利性组织	jp	日本
gov	政府机构	de	德国
edu	教育机构	fr	法国
mil	军事机构	au	澳大利亚
int	国际机构	ru	俄罗斯

2.3　实　践　案　例

【案例名称】

设置适合学习的笔记本电脑配置方案。

【实践目的】

　　(1) 满足学习需求：配置高性能处理器和大容量内存，确保流畅运行编程软件、设计工具、数据分析软件等。

　　(2) 提升效率：高速固态硬盘和大容量电池，减少等待时间，延长使用时间。

　　(3) 适应多场景：高色域屏幕和丰富接口，满足设计、演示、外接设备等多种学习场景。

【实践步骤】

　　(1) 需求分析：根据学习专业（如计算机科学、设计、工程等）确定硬件需求。

　　(2) 硬件选型：选择高性能处理器、大容量内存、高速固态硬盘和高色域屏幕。

　　(3) 购买与验收：通过正规渠道购买，检查硬件配置是否与宣传一致。

　　(4) 系统安装与优化：安装操作系统和必要软件，优化系统设置，提升使用体验。

　　(5) 使用与维护：定期清理系统垃圾，更新驱动程序，确保硬件性能稳定。

【实践效果】

表 2-3 给出了硬件参数。

表 2-3   硬件参数（参考）

硬件组件	型号 / 规格	核 心 功 能
CPU	AMD 锐龙 R7-8845H(8 核 16 线程)	高性能处理器，支持多任务处理，适合编程、设计、数据分析等学习场景
内存	32 GB DDR5 5600 MHz	大容量内存，满足多开软件需求，避免卡顿
硬盘	1 TB PCIe 4.0 SSD	高速固态硬盘，快速启动系统和软件，提升学习效率
显卡	AMD Radeon 780 M 核显	集成显卡，满足日常学习需求，如文档处理、网页浏览、轻量级图形设计
屏幕	14.5 英寸 3 K 分辨率，120 Hz 刷新率	高色域屏幕，支持 100% P3 广色域，适合设计类专业学生
电池	84 Wh 大容量电池	支持长时间续航，满足全天学习需求
接口	Type-C、雷电 4、HDMI 2.1、USB 3.0 × 2	接口丰富，满足外接设备需求，如投影仪、移动硬盘等
其他	军标认证，耐用性强	适合学生日常携带，适应各种使用环境

课后习题 2

单元 3　Windows 10 操作系统的使用

知识目标

(1) 掌握 Windows 10 的基本操作，包括桌面管理、文件资源管理器和系统设置。
(2) 理解用户账户管理、权限设置及网络配置方法。
(3) 熟悉常用快捷键、任务视图和虚拟桌面的使用。

能力目标

(1) 能独立完成文件管理、软件安装与卸载等日常操作。
(2) 能配置个性化系统环境，优化使用体验。
(3) 能排查常见故障，如网络连接问题或系统卡顿。
(4) 能运用安全策略保护数据，如设置账户密码和备份文件。

学习重点

(1) 文件资源管理。
(2) 系统优化。
(3) 安全防护。

素养目标

Windows 10 作为广泛使用的操作系统，其功能强大且应用广泛，学生应熟练掌握其操作技能，为未来的学习和工作打下基础。同时，学生应树立正版软件意识，尊重知识产权，杜绝使用盗版软件，维护健康的软件生态。此外，通过学习系统安全设置、隐私保护等功能，学生应增强信息安全意识，避免因不当操作导致数据泄露或系统风险。另外，学生还应结合实例，合理利用技术工具，提高学习效率，避免沉迷网络或滥用技术。

3.1　认识 Windows 10 操作系统

Windows 10 是微软公司研发的跨平台的、图形用户界面操作系统，应用于计算机和平板电脑等设备，于 2015 年 7 月 29 日发行。

Windows 10 作为 Windows 7 的继任者，保持着传统桌面体验的同时，融合了 Windows 8 的触摸优化特性，并引入了更多的安全和性能改进。

以下从 6 个方面介绍 Windows 10 操作系统的主要特点。

1. 用户界面更新

Windows 10 重新引入了开始菜单，并进行优化和改进。它不仅包含了传统的应用程序列表，还融入了 Windows 8 的开始屏幕元素，使用户可以更方便地访问和管理应用程序和文件。

任务栏的设计更加现代化，支持更多的自定义选项。同时，Windows 10 还引用了多任务视图功能，允许用户创建和管理多个虚拟桌面，可以更好地组织和切换不同的任务和应用程序。

2. 智能化与语音助手

Windows 10 集成了 Cortana 虚拟助手，用户可以通过语音指令来搜索信息、设置提醒、管理日程安排等，极大地提高了操作的便捷性。Windows 10 系统还会根据用户的使用习惯和需求，提供智能搜索建议和个性化推荐，使用户能够更快地找到所需内容。

3. 安全性和隐私保护

Windows 10 引入了许多新的安全功能，如 Windows Defender 安全中心、设备加密、防火墙和网络保护等。Windows 10 还提供了更加细致的隐私设置选项，允许用户控制哪些数据和活动可以被收集和使用，用以保护用户的个人隐私。

4. 跨平台与通用应用

Windows 10 是微软推出的首个跨平台系统，可以在不同设备上运行，包括台式机、笔记本电脑、平台电脑、智能手机和 Xbox 游戏机等。

Windows 10 还引入通用应用程序 (Universal App)，这些应用程序可以在不同设备上无缝运行，并自动适应不同的屏幕尺寸和输入方式，为用户提供了一致的使用体验。

5. 浏览器和多媒体

Windows 10 替代了过去的 IE(Internet Explorer) 浏览器，引入了全新的 Microsoft Edge 浏览器。Edge 浏览器提供了更快的网页加载速度、更好的安全性和更多的功能 (如阅读模式、扩展程序等)。

Windows 10 还内置了多种多媒体应用程序和服务 (如音乐、视频和照片应用等)，使用户能够轻松地管理和享受多媒体内容。

6. 性能和优化

Windows 10 在启动速度方面进行了优化，相比之前的版本能够更快地启动和加载应用程序。Windows 10 还提供了更加智能的电源管理功能，能够根据设备的使用情况自动调整电源设置，以延长电池的续航时间。

3.2　使用 Windows 10 的基本功能

3.2.1　Windows 10 的启动与退出

在安装了 Windows 10 操作系统的计算机上启动 Windows 操作系统非常简单，只需要打开显示器和主机箱上的电源开关即可，如果是笔记本电脑，直接按键盘上的开关键即可启动 Windows 10 操作系统。Windows 10 启动成功后的窗体界面如图 3-1 所示。

图 3-1　Windows 10 启动成功后的窗体界面

在完成计算机的所有操作之后，需要正确退出 Windows 10 操作系统 (俗称的关机)。首先关闭所有应用程序，然后单击"开始"→"电源"按钮，在弹出的菜单项中点击"关机"按钮，即可正常退出 Windows 10 操作系统，如图 3-2 所示。系统正常退出后，关闭显示器及其他外设电源。

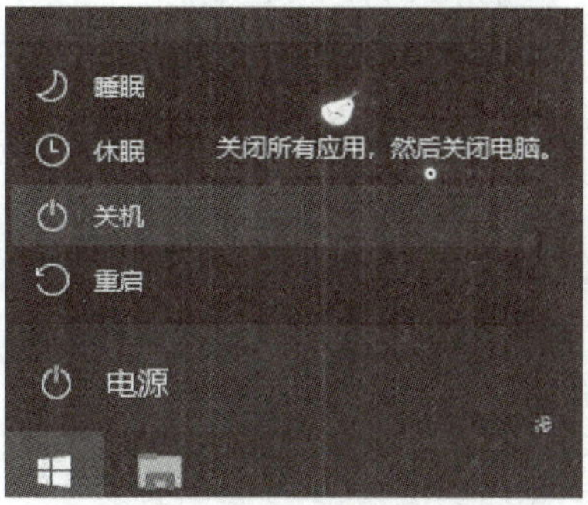

图 3-2　退出 Windows 10 操作系统

3.2.2　Windows 10 的桌面

Windows 10 操作系统的桌面一般由桌面区、桌面图标、鼠标指针、任务栏和"开始"按钮 5 个部分组成，如图 3-3 所示。

(1) 桌面区。在 Windows 10 操作系统中打开的所有程序和窗口都会呈现在桌面区。

(2) 桌面图标。桌面图标是由一个图片和说明文字组成，图片是应用程序的图形化描述，代表一个应用程序 (如企鹅图标代表的是 QQ 程序)，文字则是程序的名称或功能。图标旁边带有"小箭头"的说明是程序的快捷方式。

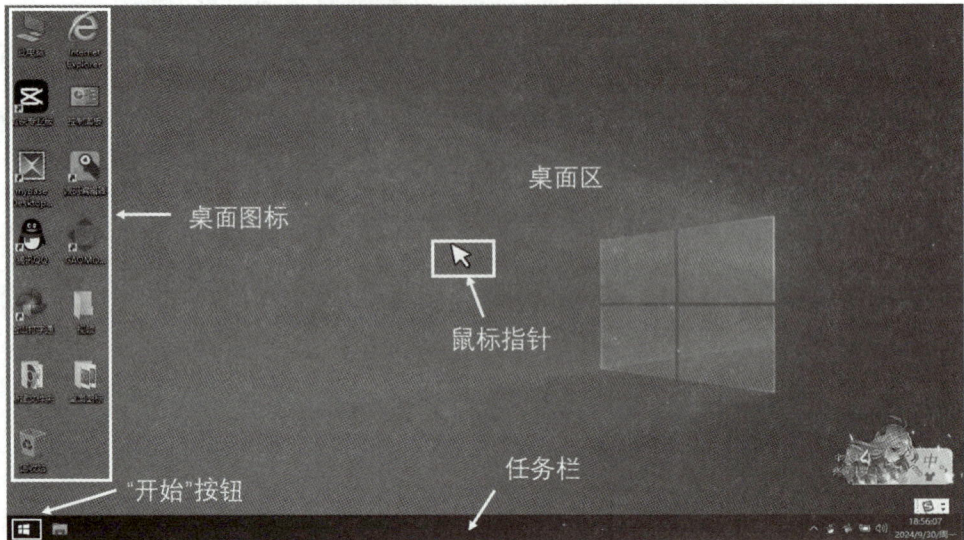

图 3-3   Windows 10 桌面

(3)"开始"按钮。单击任务栏左侧的"开始"按钮，即可弹出"开始"菜单，如图 3-4 所示。

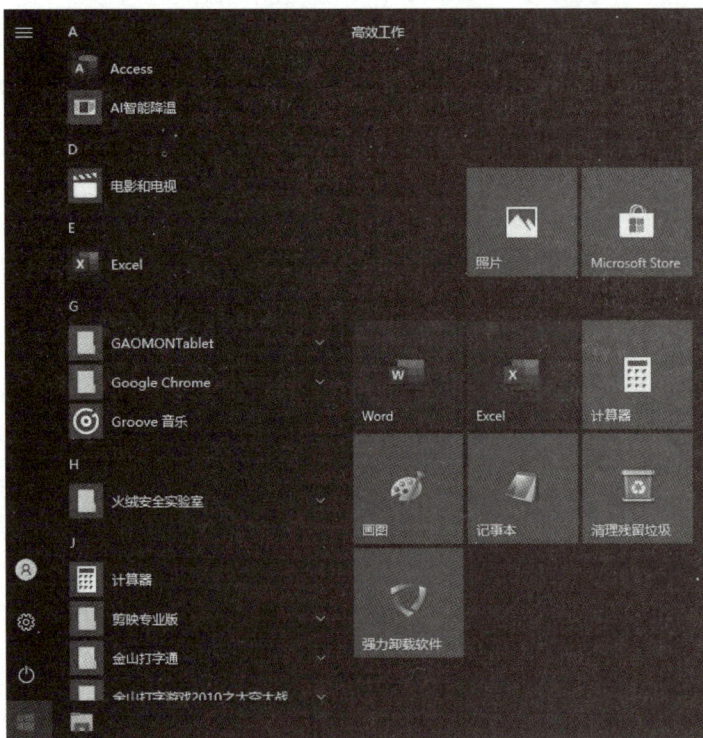

图 3-4   弹出的"开始"菜单

(4) 任务栏。Windows 10 操作系统的任务栏一般位于桌面的底部，由"开始"按钮、任务区、通知区域、语言栏等组成，如图 3-5 所示。

图 3-5 任务栏

（5）鼠标指针。硬件设备中的鼠标在 Windows 10 操作系统启动后，在桌面上是以"箭头"的形式展示在桌面区中，当移动鼠标时，桌面上的鼠标指针就会在桌面区中移动，用于指示要操作的对象或位置。常用的鼠标操作及描述说明如表 3-1 所示。

表 3-1 常用的鼠标操作及描述说明

操　作	描　述　说　明
单击	右手食指按下鼠标左侧的按键并迅速松开，常用于选择某个对象或打开超链接，也可以用于确认某个选项或按钮
双击	右手食指连续快速点击鼠标左侧的按键，常用于打开程序或文件夹
右键单击	右手中指按下鼠标右侧的按键并迅速松开，常用于打开上下文菜单。菜单中一般包含所点击对象的相关操作选项，如：复制、粘贴、删除等
左键拖动	按住鼠标左键不松开，然后移动鼠标，将某个对象从一个位置拖到另一个位置。这个操作常用于移动文件夹或图标，也可以用于调整窗口大小
右键拖动	按住鼠标右键并移动鼠标，常用于复制、移动文件或文件夹
滚动鼠标滚轮	滚动鼠标的滚轮可以实现网页、文档的上下滚动或放大缩小图片

3.2.3 Windows 10 的窗口组成

在 Windows 10 操作系统中对各种资源的管理和使用都是在窗口中进行的，窗口是用户与系统进行交互的重要界面。窗体一般由标题栏、菜单栏、功能区、地址栏、搜索栏、导航窗格、工作区和状态栏等部分组成，如图 3-6 所示。

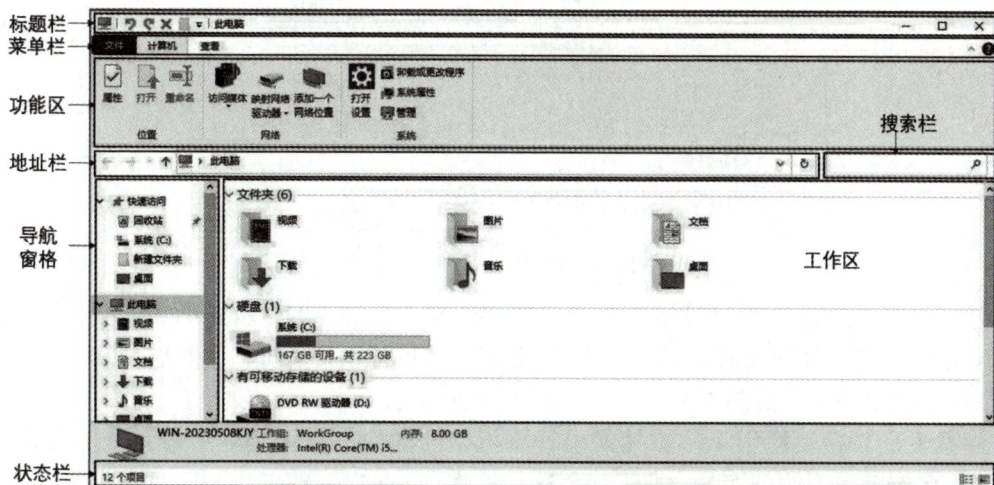

图 3-6 Windows 10 操作系统窗口的组成

(1) 标题栏。标题栏位于窗口的顶部，显示窗口的名称 (或标题) 以及可能的图标。标题栏的最右侧通常包含三个按钮：最小化按钮、最大化按钮和关闭按钮，这三个按钮用来控制窗口的显示状态。

(2) 菜单栏。菜单栏位于标题栏下方，包含多个菜单项，每个菜单项下可能包含多个操作命令，用户可以通过点击菜单项来执行相应的操作。有些菜单项下还有一个黑色的三角形图标，单击此三角形图标可以展开更多的选项，可以进一步选择相应的操作。例如"查看"菜单项下的功能命令如图 3-7 所示。

图 3-7 "查看"菜单项下的功能命令

(3) 功能区。功能区是菜单栏中菜单项的功能命令组合。按照功能分类组合排列，简化了操作。单击功能区的命令选项，即可完成相应的操作。例如单击"计算机"菜单项下的"管理"项，将弹出"计算机管理"窗口，如图 3-8 和图 3-9 所示。

图 3-8 "计算机"菜单项下的功能命令

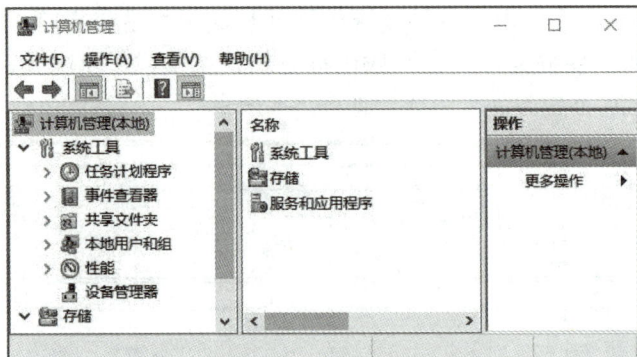

图 3-9 "计算机管理"窗口

(4) 地址栏。地址栏用于显示当前窗口文件或文件夹的路径 (位置)，也可以在地址栏中输入文件或文件夹的路径，快速找到该文件。地址栏有"后退""前进"和"上一级"三个按钮，用于快速找到最近打开过的窗口。

(5) 搜索栏。搜索栏用于快速搜索出计算机中的文件。在搜索栏中输入全部文件名或部分文件名按键盘上的回车键，系统就会进行搜索，并在当前窗口中显示搜索结果。例如，在搜索栏中输入"png" (图片文件)，按回车键，系统将计算机中所有后缀名为 png 的文件全部搜索出来了，如图 3-10 所示。如果想按文件名或部分文件名进行搜索，只需要把"png"修改为文件名或部分文件名即可。

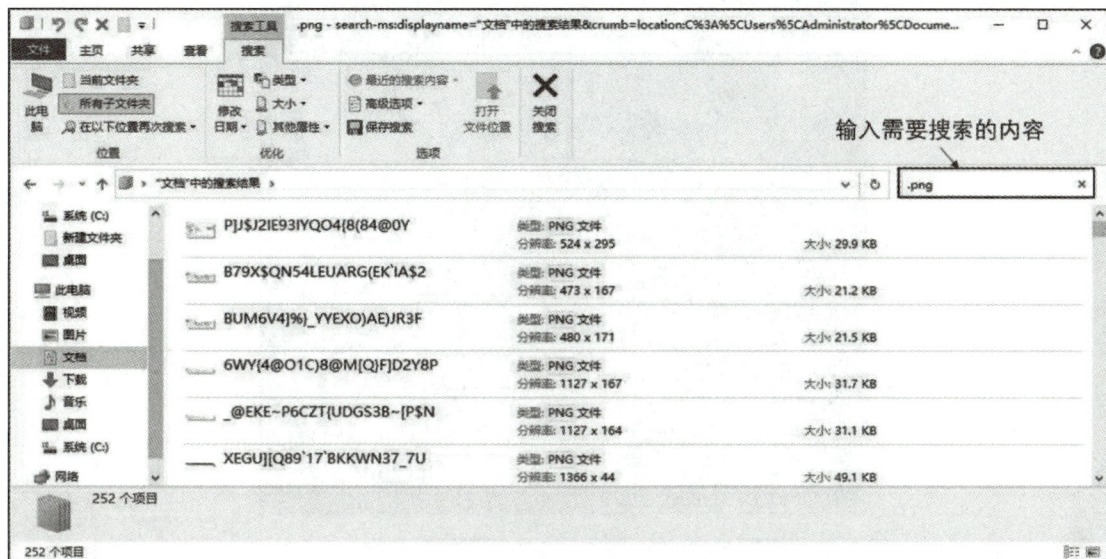

图 3-10　按文件类型进行搜索

(6) 导航窗格。导航窗格在工作区的左侧，用于快速切换或打开其他窗口。在 Windows 10 操作系统中，导航窗格包含"快速访问""此电脑"和"网络"三个部分。单击每项前边的"箭头"按钮，可以打开相应的列表。"此电脑"下的列表如图 3-11 所示。

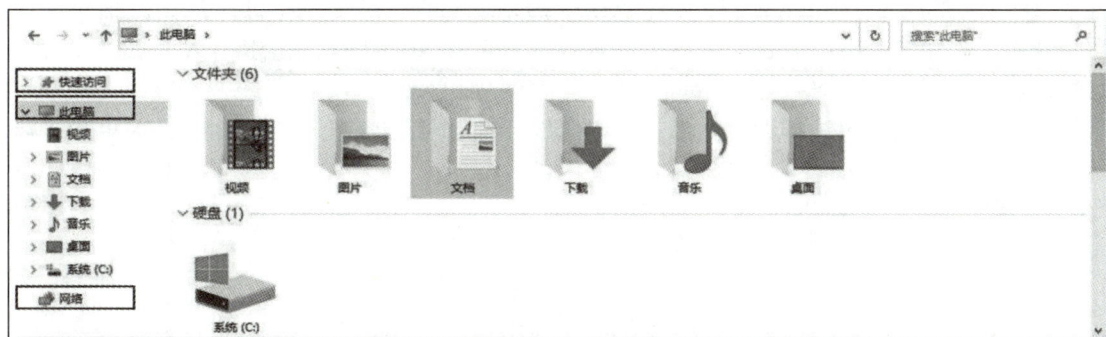

图 3-11　导航窗格中"此电脑"下的列表

(7) 工作区。工作区是整个窗口中最大的区域，用于显示窗口中的操作对象和操作结果。在不同的窗口中，工作区的布局和功能可能有所不同。

(8) 状态栏。状态栏位于窗口的底部。主要用于显示窗口或选中对象的相关信息。例如，在文件管理器中，状态栏可能显示当前选中的文件的数量、大小等信息。

3.2.4　Windows 10 的"开始"菜单

Windows 10 的"开始"菜单是一个重要的组件，它是用户用来查找应用程序、设置和文件的便捷工具。Windows 10 的"开始"菜单由"所有程序区""系统控制区"和"高频使用区"组成，如图 3-12 所示。

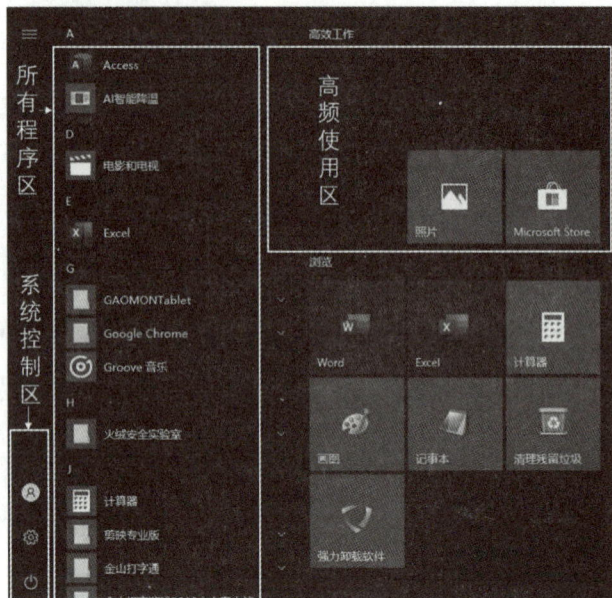

图 3-12　Windows 10 的"开始"菜单

(1) 所有程序区。在所有程序区，Windows 10 操作系统将计算机中所有已安装的应用程序按照程序的名称 (英文按字母顺序，中文按拼音顺序) 进行排序。如果计算机中安装的应用程序比较多，可以点击所有程序区右侧的"滚动条"向下滚动查看更多的应用程序。对于一些桌面上没有建立快捷方式的应用程序，都可以通过所有程序区去进行启动。

(2) 系统控制区。Windows 10 操作系统中的系统控制区从上到下分别是用户信息、设置以及电源。单击"用户信息"，可以执行更改账户设置、锁定以及注销操作。单击"设置"，可以打开设置窗口，如图 3-13 所示。在设置窗口中可以对计算机系统、网络和 Internet、个性化、更新和安全等进行设置。单击"电源"，可以执行计算机睡眠、休眠、关机和重启等操作。

图 3-13　Windows 10 设置窗口

(3) 高频使用区。高频使用区包含了最近使用的应用程序，再次启动应用程序的时候不需要到所有程序中去寻找，只需要点击高频使用区中的应用程序即可启动，提高了工作效率。

3.2.5 Windows 10 的对话框

对话框是 Windows 10 操作系统中常见的用户界面元素，它提供了一个小型的窗口，用于接收用户的输入或向用户显示信息。对话框与普通的窗体相似，但是比普通的窗口更加简洁和直观。与普通窗体不同的是对话框没有最大化按钮和最小化按钮，也不能改变窗口的大小，且用户只有在完成了对话要求的操作后才能进行下一步的操作。例如：在桌面中单击右键新建一个文本文件，名称为"a"，后缀名为"txt"，双击打开这个 a.txt 文本文件，点击菜单栏中的"另存为"即可打开一个"另存为"的对话框，用户只有输入要保存的文件名之后，才能单击"保存"按钮，否则无法进行下一步的操作，如图 3-14 和图 3-15 所示。

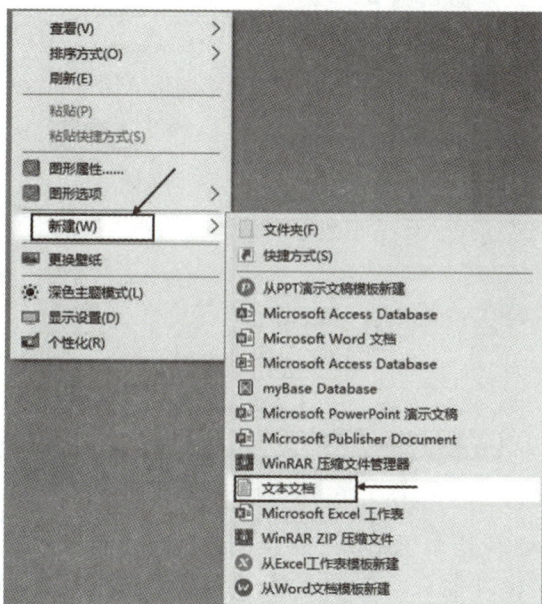

图 3-14 新建 a.txt 文本文件

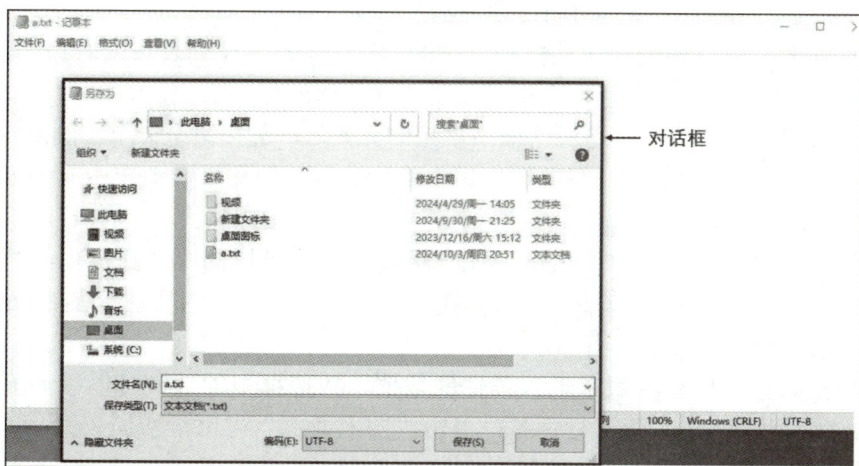

图 3-15 另存为对话框

执行不同命令时，弹出的对话框也不相同。一般情况下，对话框由选项卡、下拉列表框、单选按钮、复选框、数值框、滑块、输入文本框、参数栏、命令按钮等组成。图 3-16

为设置段落对话框 (WPS 的操作将在单元 5 中进行讲解)。

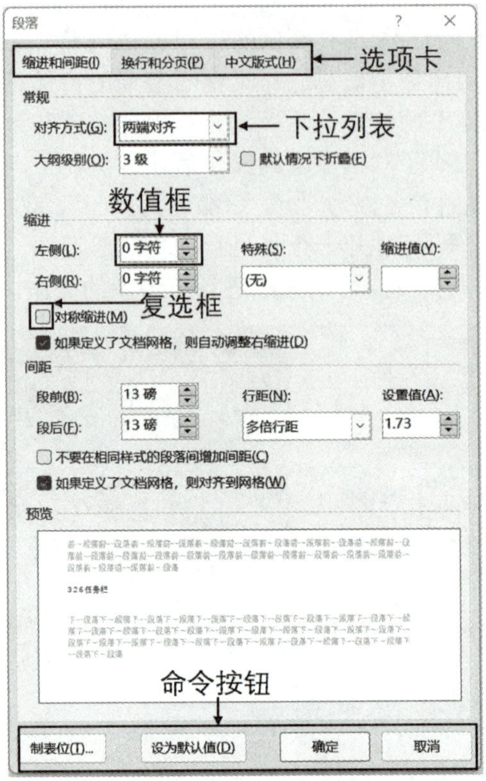

图 3-16　设置段落对话框

(1) 选项卡。Windows 操作系统中将对话框的内容按照类别分成不同的选项卡，每个选项卡都有一个名称，图 3-16 中有三个选项卡，分别是"缩进和间距 (I)""换行和分页 (P)""中文版式 (H)"，单击不同的选项卡会显示不同的内容，大大节省了屏幕的空间，如 3-16 中显示的是"缩进和间距 (I)"选项卡中的内容。

(2) 下拉列表。下拉列表是对话框中常见的元素，点击下拉列表项或右边的箭头按钮，将显示下拉列表中列出的所有值，点击所需要选择的值即可。

(3) 单选按钮。单选按钮也是对话框中常见的元素，单选按钮是一个小圆圈，单击"小圆圈"即可选中对应项的值。一组单选按钮中的值是互斥的关系，即选中其中一项，这一组中的其他项将改为未选中状态。

(4) 复选框。复选框是一个小方框，在一组复选框中可以同时选择多项，被选中的复选框中有一个"√"，个别窗口中的复选框在被选中后还会显示为蓝色，图 3-16 中的复选框被选中后复选框即为蓝色，同时框中有"√"。

(5) 数值框。数值框主要用来输入具体的数值。数值框中的数值可以手动输入，也可以通过右侧的上下箭头对数值进行调整，单击"向上箭头"可用于增加数值，单击"向下箭头"可用于减小数值。

(6) 滑块。滑块是用户通过拖动滑块左右或上下移动来输入数值的大小，滑块中的数值调整要比数值块中的数值调整更为直观。

(7) 输入文本框。输入文本框是一个空白的方框，单击一下空白方框，用户可以直接在方框中输入数据。

(8) 命令按钮。命令按钮用于按钮相应的操作，例如，点击"确定"按钮表示对话框中的所有的设置完成，将保存以上设置，并关闭对话框；点击"取消"按钮则表示取消对话框中的设置，并关闭对话框。

3.2.6　Windows 10 的任务栏

Windows 10 操作系统的任务栏通常位于桌面的底部 (也可以设置为顶部、左侧或右侧)，它集成了多个重要功能和快捷方式，可以方便用户快速访问和操作。Windows 10 操作系统的任务栏如图 3-17 所示。

图 3-17　Windows 10 操作系统的任务栏

(1) 开始菜单。点击开始按钮可以打开"开始"菜单，"开始"菜单的讲解可参考 3.2.4 小节。

(2) 文件资源管理器。Windows 10 操作系统中的文件资源管理器是一个用于管理计算机文件和文件夹的应用程序，它是 Windows 10 操作系统的一个重要组成部分，允许用户浏览、搜索、创建、删除、重命名、移动、复制和编辑文件及文件夹。点击任务栏上的"文件资源管理器"，默认打开"此电脑"窗口。

(3) 应用程序区。打开的应用程序都会显示在应用程序区，用户可以通过点击图标来打开程序。此外，用户还可以将常用的应用程序固定到任务栏上，以便下次可以快速访问。例如，将"腾讯 QQ"应用程序固定到任务栏。在"腾讯 QQ"的快捷方式上单击右键，在出现的右键菜单中选择"固定到任务栏 (K)"，即可将"腾讯 QQ"应用程序固定到任务栏，下次要想使用腾讯 QQ 时，直接点击任务栏上的"腾讯 QQ"图标即可，如图 3-18 和图 3-19 所示。如果不希望该程序固定在任务栏上，可以随时取消固定。在任务栏上找到"腾讯 QQ"应用程序图标，在该图标上单击右键，在弹出的右键菜单中选择"从任务栏取消固定"，将"腾讯 QQ"应用程序从任务栏中取消固定，如图 3-20 所示。

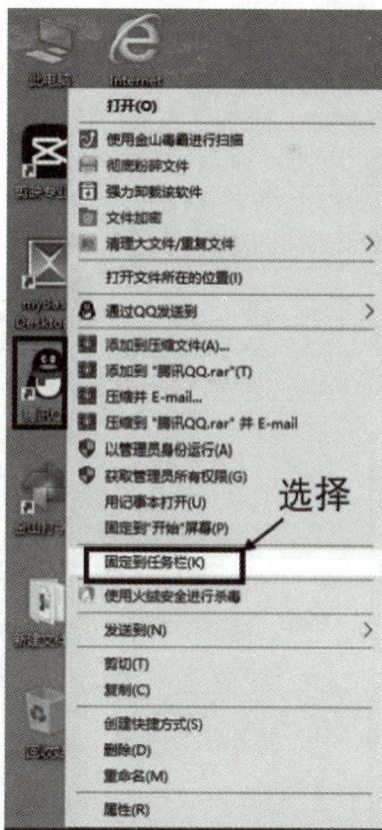

图 3-18　固定"腾讯 QQ"应用程序到任务栏

图 3-19　"腾讯 QQ"应用程序被固定到任务栏

图 3-20　从任务栏取消固定

(4) 语言选项。操作系统安装的输入法都会显示在语言选项中，用户可以通过点击任务栏中的语言图标来切换输入法，如图 3-21 所示。

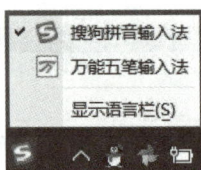

图 3-21　切换输入法

(5) 托盘区。托盘区可以显示桌面、网络图标、音量图标等。用户可以通过这些图标快速访问相关功能和设置。

(6) 显示桌面按钮。显示桌面按钮默认位于任务栏的最右端 (一个小竖条，需要仔细查找)，点击该按钮可以显示系统桌面，再次点击则恢复之前打开的窗口。

Windows 10 操作系统的任务栏不是固定不变的，用户不仅可以根据需要自己设置任务栏的方向位于顶端、右侧或左侧，还可以设置任务栏是否自动隐藏，以及任务栏在多显示器上的显示等。在任务栏上单击右键选择"任务栏设置"，将打开任务栏设置窗口。任务栏的设置如图 3-22 和图 3-23 所示。

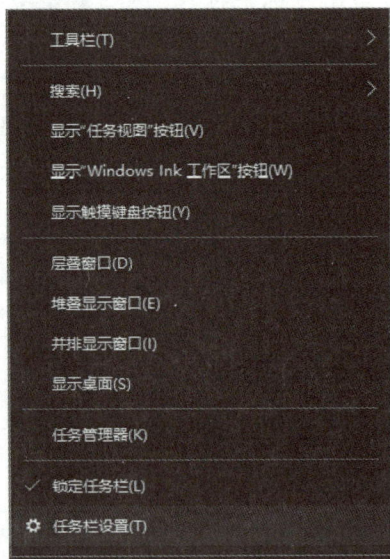

图 3-22　选择"任务栏设置"

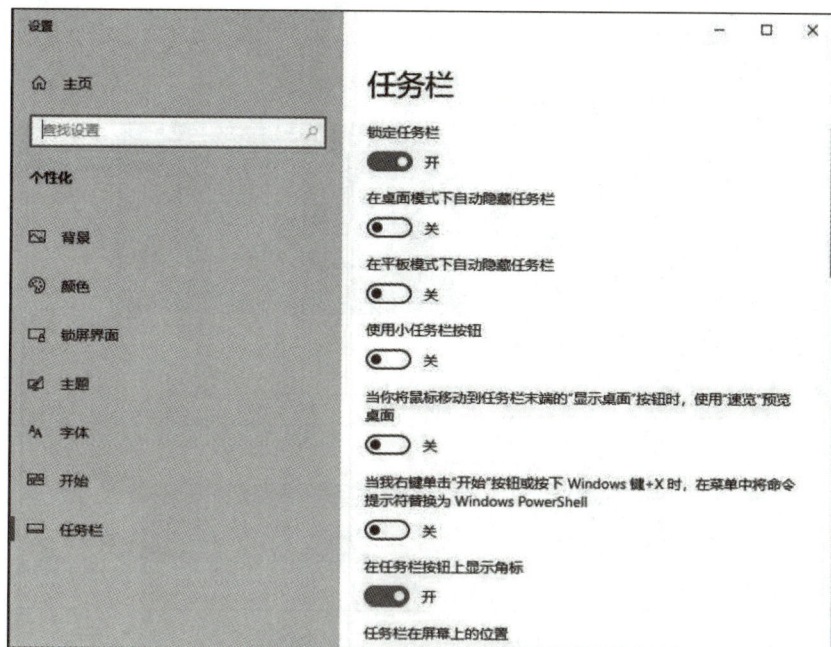

图 3-23　任务栏设置窗口

3.3　Windows 10 的个性化设置

Windows 10 操作系统提供了非常丰富的个性化设置选项，允许用户根据自己的喜好和需求对系统进行定制，包括对背景、颜色、锁屏界面、主题、字体、开始、任务栏等的设置。在桌面的空白处单击右键，在弹出的快捷菜单中选择"个性化"命令，弹出"个性化"设置窗口，通过该窗口可以进行个性化设置，如图 3-24 和图 3-25 所示。

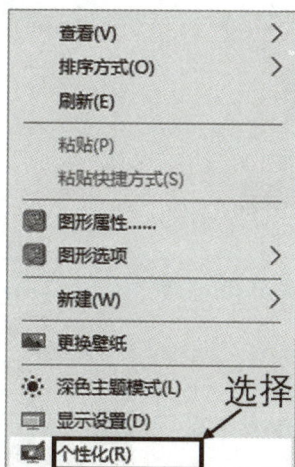

图 3-24　启动"个性化"设置

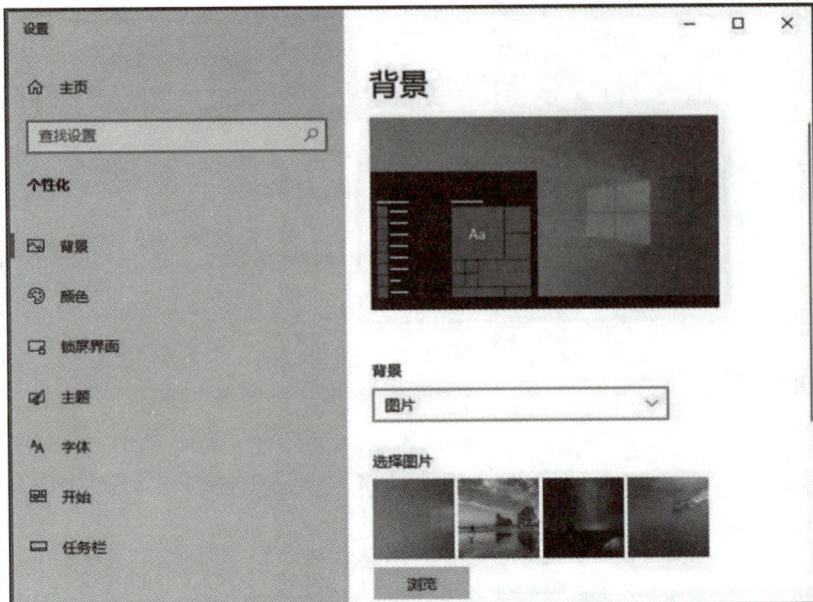

图 3-25 "个性化"设置窗口

(1) 背景。背景项用于设置操作系统的桌面背景,在"个性化"设置窗口的右侧"背景"的下拉列表框默认选项为"图片",除了图片下拉列表框还包含"纯色"和"幻灯片放映"两个值可供选择, 如图 3-26 所示。如图将背景设置为图片,可以点击给定的四张图片进行设计背景,如果给定的图片中没有喜欢的, 也可以点击"浏览"按钮从本地磁盘中选择合适的图片, 如图 3-27 所示。在设置图片背景时, 还需要在"选择契合度"下拉列表框中选择图片在屏幕上的填充方式,"选择契合度"中默认填充方式为"填充",除了填充还有适应、拉伸、平铺、居中、跨区几个值供选择, 如图 3-28 所示。如果将背景设置为"纯色", 可以从已有颜色列表中选择颜色,也可以点击"自定义"按钮打开颜色对话框,选择自己喜欢的颜色设置为桌面背景色,如图 3-29 所示。如果将背景设置为"幻灯片放映"应该选择多张图片设置成幻灯片的相册,并设置图片切换的频率 (即图片切换的时间),如图 3-30 所示。

图 3-26 "背景"下拉列表框中的可选项

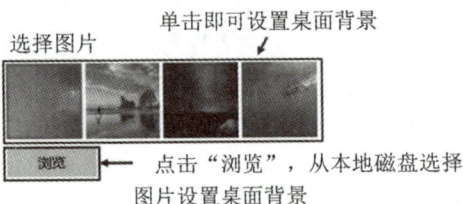

图 3-27 设置图片为桌面背景

图 3-28 "选择契合度"下拉列表框中的可选项

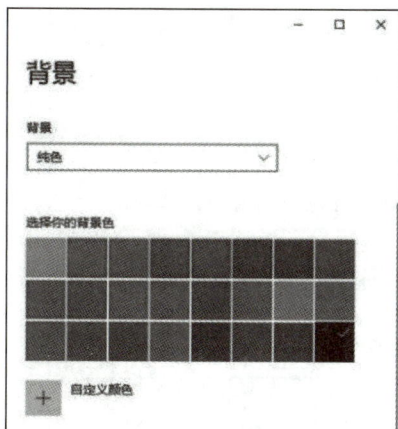

图 3-29　设置背景为纯色

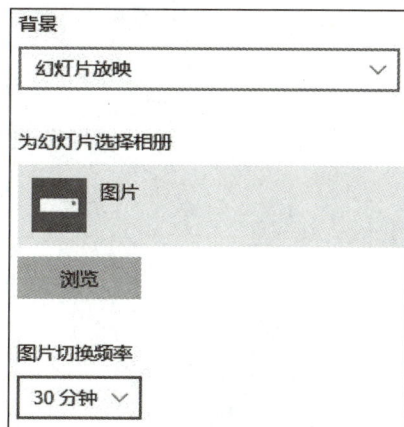

图 3-30　设置背景为幻灯片放映

(2) 颜色。颜色项用于设置自定义窗口边框、任务栏、开始菜单和其他窗口的颜色。Windows 10 颜色项设置的默认模式为浅色、深色和自定义。如果启用透明效果还可以让窗口边框和任务栏呈现半透明状态，增加视觉层次感。颜色设置如图 3-31 所示。

(3) 锁屏界面。锁屏界面是计算机在一段时间无任何操作后自动进入的一种状态，用户需要通过输入登录密码或通过设置的其他登录方式才能再次登录 (默认无须登录)。锁屏能起到保护系统和数据安全的作用。

(4) 主题。Windows 10 提供了多种预设主题，用户可以选择自己喜欢的主题，也可以创建自己的主题。在主题设置中，用户可以自定义窗口颜色、声音方案、桌面背景、鼠标指针等，使系统更加符合个人审美和使用习惯。主题设置如图 3-32 所示。

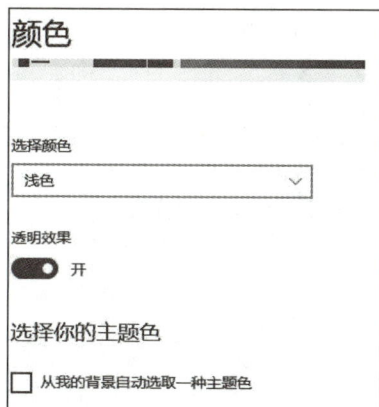

图 3-31　颜色设置

图 3-32　主题设置

(5) 字体。字体项用于管理系统中的可用字体，字体设置如图 3-33 所示。

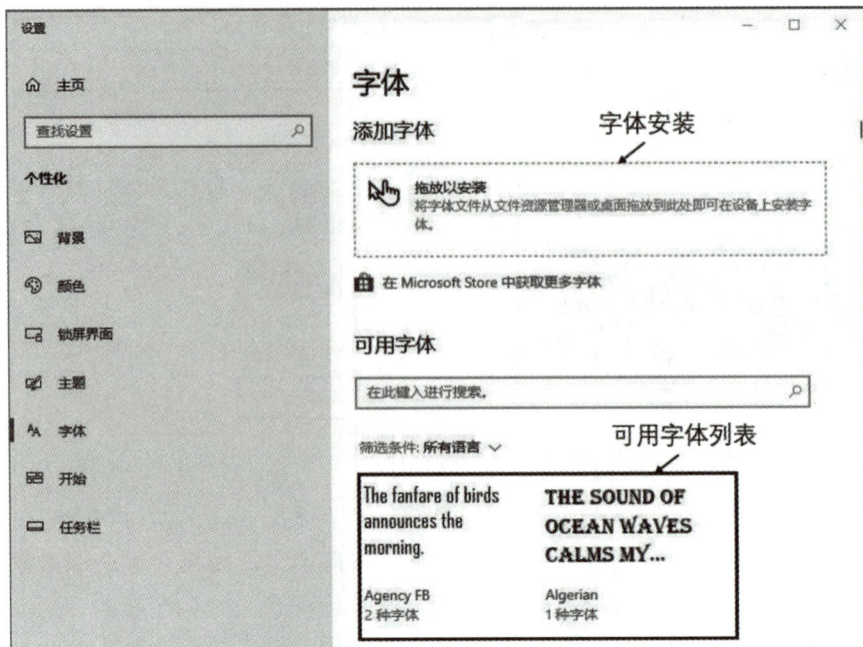

图 3-33　字体设置

　　常见的字体文件为 ttf(TrueType Font) 或 .otf(OpenType Font)。将字体文件 (可百度下载字体文件) 拖动到图 3-33 中的"添加字体"项的虚线框中,即可在 Windows 10 操作系统中安装自定义的字体。在"可用字体"列表中,单击已有的字体项,打开相应字体详细信息窗口,如图 3-34 所示。

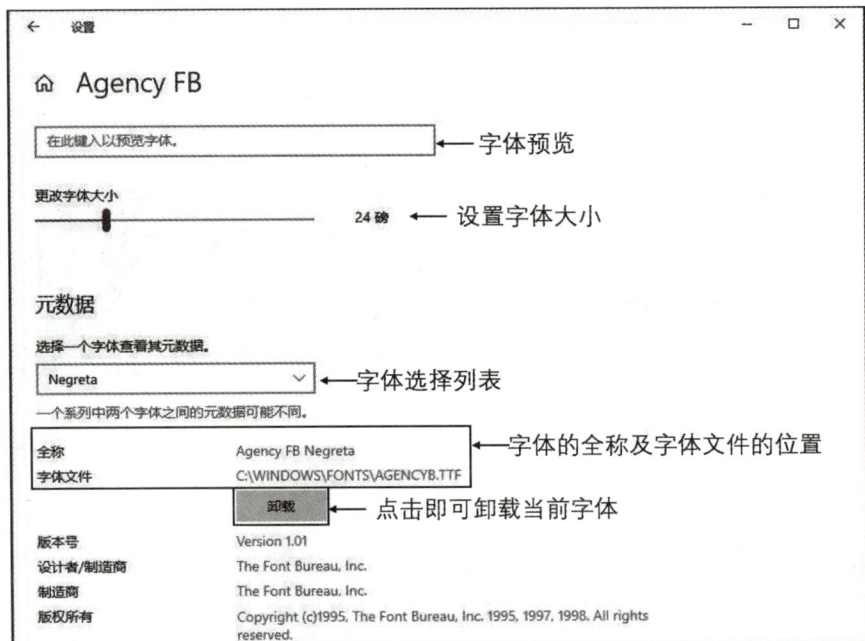

图 3-34　字体详细信息

　　在字体详细信息窗口中,可以键入要预览的字体,也可以通过"滑块"设置字体大小,还可以在字体选择列表中选择字体,查看字体的详细信息。如果不需要该字体,则点击"卸载"按钮即可卸载当前字体。

(6) 开始。开始项用于设置"开始"菜单,"开始"菜单的设置都是通过"开"和"关"进行设置的, 如图 3-35 所示。在"开始"菜单中显示应用列表和显示最近添加的应用当前为"打开"状态。

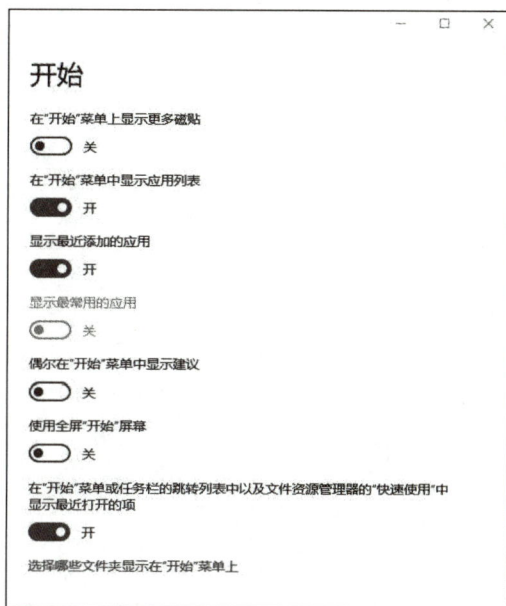

图 3-35　设置"开始"菜单

(7) 任务栏。任务栏项用于设置"任务栏",任务栏的大部分设置也是通过"开"和"关"进行设置的, 例如:锁定任务栏、在桌面模式下自动隐藏任务栏等。任务栏还可以通过下拉列表设置任务栏在屏幕上的位置,任务栏的默认显示位置为底部,下拉列表中还有顶部、靠左和靠右三个值可供选择。任务栏项还可以设置通知区域图标、任务栏在多显示器上的显示效果等。

3.4　Windows 10 的用户设置

Windows 10 操作系统是一个多用户操作系统,允许多个用户同时操作计算机。在 Windows 10 操作系统中可以设置不同的用户账户,指定不同账户的操作权限,不同账户登录系统操作互不影响。

Windows 10 操作系统提供了两种基本的用户账户类型:管理员账户和本地账户。管理员账户拥有最高权限,可以对系统进行各种设置和更改。管理员账户的默认名称通常为"Administrator",但可以根据需要进行更改。本地账户又被称为"标准账户",可以更改不影响其他账户或计算机安全性的系统设置,也可以使用计算机中的大部分软件和资源。

本地账户也可以拥有管理员权限。

Windows 10 对系统账户的操作有查看系统当前登录的账户、添加用户账户、设置登录密码、更改用户头像和管理用户账户等。

1. 查看系统当前登录的账户

(1) 点击"开始"菜单,在系统控制区选择齿轮状的"设置"按钮,如图 3-36 所示,打开设置窗口,如图 3-37 所示。

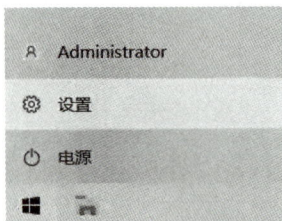

图 3-36　点击"设置"按钮

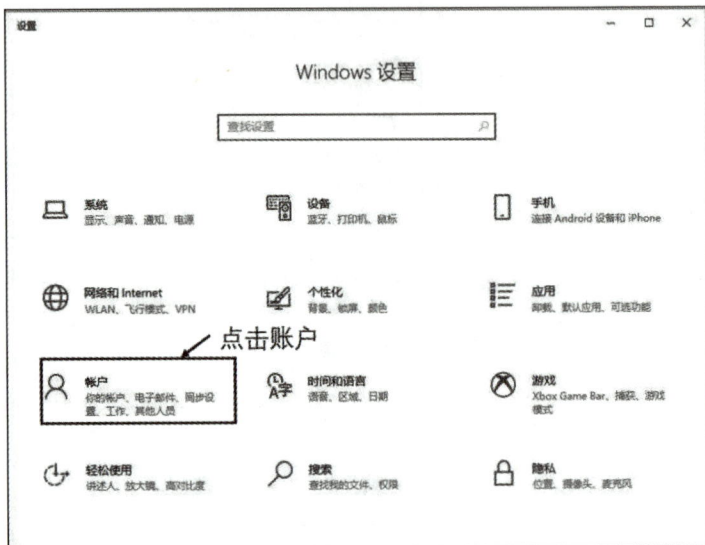

图 3-37　打开设置窗口

(2) 在设置窗口中选择"账户",即可查询系统当前登录的账户,如图 3-38 所示。

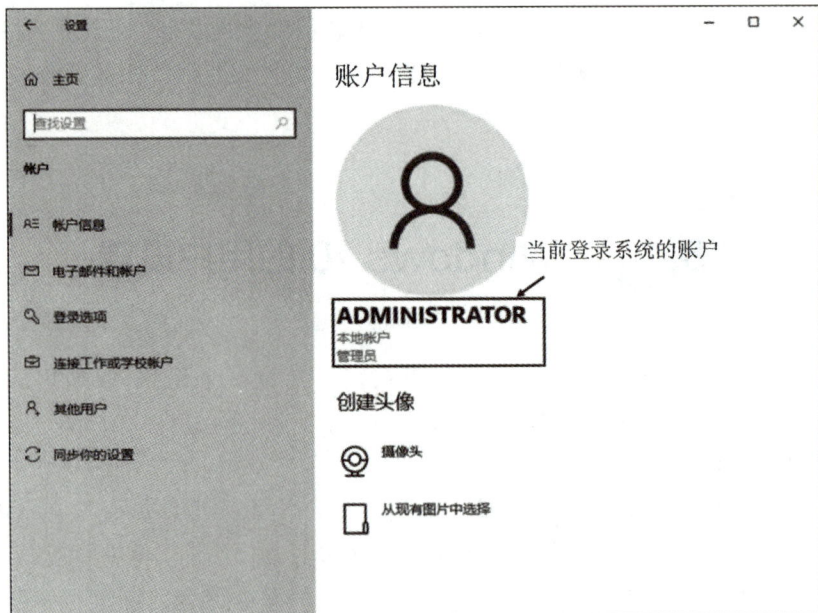

图 3-38　查看系统当前登录的账户

2. 添加用户账户

(1) 在"开始"按钮上单击右键，在弹出的快捷菜单中选择"计算机管理"选项，如图 3-39 所示。

(2) 打开"计算机管理"窗口，在左侧的"本地用户和组"选项下的"用户"上单击右键，在弹出的快捷菜单中选择"新用户"选项，如图 3-40 所示。

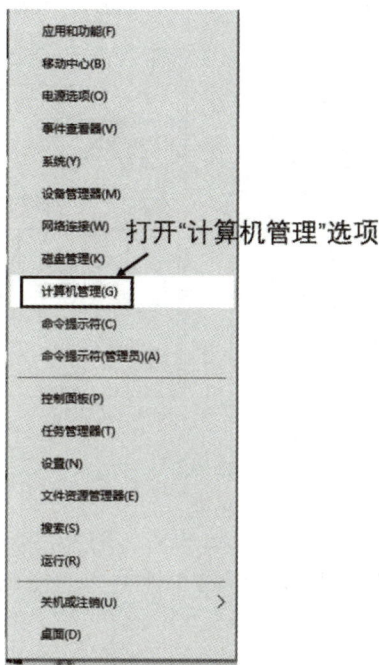

图 3-39　打开"计算机管理"选项

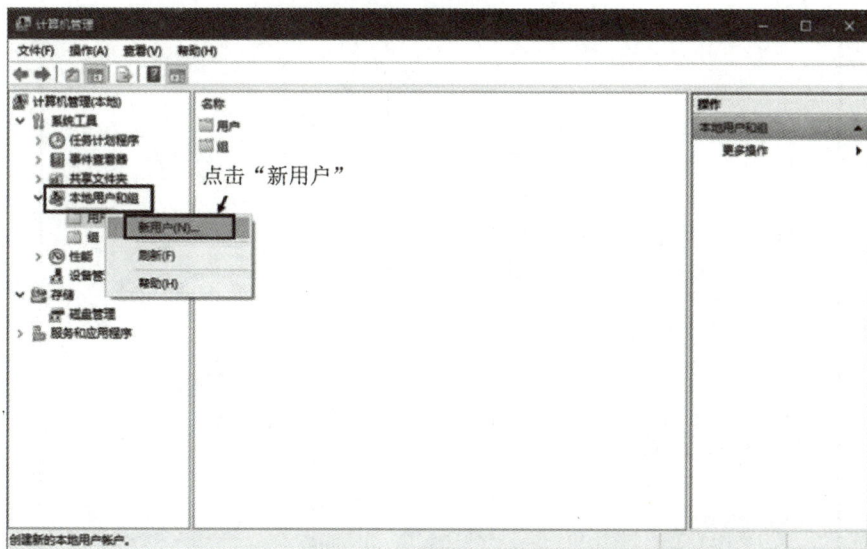

图 3-40　选择"新用户"

(3) 打开"新用户"对话框，输入"用户名"和"密码"等，并取消勾选"用户下次登录时须更改密码"复选框，然后点击"创建"按钮创建用户，最后点击"关闭"按钮关闭当前对话框，如图 3-41 所示。新建的"老杨"账户如图 3-42 所示。

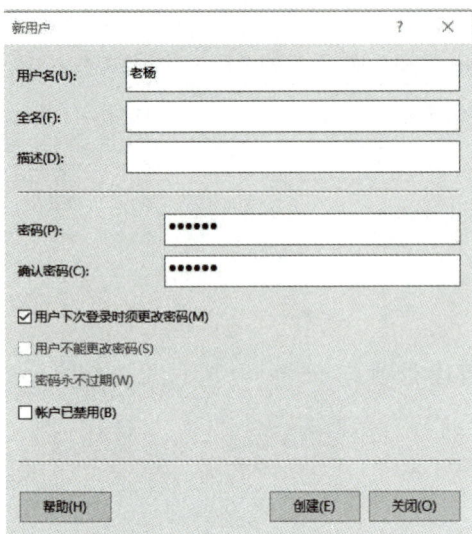

图 3-41　设置用户名和密码

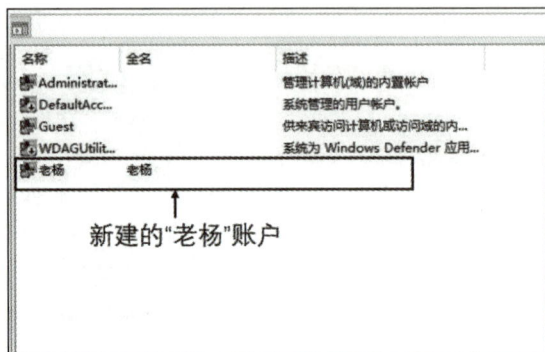

图 3-42　新建的"老杨"账户

3. 设置登录密码

设置账户的登录密码可以保护个人隐私和信息的安全，在 Windows 10 操作系统中主要有 Microsoft 账户密码、PIN 码和图片密码 3 种类型的密码。下面以创建 Microsoft 账户密码为例设置账户的登录密码。

(1) 点击"开始"按钮，在系统控制中选择齿轮状的"设置"按钮，打开"设置"窗口，在"设置"窗口中点击"账户"按钮，如图 3-43 所示。

图 3-43　打开账户选项

(2) 在"账户信息"窗口的左侧选择"登录选项",点击右侧的"密码"选项下的"添加"按钮,如图 3-44 所示。

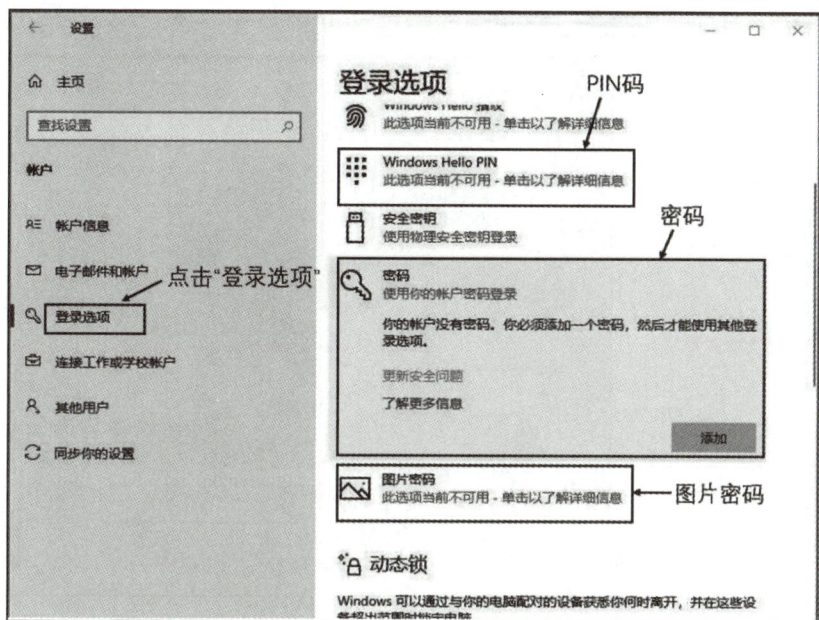

图 3-44 打开"登录选项"

(3) 打开"创建密码"界面,在"新密码""确认密码"和"密码提示"文本框中输入密码和提示信息,如图 3-45 所示。点击"下一步"按钮,提示密码已创建,单击"完成"按钮,如图 3-46 所示,完成密码的创建。下次登录时,需要使用密码才可以登录。

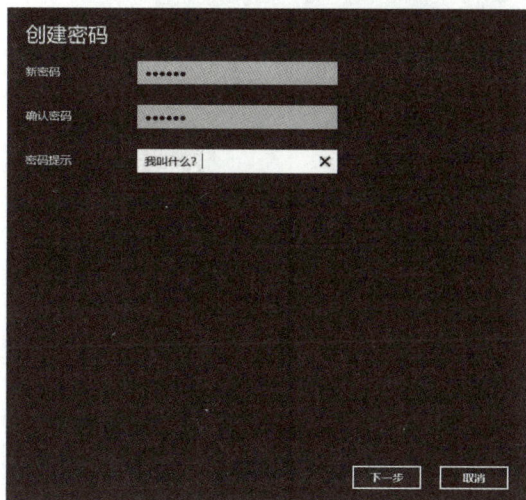

图 3-45 创建密码

图 3-46 密码创建完成

4. 更改用户账户头像

用户头像一般默认是灰色的,不是特别美观,用户可以手动将自己喜欢的照片或图片设置为账户头像。

(1) 点击"开始"按钮菜单,在系统控制区中的"设置"按钮的上方"账户头像"上单击,在打开的菜单中选择"更改账户设置"选项,在"设置"窗口中选择"账户信息"选项,在右侧点击"从现有图片中选择"按钮,如图 3-47 和图 3-48 所示。

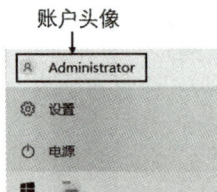

图 3-47　点击账户头像　　　　　　　　图 3-48　打开"账户信息"

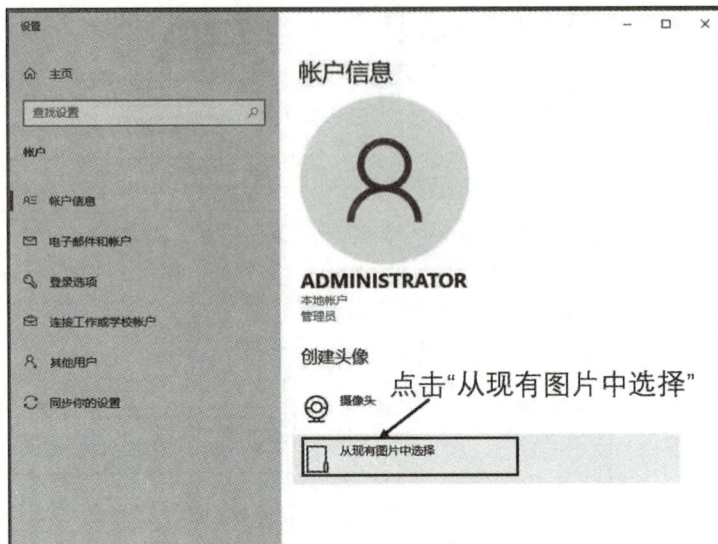

(2) 点击"从现在图片中选择"后,打开"打开"对话框,默认打开的是"此电脑"中的"图片"文件夹(可以手动更改图片所在路径),选择一张你喜欢的图片,最后点击"选择图片"按钮,如图 3-49 所示。返回设置窗口,即可看到设置后的账户头像。

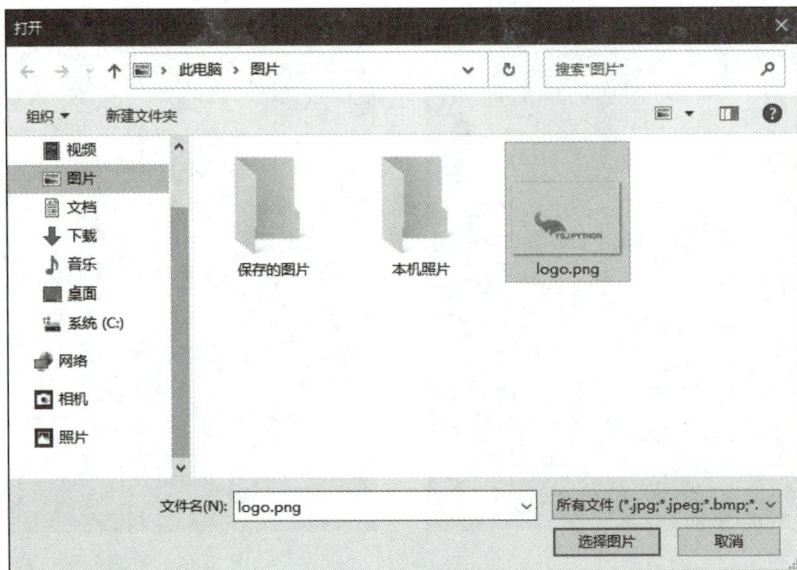

图 3-49　选择图片

5. 管理用户账户

(1) 在"开始"按钮上单击右键,在弹出的快捷菜单中选择"控制面板"选项,打开

"控制面板"窗口，在右上角的"查看方式"下拉列表中选择"小图标"，然后在下方单击"用户账户"的链接，如图 3-50 所示。

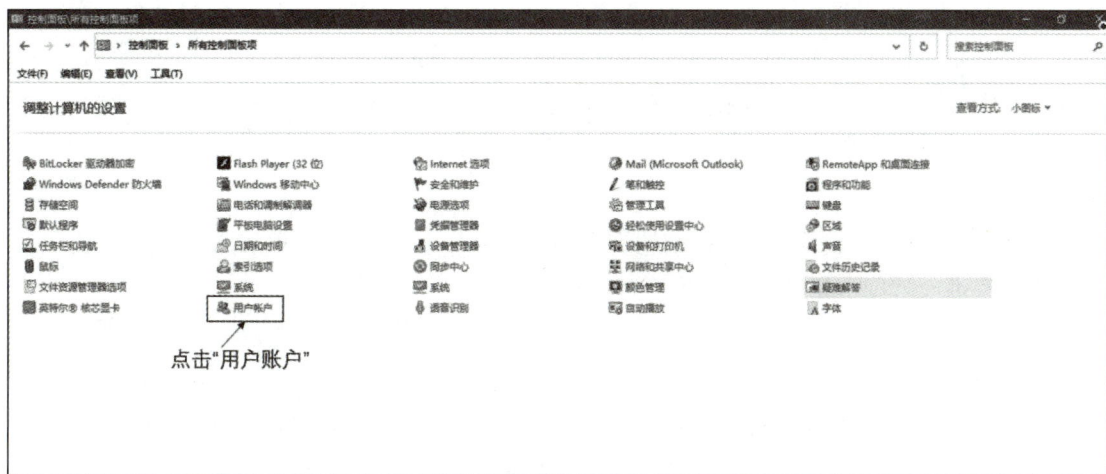

图 3-50   选择用户账户

(2) 打开"用户账户"窗口，在其中单击"管理其他账户"链接，如图 3-51 所示。

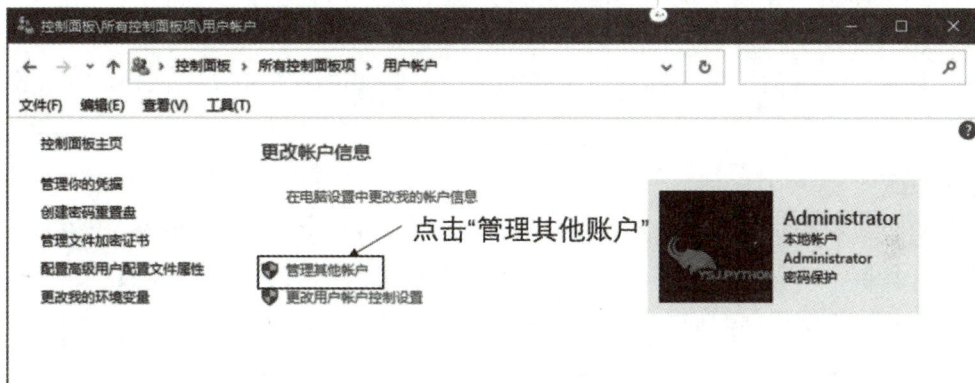

图 3-51   "用户账户"界面

(3) 在打开的窗口中选择需要设置的账户，这里点击"老杨"账户，如图 3-52 所示。

图 3-52   选择"老杨"账户

(4) 在打开的"更改账户"窗口，可以进行更改账户名称、更改账户密码、更改账户类型、删除账户等操作。

3.5　使用 Windows 10 管理计算机资源

随着时间的推移，计算机中存储的文件越来越多，这些杂乱无章的文件就可以使用文件资源管理进行管理，用以提高办公效率。

3.5.1　文件资源管理器

Windows 10 中的文件资源管理器也被称为 Windows 资源管理器，它是一个功能强大的工具，用于组织和访问计算机上的文件和文件夹。

1. 文件

计算机中的信息和数据都是以文件的形式进行存储的。一个文件的文件名是由主文件名和扩展名 (后缀名) 两部分组成。例如在 "logo.png" 中 "logo" 是主文件名，"png" 是文件扩展名。文件的扩展名标识了文件的类型，例如 "txt" 是文本文件，"png" 是图片文件。

2. 文件夹

文件夹也被称为目录，是用来存储计算机中的文件和子文件夹的容器。用户可以通过文件夹对计算机中的文件进行分门别类的管理，使计算机中的文件存放更有序、查找更方便。文件夹一般由文件夹图标和文件夹名称两部分组成，如图 3-53 所示。

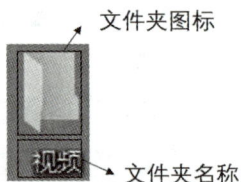

图 3-53　文件夹的图标和名称

3. 文件与文件夹的基本操作

1) 新建文件或文件夹

在需要创建文件或文件夹的窗口的空白处，单击右键，在弹出的快捷菜单中选择"文件夹"或某类型的文件，即可创建文件夹或指定类型的文件，在给新建的文件夹或文件命名的时候需要注意，文件或文件夹的名字中不允许包含 ?、*、\、<、"、| 等符号。例如，在桌面上新建一个文件夹名称为"学习资料"，在"学习资料"文件夹下新建一个名称为"计算机基础 .txt"的文本文件，如图 3-54 和图 3-55 所示。

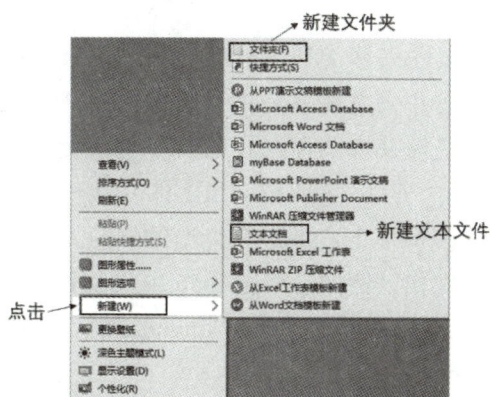
图 3-54　右键弹出的快捷菜单

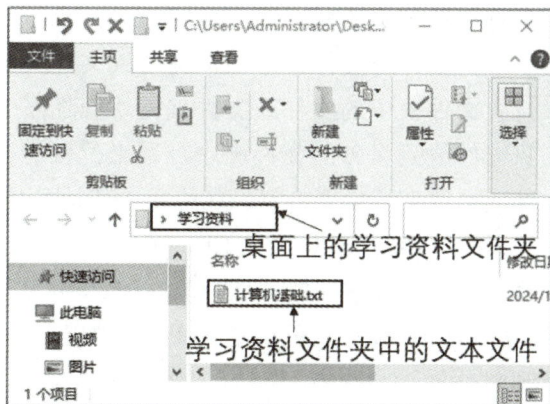
图 3-55　新建的文件夹及文本文件

2) 重命名文件或文件夹

　　如果当前文件或文件夹的名称不符合需求，可以对当前文件或文件夹进行重命名操作。在文件或文件夹上单击右键，在弹出的快捷菜单中选择"重命名"，然后输入新的名称即可实现对文件或文件夹的重命名。在对文件进行重命名的时候需要注意，不要修改文件的后缀名，因为文件的后缀名标识着文件的类别，不允许随意修改。另外在同一个文件夹中不允许有同名的文件 (可以文件名称相同，文件后缀名不同)。例如，将图 3-55 中的"计算机基础 .txt"重命名为"Computer.txt"，如图 3-56 所示。

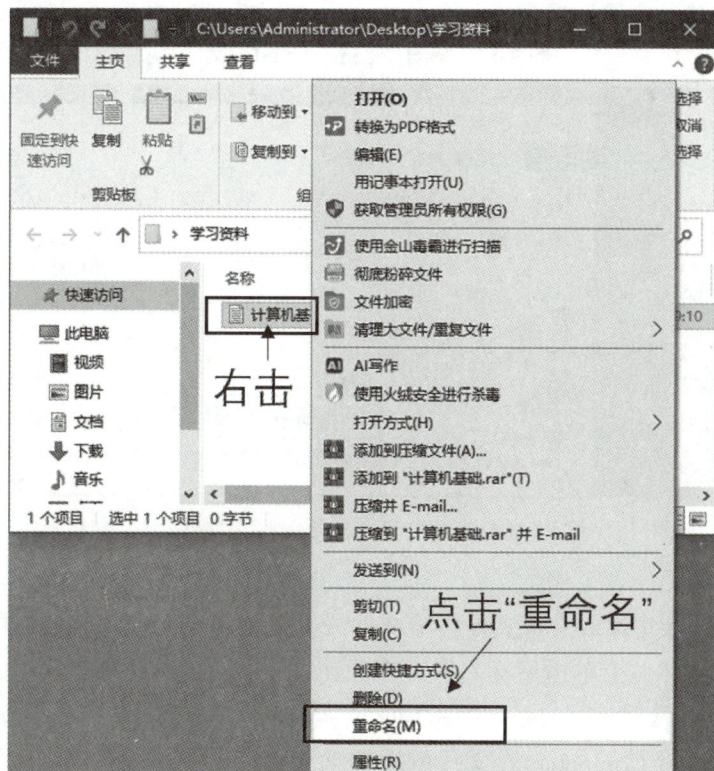
图 3-56　文件的重命名

3) 移动或复制文件或文件夹

移动文件或文件夹是指将文件或文件夹从当前文件夹移动到另外的一个文件夹，原来位置文件夹中的文件或文件夹就不存在了。复制文件或文件夹是将当前文件或文件夹拷贝一份放到另外的文件夹中，原来位置的文件或文件夹依然存在。在要移动或复制的文件或文件夹上单击右键，在弹出的快捷菜单中选择"剪切" (或按键盘上的 Ctrl + X) 或者"复制" (或按键盘上的 Ctrl + C)，到目的地文件夹中单击右键，在弹出的快捷菜单中选择"粘贴" (或按键盘上的 Ctrl + V) 即可实现移动操作。例如，将图 3-56 中重命名之后的"Computer.txt"文件移动到桌面，如图 3-57 所示。再将桌面上的"Computer.txt"文件复制到桌面上的"学习资料"文件夹中，如图 3-58 所示。

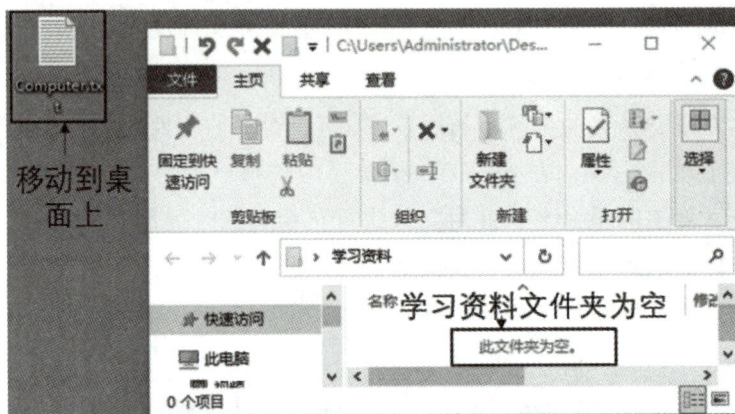

图 3-57　移动"Computer.txt"文件

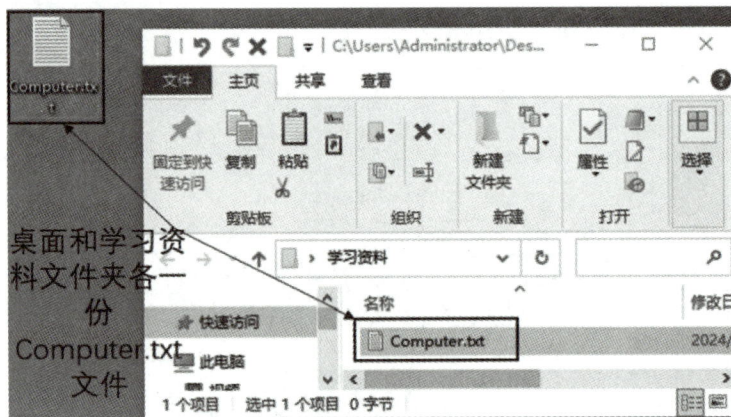

图 3-58　复制"Computer.txt"文件

4) 删除和还原文件或文件夹

在计算机中删除文件或文件夹是指将文件或文件夹移动到"回收站"中，其方法是在待删除的文件或文件夹上单击鼠标右键，在弹出的右键菜单中选择"删除"，删除的文件或文件夹将在"回收站"中出现。如图 3-59 所示，将"学习资料"下的 Computer.txt 文件进行删除，删除之后 Computer.txt 文件就被移动到"回收站"，双击桌面上的"回收站"，如图 3-60 所示。

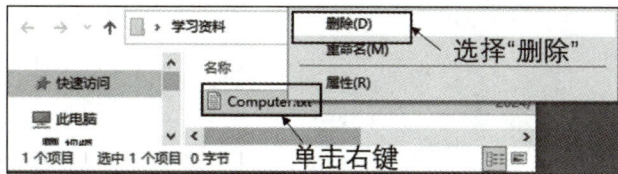

图 3-59　删除 Computer.txt 文件

图 3-60　回收站中的 Computer.txt 文件

　　如果对文件或文件夹进行了误删操作，可以将"回收站"中的文件或文件夹进行还原操作，其方法是在"回收站"中找到需要还原的文件或文件夹上单击右键选择"还原"，即可将文件或文件夹还原到原来的位置。如图 3-61 所示，将"回收站"中的 Computer.txt 文件还原到"学习资料"中。

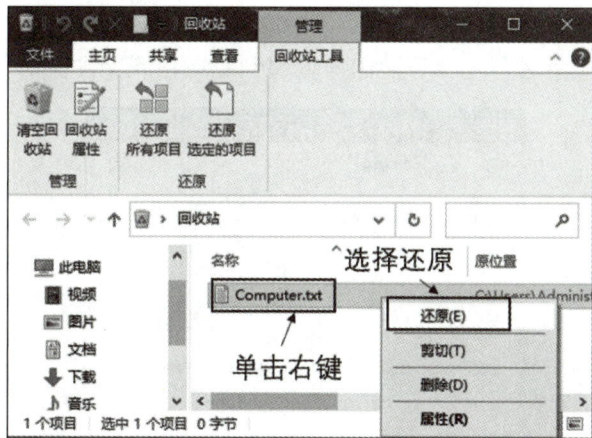

图 3-61　还原回收站中的 Computer.txt 文件

5) 搜索文件或文件夹

　　在 Windows 10 操作系统中，双击打开任意一个目录窗口，在该窗口的右上角都提供了一个用于搜索的输入框，用户可以在该输入框中输入要搜索的文件名称，快速查找文件。如图 3-62 所示，双击桌面上的"此电脑"，打开"此电脑"窗口，在搜索的输入框中输入"Computer.txt"，即可将"此电脑"中所有的 Computer.txt 文件搜索出来。

　　如果不记得要搜索的文件的全名称，则可以使用通配符"*"或"?"，其中"*"表示任意个数的字符，"?"表示任意的一个字符，例如，要将"此电脑"中的所有的"txt"搜索出来，在搜索框中则可以输入"*.txt"，如果希望将"杨姓单名"的 txt 文件搜索出来，则可以在搜索框中输入"杨 ?.txt"。

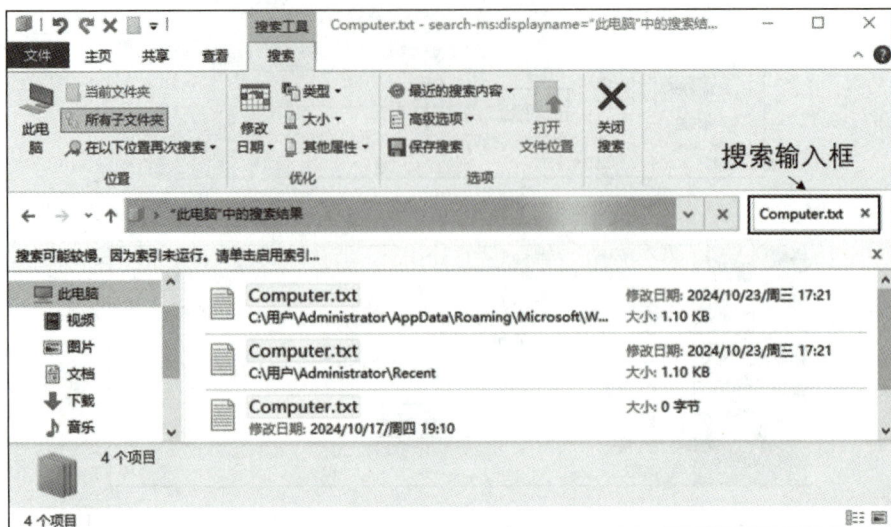

图 3-62　在"此电脑"中搜索 Computer.txt 文件

6) 设置文件或文件夹属性

文件或文件夹的属性主要包含只读、隐藏和归档三种。在文件或文件夹上单击右键，在弹出的快捷菜单中选择"属性"，即可打开属性窗口，如图 3-63 所示，点击一下"隐藏"前边的复选框，即可对文件或文件夹隐藏，隐藏后的文件或文件夹一般不会显示，用户也不能对其进行删除、重命名、复制等操作，以起到对文件或文件夹的保护作用。

图 3-63　Computer.txt 文件的属性窗口

隐藏之后的文件或文件夹将不再显示，如果想查看被隐藏的文件或文件夹，在被隐藏文件或文件夹的目录窗口中点击菜单栏中的"查看"，将"查看"下的"隐藏的项目"前的复选框勾选，即可显示被隐藏的文件，如图 3-64 所示。

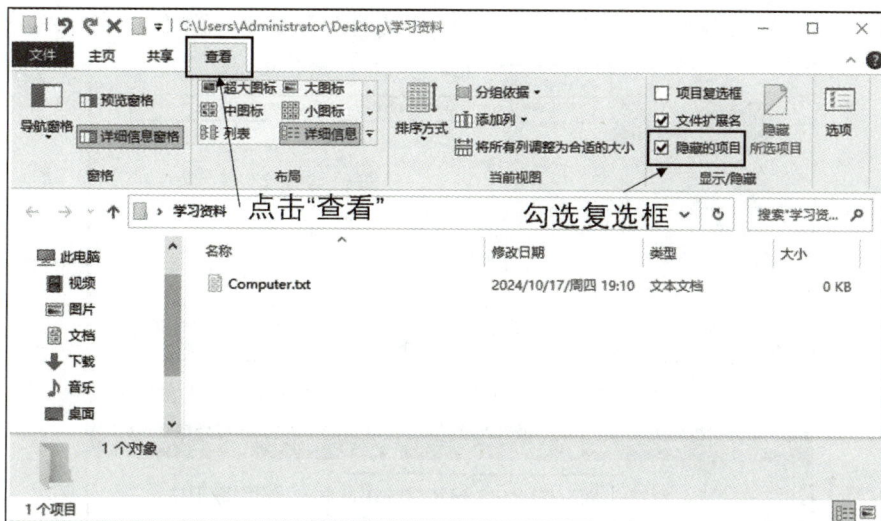

图 3-64　查看被隐藏的 Computer.txt 文件

对于设置了只读属性的文件或文件夹，用户可以查看和复制，但不能修改和删除。一个文件或一个文件夹在被创建后，系统将其自动设置为归档属性，可以随时查看、编辑和保存。

3.5.2　安装和卸载应用程序

计算机中安装了系统软件之后，可根据需要安装应用软件。此处以单元 9 中的 Python 语言应用软件为例来说明安装和卸载应用程序。在学习 Python 语言之前需要安装 Python 的开发环境，即安装 Python 解释器。Python 解释器是一个以".exe"结尾的应用程序，如图 3-65 所示。

python-3.11.4-amd64.exe

图 3-65　Python 解释器的安装包

1. 应用程序的安装

双击图 3-65 所示的安装包，即可进入 Python 解释器的安装，如图 3-66 所示，勾选下面的"Add python.exe to PATH"前的复选框，然后点击"Install Now"进行默认安装，将程序默认安装到 C 盘。当看到安装界面中出现"Setup was successful"，如图 3-67 所示，说明 Python 解释器安装成功。

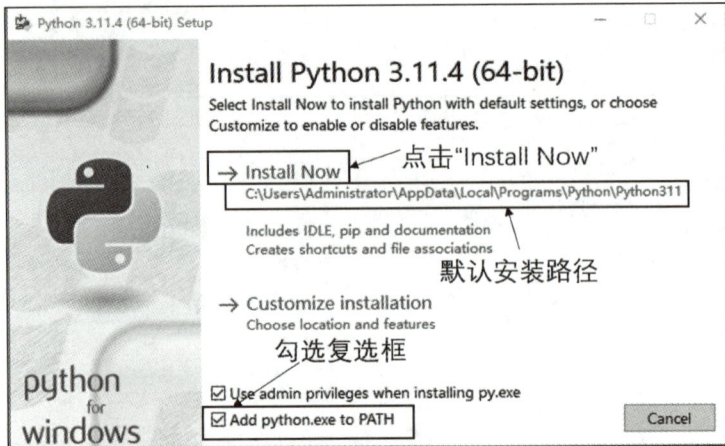

图 3-66 点击"Install Now"进行 Python 解释器的默认安装

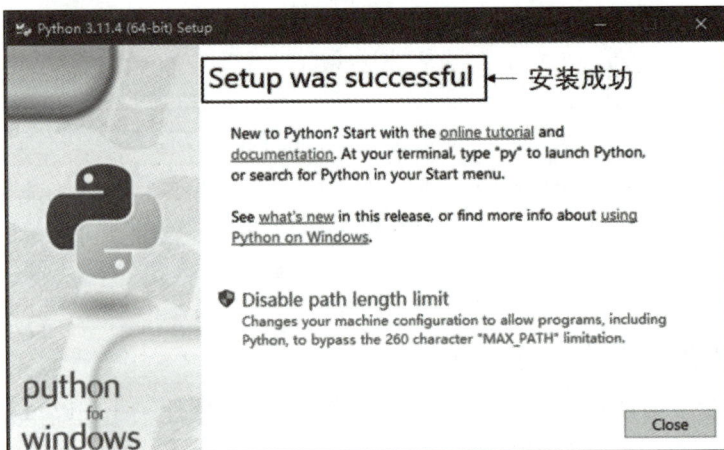

图 3-67 Python 解释器安装成功

Python 解释器安装完成之后，点击"Close"按钮关闭即可。点击"开始"菜单，在所有程序中即可看到安装的 Python 解释器这款应用程序，如图 3-68 所示。

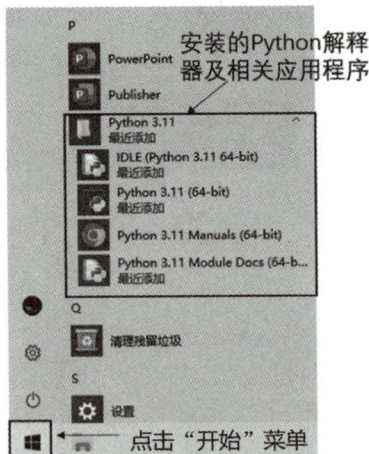

图 3-68 "开始"菜单中的 Python 解释器

2. 应用程序的卸载

对于不再使用的应用程序可以进行卸载，释放磁盘空间。在"开始"菜单上单击右键，找到"控制面板"，点击"控制面板"，打开"控制面板"窗口，查看方式选择为"类别"，如图 3-69 所示，点击"卸载程序"。

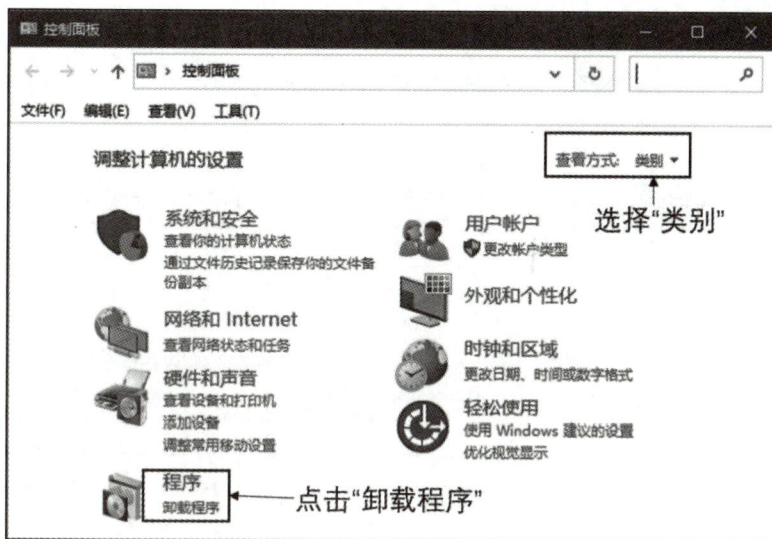

图 3-69　"控制面板"窗口

点击"卸载程序"之后，打开"程序和功能"窗口，在最右侧的搜索框中输入"python"，按下"回车"键，即可显示出与"Python"有关的应用程序，如图 3-70 所示。

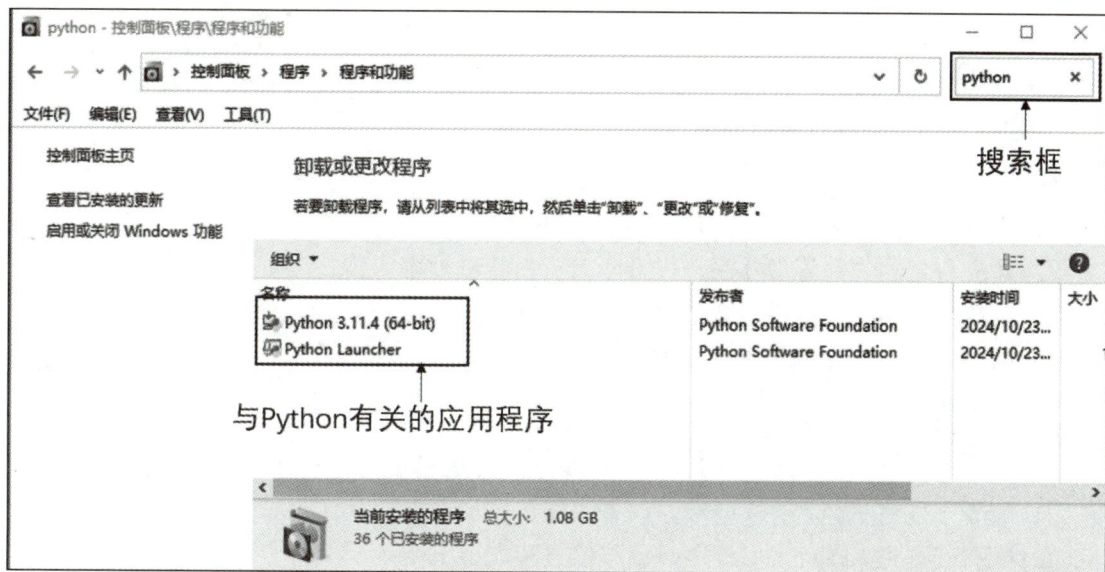

图 3-70　搜索要卸载的应用程序

在要卸载的应用程序上单击右键，在弹出的快捷菜单中选择"卸载"，即可卸载应用程序，回收磁盘空间，如图 3-71 所示。卸载完"Python 3.11.4(64-bit)"之后，采用同样的方式把"Python Launcher"也进行卸载。这样与 Python 有关的应用程序卸载完成。如果以后再需要使用该应用程序，可以进行重新安装。

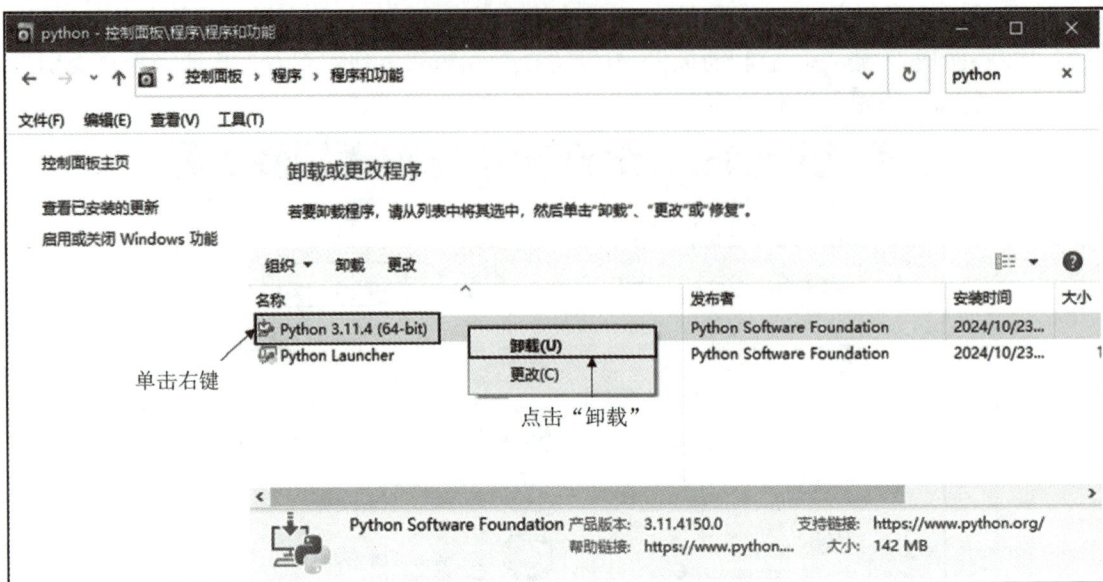

图 3-71　卸载 Python 3.11.4(64-bit) 应用程序

3.6　实 践 案 例

【案例名称】

构建高效的个人数字学习环境。

【实践目的】

(1) 掌握 Windows 10 个性化设置与系统管理技巧。

(2) 建立科学的文件管理体系，提升学习资料管理效率。

(3) 配置高效的学习工具组合，优化学习工作流程。

(4) 培养良好的计算机使用习惯和数据安全意识。

【实践步骤】

1. 系统环境个性化配置

(1) 设置个性化桌面 (更换壁纸，调整图标布局)。

(2) 配置任务栏 (固定常用程序，调整位置和大小)。

(3) 创建多个虚拟桌面 (分别用于学习、娱乐、工作)。

2. 文件管理系统搭建

(1) 在 D 盘创建"学习资源库"主文件夹。

(2) 建立二级分类文件夹 (课程资料 / 电子书籍 / 学习笔记 / 项目作业)。

(3) 设置文件命名规范 (如 "20240328_ 计算机基础 _ 笔记")。

(4) 配置 OneDrive 云同步重要学习资料。

3. 学习工具集成

(1) 安装并配置效率工具：

① 笔记软件 (OneNote/Notion)。

② 文献管理 (Zotero)。

③ 思维导图 (XMind)。

(2) 设置浏览器学习环境 (按书签分类，安装学术插件)。

4. 学习环境优化

(1) 调整系统显示设置 (护眼模式、文本大小)。

(2) 配置专注助手 (屏蔽学习时段的通知)。

(3) 设置定时提醒 (番茄钟工作法)。

5. 数据安全与备份

(1) 启用 BitLocker 加密重要文件。

(2) 设置自动备份到外部存储设备。

(3) 创建系统还原点。

【案例效果】

(1) 形成规范化的个人知识管理体系，资料查找效率提升 50% 以上。

(2) 学习工作效率显著提高，多任务处理更加有序。

(3) 建立稳定的数字工作环境，减少技术干扰因素。

(4) 掌握完整的系统配置能力，能够自主优化学习环境。

(5) 培养终身受用的数字素养和计算机使用习惯。

课后习题 3

单元4 信 息 检 索

在信息检索课程中，强化批判性思维是思政教育的重要内容。通过本章内容的学习，学生应学会尊重他人劳动成果，正确引用文献，遵守学术规范。同时，知识产权保护是创新发展的保障，学生需了解相关法律法规，杜绝侵权行为，维护创新生态。此外，培养信息甄别能力也至关重要。在信息爆炸的时代，学生应学会辨别虚假信息，理性看待网络内容。

4.1 信息检索概述

4.1.1 信息检索的概念

信息检索 (Information Retrieval) 是用户进行信息查询和获取的主要方式，尤其是互联网技术的应用与发展，使得信息量呈现出了前所未有的增长速度，如何快速检索和利用这些信息资源就是一大学问。

狭义的信息检索指的就是信息查询 (Information Search)，用户根据需要，采用一定的方法，借助检索工具，从信息集合中找出所需要信息的查找过程。

广义的信息检索又被称为信息存储与检索，是指将信息按一定的方式组织和存储起来，并根据用户需要将信息准确地查找出来的过程。一般情况下，信息检索指的是广义上的信息检索。

4.1.2　信息检索的类型

信息检索的分类方式有很多种，根据存储与检索对象可分为文献检索、数据检索和事实检索；根据存储的载体和实现查找的技术手段可分为手工检索、机械检索、计算机检索；根据检索途径可分为直接检索和间接检索。

1. 根据存储与检索对象划分

(1) 文献检索。文献检索是指人们根据学习和工作的需要从已有"信息库"中获取文献的过程。近代学者认为文献是有历史价值的文章、图书或某一学科有关的重要资料。随着现代网络技术的发展，文献检索更多是通过计算机技术来实现的。

(2) 数据检索。数据检索即把数据库中存储的数据根据用户的需求提取出来。数据检索的结果会生成一个数据表，既可以回放数据，也可以作为进一步处理的对象。数据检索通常包括数据排序和数据筛选两项操作。

(3) 事实检索。事实检索要求检索系统不仅能够从数据集合中检索出原来存入的数据或事实，还能够从已有的基本数据或事实中推导、演绎出新的数据或事件。事实检索是情报检索中最复杂的一种。

2. 根据存储的载体和实现查找的技术手段划分

(1) 手工检索。手工检索是利用目录、文摘、索引、题录等手工检索工具来查找和获取信息的方法。检索者可以边查边思考,及时改变检索策略。手工检索的优点是比较直观、便于阅读、检准率高；缺点是不易查全、速度较慢。

(2) 机械检索。机械检索是介于手工检索和计算机检索之间的一种过渡形式,利用力学、光学、电子学等技术手段和机械智能设备等进行的信息检索。机械检索引入了一定的自动化元素，提高了检索效率。由于机械检索是介于手工检索和计算机检索之间，准确性会受到机械处置和检索策略的影响。

(3) 计算机检索。计算机检索又称电子检索，是利用计算机系统有效存储和快速查找功能进行文献查找的一种计算机应用技术。利用计算机系统快速匹配和查找信息的速度更快、范围更广、内容更新、功能更强，但受到数据库自身收录文献、标引情况和检索策略等限制，可能会影响检索结果的查全率和查准率。

3. 根据检索途径划分

(1) 直接检索。直接检索是指用户直接通过搜索引擎或特定的数据库，输入关键词或查询语句来查找相关信息。直接检索的即时性强，当用户输入查询后，系统立即返回查询结果，没有中间步骤，用户还可以精确地指定查询条件，获取数据的相关性更高。直接检索还支持关键词搜索、高级搜索和布尔逻辑搜索等多种查询方式。它的缺点是当信息量巨大或查询条件复杂时，可能面临结果过多或不够精确的问题。

(2) 间接检索。间接检索是指用户通过查阅索引、目录、文摘等二次文献，或利用推荐系统、专家系统等工具间接地获取所需要的信息。间接检索的优点是能够引导用户更深入地了解特定领域或主题，提高信息检索的准确性和深度；缺点是这种方式相对耗时，需要依赖中间媒介的质量和可用性。

4.1.3　信息检索的步骤

信息检索分以下 7 个阶段。

1. 明确需求

明确信息检索的需求是 7 个阶段中的第一步，也是至关重要的一步。第一，用户需要明确信息检索的用途，是为了学术论文、新闻报道、产品信息、成果查询还是其他；第二，用户需要确定信息检索的时间范围或特定领域；第三，用户还要明确本次检索对查新、查准、查全和检索费用等其他指标要求。明确需求有助于后续步骤的精准执行，从而避免盲目检索导致的效率低下等问题。

2. 选择工具

根据信息需求的不同，用户应选择适合的信息检索工具或平台（信息检查工具参见 4.2 节信息检索工具）。常用的信息检索工具有综合性搜索引擎、学术数据库、专业网站等。选择合适的检索工具，可以大大提高检索的效率与准确性。

3. 构造查询

用户根据信息的需求，构思出能够准确反映所需信息的检索表达式，并挑选出最具代表性的关键词，同时，还可以利用 AND、OR、NOT 等逻辑运算符来组合关键词，以便更精确的定位信息。使用同义词、近义词以及专业术语，还可以进一步扩大检索范围，提高检索结果的全面性。

4. 执行检索

经过以上的三个阶段之后，用户在所选择的检索工具或平台中执行检索操作。通过输入的检索表达式或关键词，系统将返回一系列与检索条件相匹配的结果。这些结果可能有网页链接、文档摘要、视频等多种形式的信息。

5. 筛选评估

信息检索完成后，用户需要对结果进行筛选和评估。例如判断结果的来源是否可靠、内容是否准确且相关、时效性是否为最新等。通过筛选和评估，用户剔除无关或低质量的信息，保留有价值的内容。

6. 提取整理

获取满足需求的信息后，用户还需要对其进行整理与归纳。例如，提取关键信息、整理成文档或报告、标注来源与出处等。

7. 反馈调整

用户如果发现检索的结果不够精确或全面，可以调整关键词、布尔逻辑运算符或检索范围等来调整自己的检索策略，以便获取更准确的检索结果。

4.2 信息检索工具

信息检索工具种类繁多，通常可以划分为综合性搜索引擎、学术数据库、专业网站等。

1. 综合性搜索引擎

人们日常生活中最常用的信息检索工具就是综合性搜索引擎，例如：百度、新浪、谷歌以及必应等，它们能够索引互联网上的大量网页，并提供关键字搜索功能，帮助用户快速找到相关信息。这些搜索引擎不仅提供了基础的网页搜索功能，还支持图片、视频、新闻、地图等多种类型的搜索，极大地丰富了用户的检索体验。

2. 学术数据库

学术数据库专注于学术资源的检索，包括学术论文、期刊文章、会议论文等。它们通常提供更专业的检索功能和更精准的检索结果，是科研人员和学者进行学术研究的得力助手。例如：中国期刊网数据库、维普数据库、万方数据知识服务平台等。

3. 专业网站

专业网站是针对特定领域或行业的信息检索工具，例如：前程无忧、智联招聘等求职招聘网站。

除了上述的信息检索工具之外，还有一些其他的信息检索工具，例如：图书馆目录系统，用于检索图书馆内的藏书和期刊等资源；政府信息公开平台，发布的政策文件、公告通知等信息，方便公众查阅；企业信息查询平台，提供企业注册信息、经营状况、法律诉讼等信息的查询服务。

4.3 综合性搜索引擎

综合性搜索引擎又被称为通用搜索引擎，不局限于特定领域，能够广泛覆盖各种类型信息的搜索引擎。

4.3.1 百度搜索引擎

百度是中国最大的搜索引擎，也是全球最大的中文搜索引擎提供商，主要面向中文用户。它在本地信息、新闻、知识等方面有独特的优势。它成立于 2000 年 1 月 1 日，由李彦宏和徐勇两位创始人共同创立于北京中关村。

百度搜索引擎主要由搜索器 (Spider 程序)、索引器、检索器和用户接口 4 个部分组成。其中 Spider 程序是搜索引擎中的关键部分，负责在互联网搜寻有用信息源，并将其下载在本地文档；索引器负责对搜索器搜集的信息进行组织和存储；检索器负责分析用户提交的查询请求，并从索引库中检索出相关文档；用户接口也就是用户界面，俗称 UI，是搜索引擎与用户进行交互的重要部分，负责信息数据的输入、显示并提供相关反馈功能，用于提高搜索效率，从而提升用户体验效果。

百度搜索引擎的主页主要包括新闻、hao123、地图、贴吧、视频、图片、网盘、文库等，如图 4-1 所示。

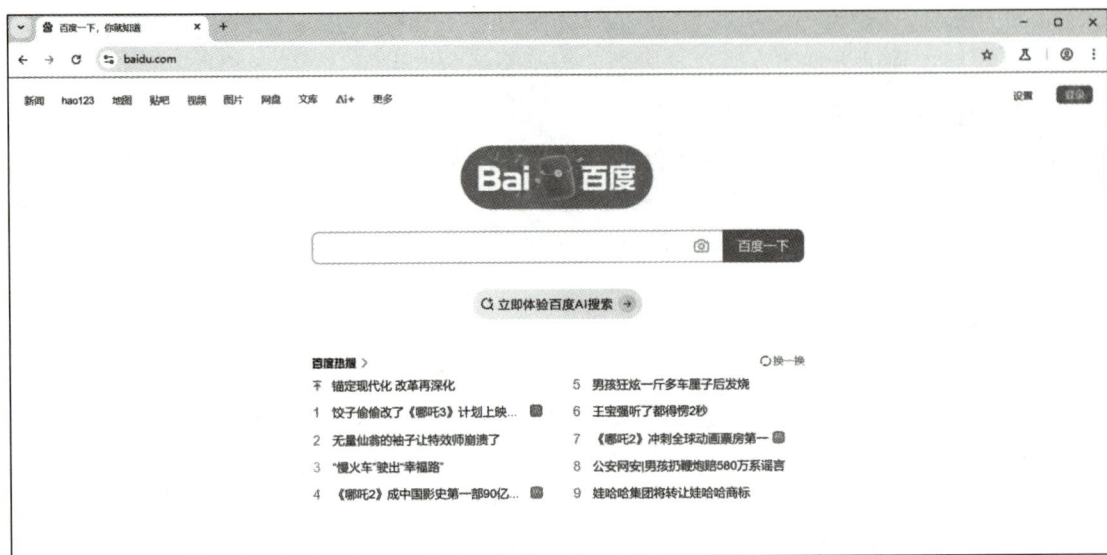

图 4-1　百度搜索引擎的主页

百度搜索引擎允许用户根据自己的需求对搜索体验进行个性化定制，鼠标悬浮到右上角的"设置"，如图 4-2 所示，可进行"搜索设置"和"高级搜索"设置。

1. 搜索设置

点击图 4-2 中的"搜索设置"，打开搜索设置页面，默认显示"搜索设置"选项卡，如图 4-3 所示，用户可以设置搜索框提示是否显示，搜索语言范围是简体中文、繁体中文还是全部语言以及对搜索结果显示条数进行设置，默认每页显示 10 条。

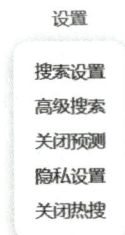

图 4-2　设置的菜单项

图 4-3　"搜索设置"选项卡

2. 高级搜索设置

点击图4-3中的"高级搜索"选项卡，如图4-4所示，用户可以对搜索结果、限定要搜索的网页的时间、文档格式、关键字位置进行个性化的设置。

图4-4 "高级搜索"选项卡

4.3.2 新浪网

新浪网成立于1998年，与搜狐网、腾讯网和网易网并称为中国的四大门户网站，新浪网提供了新闻、财经、科技、体育、娱乐、汽车、博客、教育、视频、微博、旅游等多个频道。新浪网以全面的资讯覆盖、快速的更新速度和多样的互动形式，吸引了大量用户，其首页如图4-5所示。

图4-5 新浪网首页

新浪搜索引擎提供了目录检索和关键词检索两种查询方法。

1. 目录检索

目录检索是一种按分类法进行分类的检索方式，用户可以通过逐级向下的目录浏览，找到所需的网站或内容，如图4-6所示。这种方式类似于在图书馆中按照类别大小层层查找书籍的过程。

新闻	军事	国内	国际	体育	NBA	英超	中超	博客	专栏	专题	精品	视频	直播	黑猫	投资
财经	股票	基金	外汇	娱乐	时尚	女性	育儿	教育	留学	高考	读书	微博	城市	天津	政务
科技	手机	众测	创事记	汽车	报价	买车	新车	房产	二手房	家居	彩票	旅游	邮箱	客服	导航

图 4-6　新浪搜索引擎的目录检索

目录检索的优点在于它提供了一个清晰、有序的网站分类体系，使用户能够更容易地找到感兴趣的网站或内容。缺点是随着网络信息的爆炸式增长，目录检索的更新和维护可能变得相对困难，因此其覆盖范围和时效性可能受到一定限制。

2. 关键词检索

关键词检索是指用户在搜索框中输入想要查询的关键词，搜索引擎会返回与这些关键词相关的网站、新闻、频道内容等。如图 4-7 所示，在输入框中输入"2025 亚冬会"点击"放大镜"进行搜索，会将相关结果进行返回，可以选择"按时间"排列或"按相关度"排列，默认是"按时间"将最新的新闻排在最靠前的位置。这种排序方式有助于用户更快地找到最相关、最新的信息。

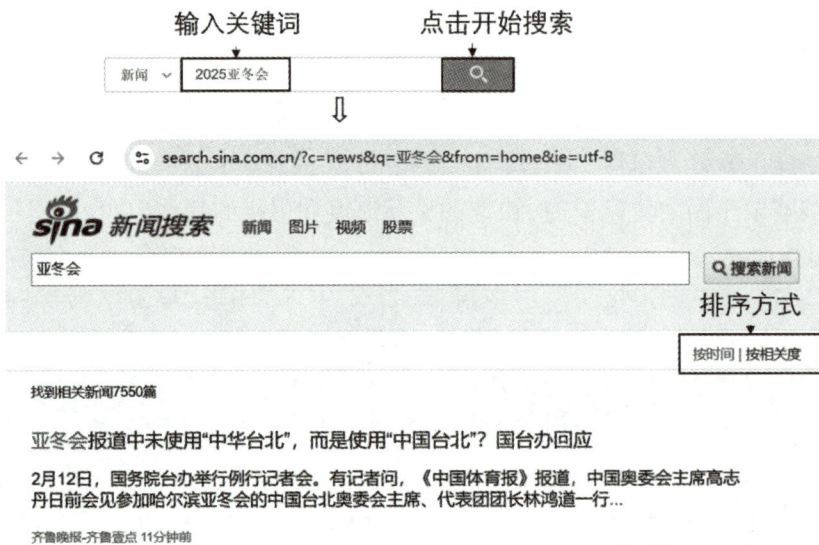

图 4-7　使用关键词检索"2025 亚冬会"

除了基本的关键词查询功能外，新浪搜索还提供了"重新查询""在结果中再查"和"在结果中去除"等选项，这些选项可以帮助用户进一步精炼搜索结果，提高检索效率。

4.4　学术数据库

4.4.1　中国期刊网数据库

中国期刊网数据库又称为中国知网 (CNKI)，是一个集成了大量学术文献资源的平台。

该网是由中国学术期刊(光盘版)电子杂志社创办的网站,在 1999 年 6 月正式开通。截至 2023 年 12 月,中国知网学术期刊库收录国内正式出版的学术期刊 8500 余种,内容覆盖自然科学、工程技术、农业、图情信息、医学、哲学、人文社会科学等各个领域,中国知网的首页如图 4-8 所示。

图 4-8 中国知网首页

打开图 4-8 的中国知网首页,现以搜索"人工智能"相关知识为例进行讲解。在搜索框中输入"人工智能",类型默认多选为学术期刊、学位论文、会议、报纸、标准、成果、学术辑刊、图书。搜索字段默认为主题,也可以选择篇关摘、关键词、篇名、作者等,如图 4-9 所示。

图 4-9 搜索字段设置

最后,点击"检索"按钮进行检索,检索结果如图 4-10 所示。

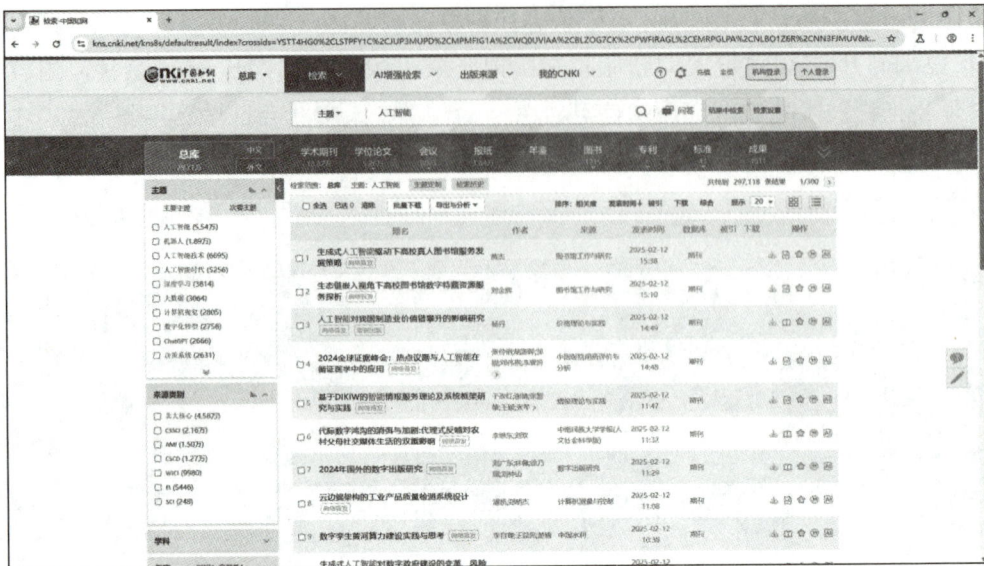

图 4-10 "人工智能"检索结果

搜索结果中默认显示为中文，如果点击"总库"，那么检索结果中将包含外文资料，本例选择的为"中文"，其中学术期刊 18.82 万、学位论文 5.26 万，"人工智能"检索结果统计如图 4-11 所示。

图 4-11 "人工智能"检索结果统计

4.4.2 维普数据库

维普数据库，也称为维普资讯或维普中文科技期刊数据库，由重庆维普资讯有限公司开发和运营，它广泛收录了中文期刊、博硕士论文、会议论文、报纸、年鉴、统计数据等多种类型的学术资源，涵盖了自然科学、社会科学、工程技术、农业科学、医药卫生、人文科学等多个学科领域。维普数据库的主页如图 4-12 所示。

图 4-12 维普数据库主页

　　维普网默认查询类型为"全选"，用户也可以根据需求选择期刊论文、学位论文、会议论文、专利或标准。搜索字段默认为主题，用户也可以根据需求选择关键字、摘要、作者、刊名等，设置完成后，在输入框中输入"人工智能"，点击"检索"按钮进行检索，检索结果如图 4-13 所示。一共检索出数据 94.43 万，其中中文数据 50.62 万，期刊论文 20.48 万，学位论文 10.27 万。

图 4-13　"人工智能"检索结果统计

　　"检索"按钮的右侧还有超链接"高级检索"，点击"高级检索"，还可对检索进行更详细的设置，如图 4-14 所示。在图 4-14 的右侧是对检索规则的详细说明，设置完成后点击"检索"按钮将进行检索，高级检索的结果如图 4-15 所示。

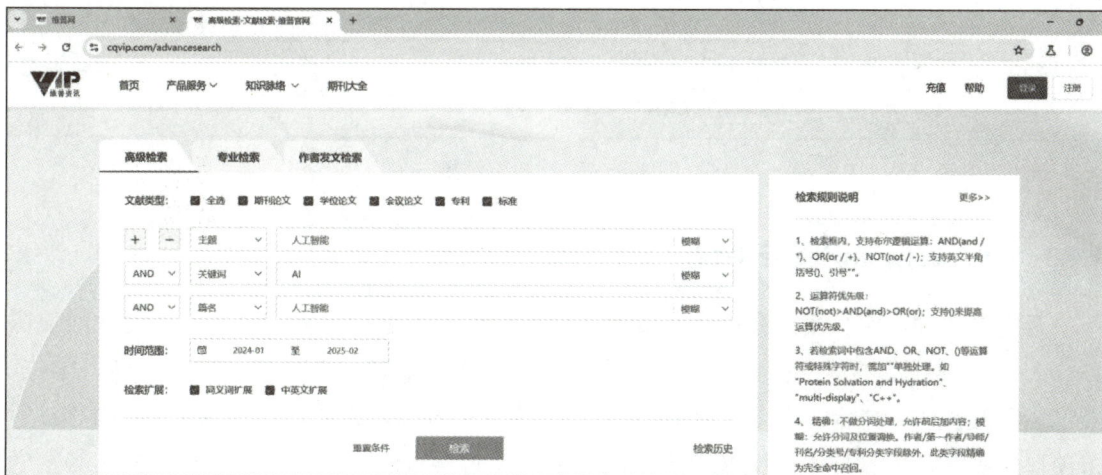

图 4-14　"高级检索"条件输入页面

图 4-15　高级检索结果

　　根据需要还可以对检索结果进行二次检索，在图 4-15 中左侧"二次检索"处，输入"出版物"，点击"在结果中检索"，检索结果如图 4-16 所示。

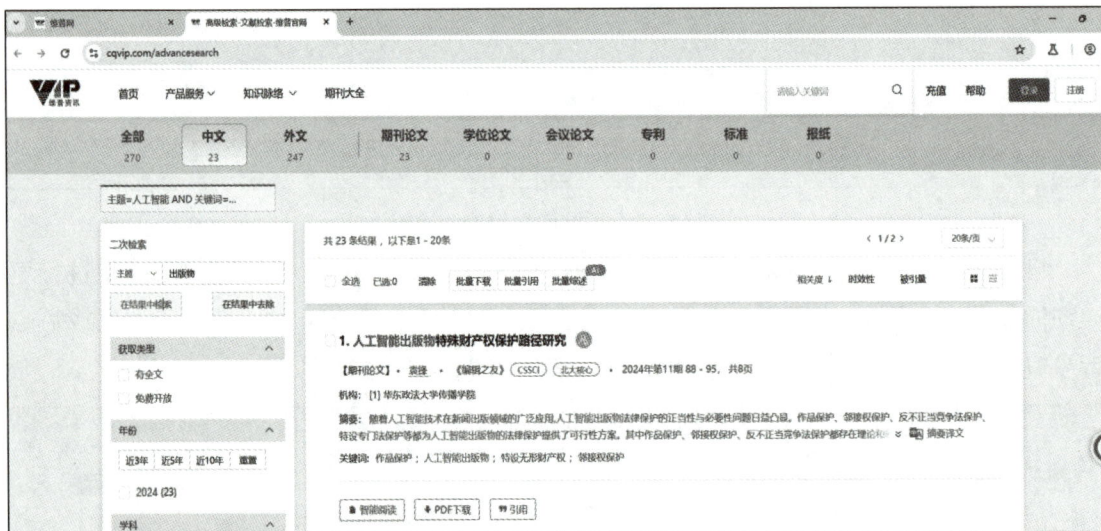

图 4-16　二次检索结果

4.4.3　万方数据知识服务平台

　　万方数据知识服务平台是一个集高品质信息资源、先进检索算法技术、多元化增值服务、人性化设计于一体的国内一流品质资源出版与增值服务平台。它集成了期刊、学位、会议、科技报告、专利、标准、科技成果、法规、地方志、视频等十余种知识资源类型，覆盖自然科学、工程技术、医药卫生、农业科学、哲学政法、社会科学、科教文艺等全学科领域。万方数据知识服务平台主页如图 4-17 所示。

图 4-17　万方数据知识服务平台主页

从图 4-17 中可以看到万方数据知识服务平台主要由万方智搜、创研平台、数字图书馆、科研诚信 4 个主要部分组成，面向不同的用户群体，为用户提供了全面的信息解决方案。

1. 万方智搜

(1) 快速检索。直接在主页检索框中输入检索词称为快速检索，例如：在检索框中输入"人工智能"，点击"检索"按钮得到的检索结果如图 4-18 所示。

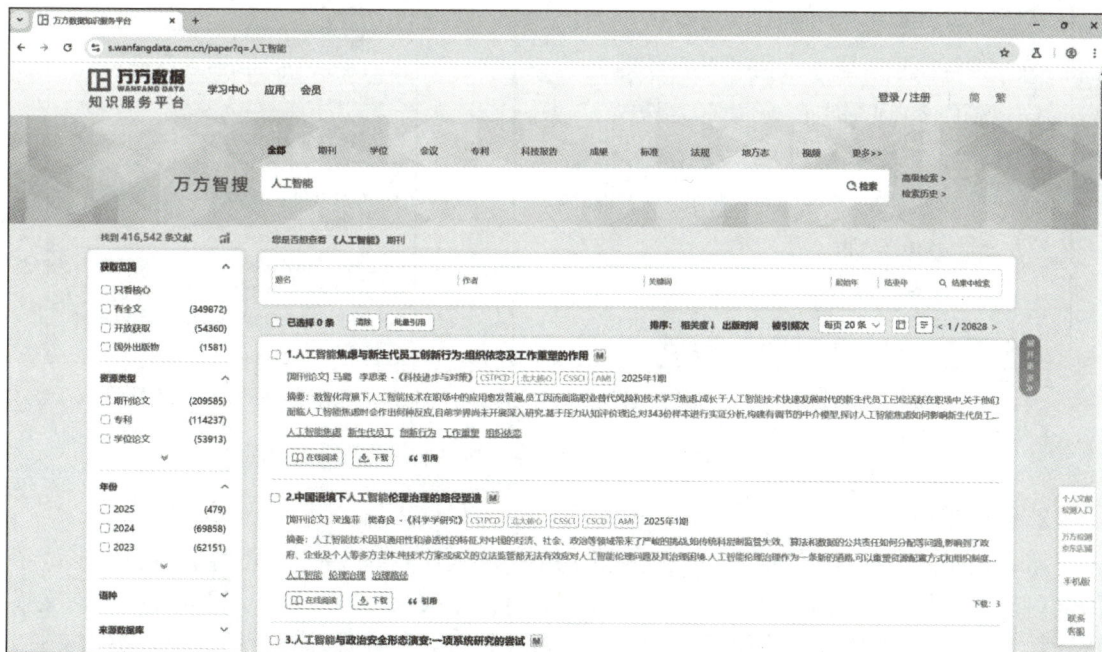

图 4-18　快速检索结果

(2) 高级检索。点击图 4-17 中"检索"按钮右侧的超链接"高级检索"，进入高级检索页面，在该页面中有 4 种检索方式：高级检索、专业检索、作者发文检索和自然语言检索，如图 4-19 所示，在该页面的右侧"温馨提示"处是检索规则的说明。

图 4-19   万方数据知识服务平台高级检索页面

与维普网高级检索不同的是万方数据知识服务平台高级检索不再支持"*""+""-"的检索，必须用英文 AND/OR/NOT 代替，万方数据知识服务平台高级检索规则与维普网高级检索规则对比如图 4-20 所示。

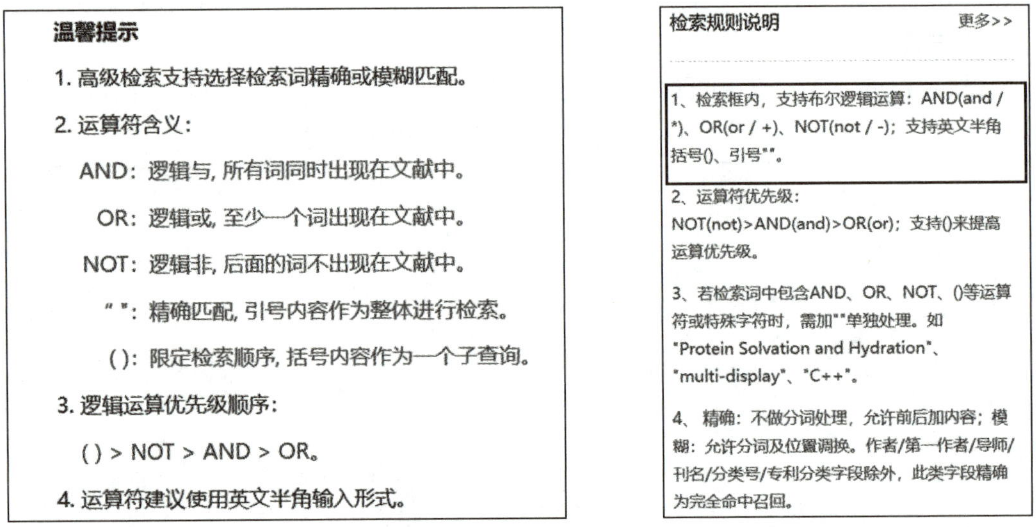

(a) 万方数据知识服务平台的高级检索规则

(b) 维普网的高级检索规则

图 4-20   万方数据知识服务平台高级检索规则与维普网高级检索规则对比

2. 创研平台

万方数据的创研平台整合了万方数据知识服务平台中的多种学术资源和服务，形成了面向科研人员的一站式服务平台。该平台提供了科研选题、学术分析、诚信规范、论文投稿、学术交流、成果跟踪等多个环节的实用工具和服务，为科研人员提供了全方位的支持。创研平台主页如图 4-21 所示。

图 4-21　万方创研平台主页

点击图 4-21 中的"学习中心",注册万方会员,登录后进入万方学习中心的主页,如图 4-22 所示。

图 4-22　万方学习中心主页

学习者可以利用万方学习中心在线学习课程,以便更系统地掌握知识和技能,提升学习效果。

3. 数字图书馆

数字图书馆是万方数据知识服务平台的重要组成部分,介绍了万方中包含的资源类型及总数据和当日更新数量，如图 4-23 所示。

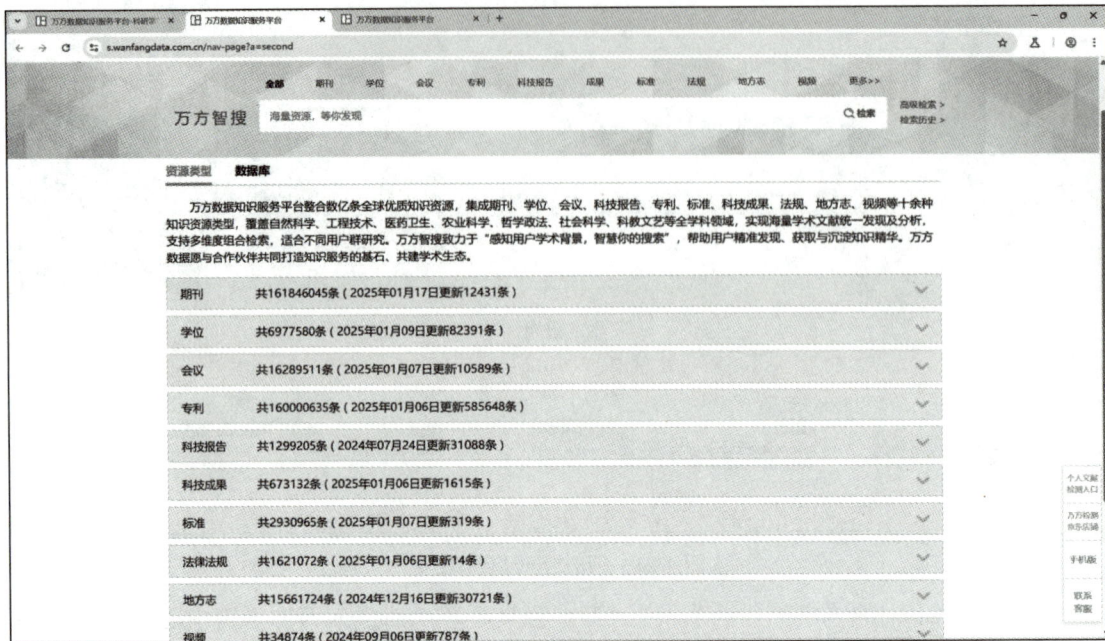

图 4-23　万方数字图书馆资源类型

万方数据库共收录了中外 85 个数据库，为用户提供了方便快捷的搜索途径，如图 4-24 所示。

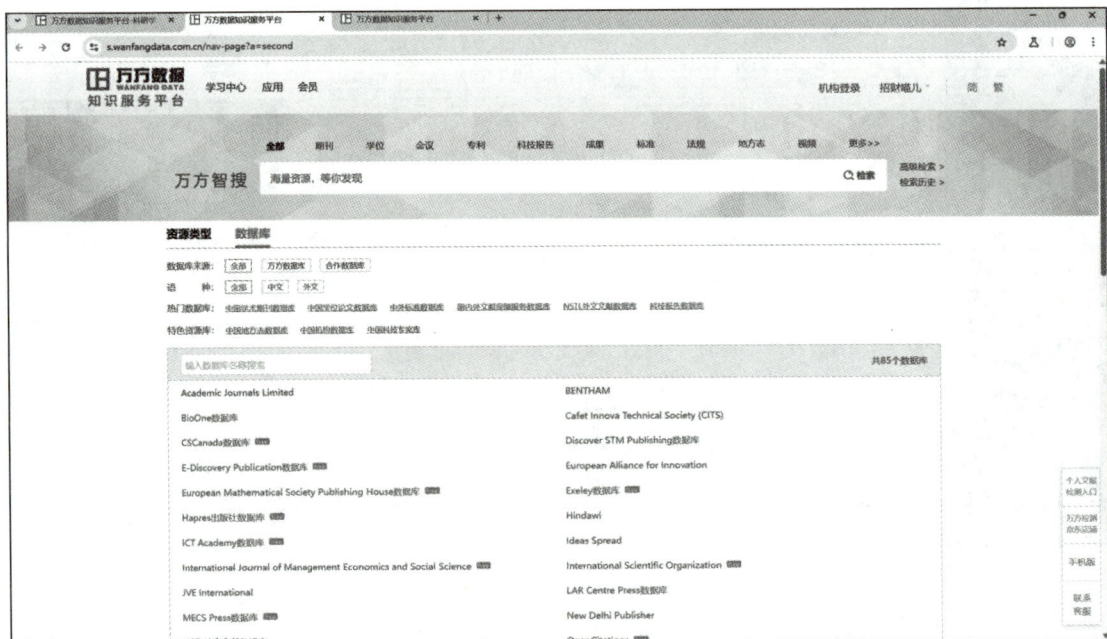

图 4-24　万方数据库

4. 科研诚信

万方数据科研诚信服务平台，致力于提供学术规范学习、论文查重、图像检测、成果核查等系列服务。通过该平台，用户可以方便地查询论文、期刊、项目、学者和机构科研诚信情况，有助于打通学术科研活动的全链条覆盖，万方科研诚信首页如图 4-25 所示。

图 4-25 万方科研诚信首页

4.5 专业网站

前程无忧是国内领先的在线求职、招聘的平台之一，其凭借丰富的职位信息、专业的服务等为广大求职者提供了高效、便捷的求职渠道。对于大学生来说，前程无忧是一个值得关注的求职平台，其首页如图 4-26 所示。

图 4-26 前程无忧首页

输入关键字、选择工作地点，点击"搜索"，即可将指定地点的相关工作搜索出来，如图 4-27 所示，看到满意的工作可以点击公司名称，查看具体的职位信息，如果对该职位比较向往，可以申请该职位，但是在申请职位前需要先进行注册。

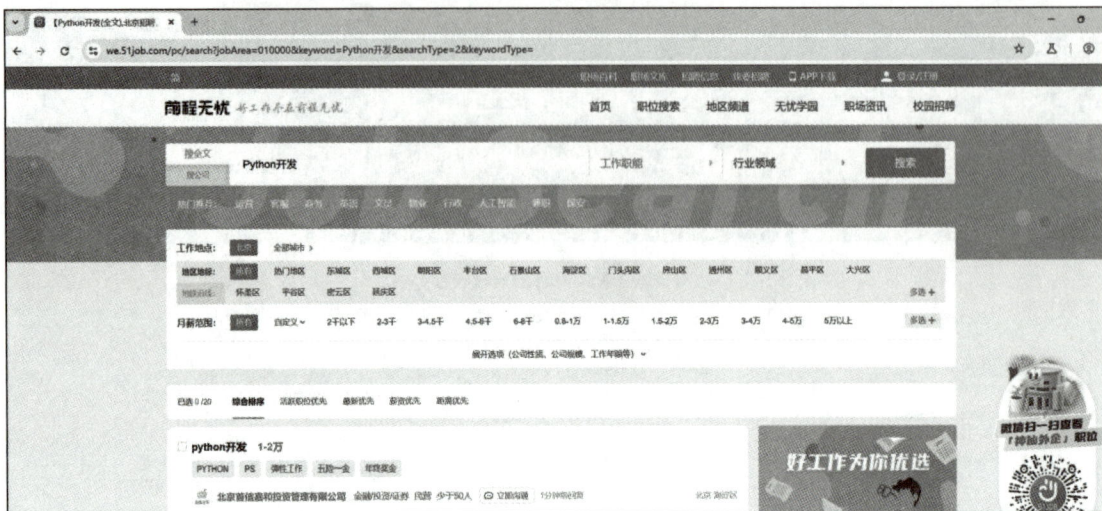

图 4-27　求职者职位搜索页面

4.6　实 践 案 例

【案例名称】

人工智能发展现状研究资料检索实践。

【实践目的】

(1) 掌握专业学术信息的检索方法与技巧。

(2) 学会使用多种信息源获取权威资料。

(3) 培养信息筛选与整合能力。

(4) 建立规范的学术资料管理习惯。

【实践步骤】

1. 检索准备

(1) 明确检索主题：近三年人工智能在医疗领域的应用进展。

(2) 列出 5 个核心关键词：人工智能、AI、医疗应用、医学影像、智能诊断。

(3) 确定检索工具：百度学术、CNKI、IEEE Xplore。

2. 实施检索

(1) 综合性搜索引擎检索：

百度学术：人工智能、医疗应用、site:edu.cn、AI、医学影像、诊断、filetype:pdf。

(2) 学术数据库检索：

CNKI：主题为"人工智能" AND "医疗"（限定 2019—2021）。

(3) 专业平台检索：

IEEE Xplore：AI in healthcare（限定近 3 年文献）。

3. 信息处理

(1) 初步筛选：

① 根据标题、摘要排除不相关文献；

② 优先选择核心期刊、高被引文献。

(2) 深度阅读：

① 精读 3 篇高质量文献；

② 提取关键数据和观点。

(3) 资料整理：

① 使用 Zotero 建立文献库；

② 按"技术原理""应用案例""发展趋势"分类。

【实践效果】

(1) 检索能力提升：掌握 3 种以上检索方法，搜索效率提高 40%。

(2) 获得有效资料：收集 15 篇以上高质量文献，建立专题文献库。

(3) 信息处理能力：完成 1 份包含摘要、关键数据和来源的调研报告。

(4) 学术规范意识：所有引用资料均规范标注来源。

课后习题 4

单元5 文字处理

文字处理是信息时代的基本技能，学生应熟练掌握文档编辑、排版等操作，提高工作效率。同时，课程学习中学生应树立严谨细致的工作态度，注重文档的规范性和准确性，避免因粗心大意导致的错误。此外,文字处理不仅是工具,更是传递信息、表达思想的载体,学生应学会用文字传播正能量，避免制造或传播虚假、不良信息。

5.1　WPS 2019 文字处理的常规排版

文字处理是 WPS 2019 的核心功能之一，它提供了丰富的文字排版和编辑功能，支持多种字体、字号和格式设置，以及段落对齐、缩进、间距等调整。操作者还可以轻松地插入图片、表格和文本框等元素，使文档更加丰富。

5.1.1 初识 WPS 2019

WPS Office 2019 简称 WPS 2019，是由中国金山软件股份有限公司自主研发的一款办公软件套件，它集成了 WPS 文本、WPS 演示、WPS 表格、WPS PDF 等多个组件，用于满足日常办公的所有文档服务需求。

1. WPS 2019 文字的启动

如果在桌面有如图 5-1 所示的"WPS 文字"的快捷方式，直接双击该快捷方式，即可启动 WPS 2019 文字。或者点击"开始"菜单，在开始菜单中找到以"W"开头的应用程序，点击"WPS 文字"，启动 WPS 2019 文字，如图 5-2 所示。

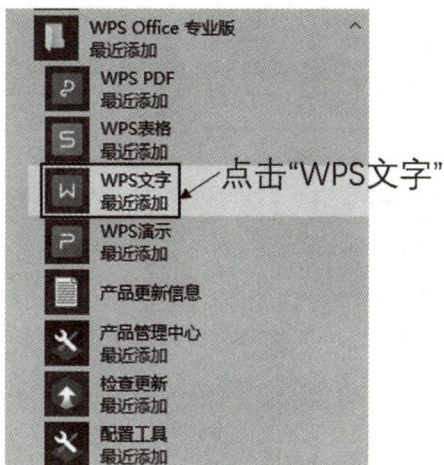

图 5-1 WPS 文字的快捷方式   图 5-2 从"开始"菜单中启动 WPS 文字

2. WPS 2019 文字的退出

第一次启动 WPS 2019 文字，将打开一个窗口，点击窗口最右侧上方的"关闭"按钮，即可退出 WPS 2019 文字，如图 5-3 所示。

图 5-3 退出 WPS 2019 文字

5.1.2　WPS 2019 的窗口组成

点击图 5-4 中的"新建"按钮即可新建一个 WPS 2019 文字的窗口。WPS 2019 文字的工作界面主要由 10 个部分组成：WPS 按钮、标题栏、文件菜单、快速访问工具栏、功能区、工具栏、文档编辑区、滚动条、状态栏、视图栏，如图 5-5 所示。

图 5-4　新建一个 WPS 2019 文字窗口

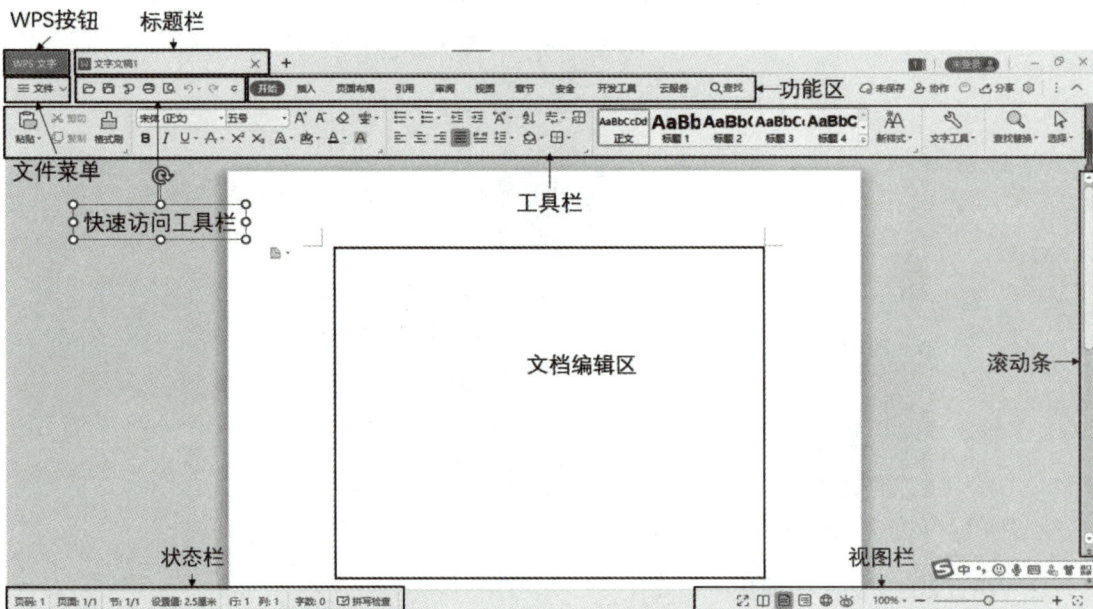

图 5-5　WPS 2019 文字工作界面

WPS 2019 文字工作界面各项功能如下：

(1) WPS 按钮：返回到 WPS 软件安装后的初始状态。

(2) 标题栏：显示当前正在编辑的文档的名称，新建的文档默认名称为"文字文稿 N"(这里的 N 表示数字，如"文字文稿 1")。

(3) 文件菜单：点击"文件"可以执行新建、保存、打开等操作。

(4) 快速访问工具栏：经常使用的工具，单击快速访问工具栏中右侧第一个按钮，可以自定义快速访问工具栏。

(5) 功能区：文档操作的各种功能菜单。

(6) 工具栏：在工具栏中对不同的工具使用灰线竖线进行划分，点击每组中右下方的小三角可弹出更多功能选项。

(7) 文档编辑区：用于编辑文档内容。

(8) 滚动条：滑动滚动条可拖动页面。

(9) 状态栏：用于显示文档状态信息，如页码、当前光标所处页数、拼写检查等。

(10) 视图栏：切换文档的显示形式以及文字的显示比例。

5.1.3 文档的创建和保存

1. 新建文档

在 WPS 2019 文字中，用户不仅可以创建空白文档，还可以使用文字模板创建有内容或有格式的文档。

1) 创建空白文档

启动 WPS 2019 文字后，点击如图 5-4 中的"新建"按钮，创建一个空白文档。或者点击启动窗口中的"新建"按钮，创建一个空白文档，如图 5-6 所示。

图 5-6　点击启动窗口中的"新建"按钮创建空白文档

2) 创建模板文档

点击启动窗口中"新建"按钮下方的"从模板新建"按钮，打开模板窗口，如图 5-7 所示，可以根据需求选择"GB9704 电子公文模板""计划报告""合同协议"等，创建带有格式的文档，这样不仅可以提高文档的制作效率，也可以让制作的文档更加规范。

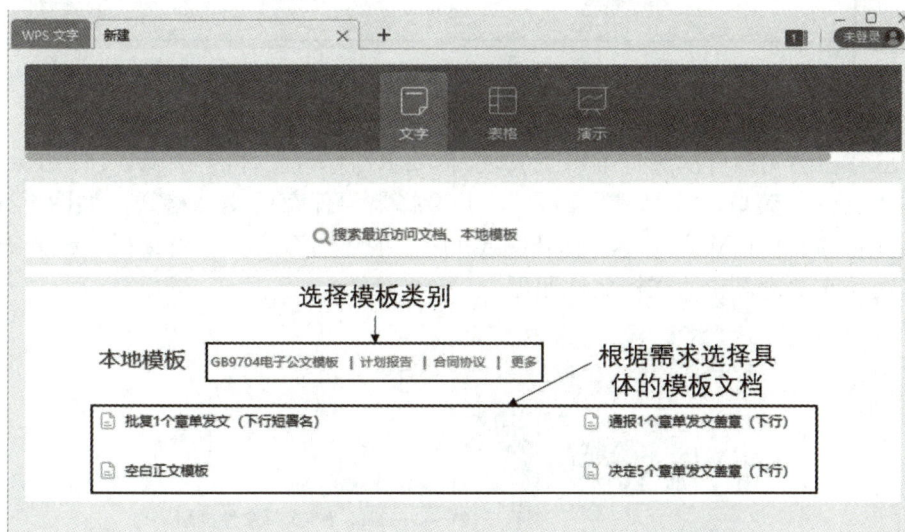

图 5-7　创建模板文档

2. 保存文档

对文档进行编辑结束之后，就需要对文档进行保存，以便下次继续操作。在工作过程中要养成随时保存文档的好习惯，以免因为停电、电脑死机、误操作等因素造成文档丢失。

1) 新文档保存

点击快速工具栏中的保存按钮 (快捷键：Ctrl + S)，如图 5-8 所示，或者点击 "文件菜单" 中的 "保存" 按钮对文档进行保存。如果是第一次保存，则需要选择文档所要保存的磁盘位置，编写文档要保存的名称，选择文档的类型 (默认为 "*.docx" 类型)，最后点击 "保存" 按钮，如图 5-9 所示。

图 5-8 快速工具栏中的保存按钮

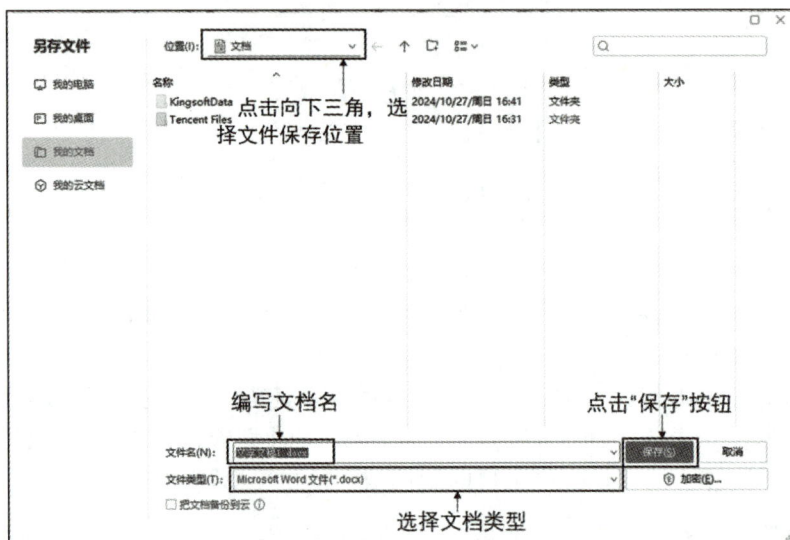

图 5-9 第一次保存文档打开另存为对话框

2) 文档另存为

对于已存在的文档再次进行编辑完成时，需要重新修改文件的名称或文件的保存路径，可以单击 "文件" 菜单，选择 "另存为"，并选择需要保存的文档格式，如图 5-10 所示。选择需要保存的文件格式之后，将打开图 5-9 所示的 "另存文件" 对话框，根据需要选择新的存储路径或者输入新的文档名称即可。

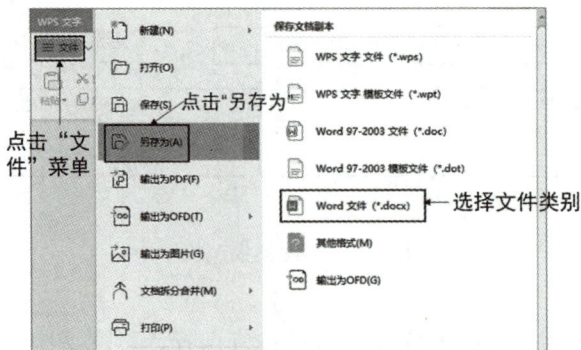

图 5-10 选择另存为的文档格式

3) 保存与另存为的区别

对于 WPS 文字窗口中新建的文档，保存与另存为的功能相同，都会弹出"另存文件"对话框，在此对话框中可以设置保存的路径和文档名称。对于已经存在的文档，两者的区别在于：保存不会弹出"另存文件"对话框，而是对原文档内容进行覆盖；另存为则会弹出"另存文件"文件对话框，可以重新设置保存的路径和文档名称，不会改变原文档内容，而是在重新选择的路径中保存为一个新的文档，但若不改变路径和名称，则会替换原文件。

3. 保护文档

1) 文档加密

在保存文档时，可以对文档进行加密，这样不知道密码的人将无法操作该文档。点击图 5-9 右下角的"加密"按钮，将打开"密码加密"窗口，如图 5-11 所示。可以设置文档的打开权限和编辑权限，最后点击"应用"按钮完成加密设置。需要注意的是，一旦设置密码，若忘记密码，将无法操作该文档。

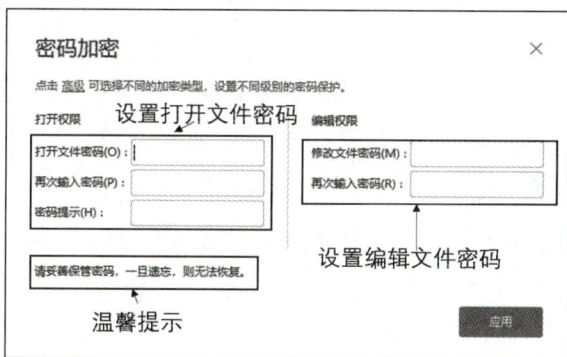

图 5-11　设置密码

2) 添加水印

添加水印也可以对文档进行保护。例如对文档添加一些特殊的文本或 logo 图片，来增加文档的可识别性。点击功能区的"页面布局"，在对应的工具栏中点击"背景"，在弹框中选择"水印"，如图 5-12 所示。可以自定义水印，也可以添加"预设水印"，如图 5-13 所示，将文档的水印设置为"保密"。

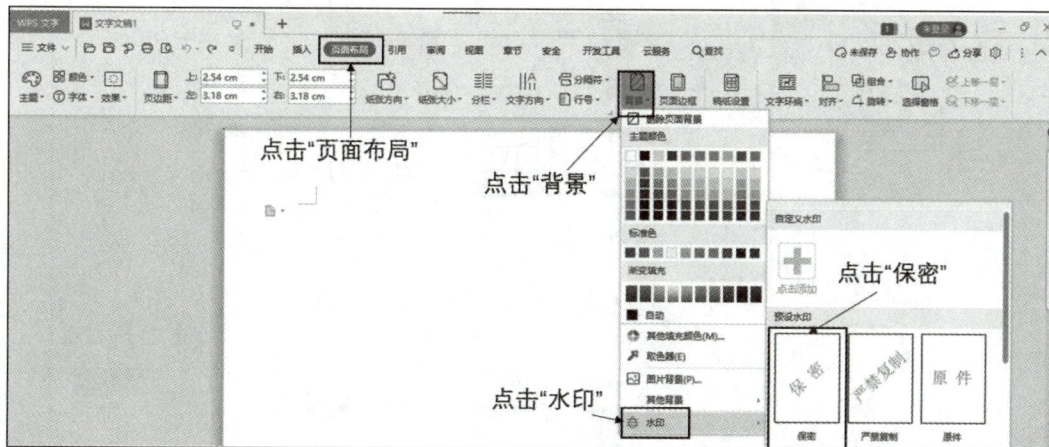

图 5-12　设置水印

图 5-13　将文档水印设置为"保密"

5.1.4　输入与编辑文字

文档编辑是 WPS 2019 文字的基本功能，包括文本的输入、选择、移动、复制、查找和替换等功能。

1. 打开文档

对于已经保存到磁盘上的文档，再次进行编辑时，首先需要打开该文档。打开文档的方式有两种：第一种方式，找到文档所在的磁盘路径，双击要打开的文档图标，即可打开文档；第二种方式，首先启动 WPS 2019 文字，选择"打开"按钮，在弹出的"打开"对话框中选择要打开的文件，如图 5-14 所示。

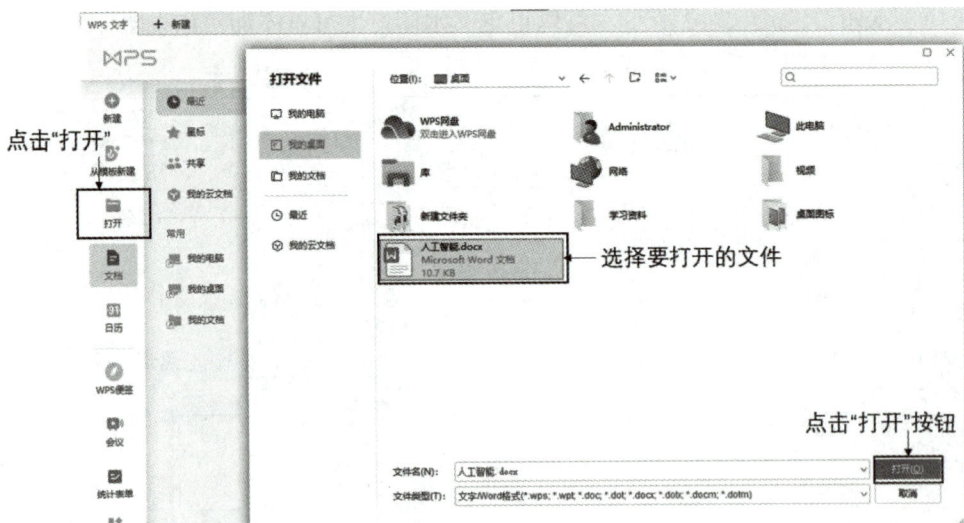

图 5-14　打开已存在的文档

WPS 2019 文字的后缀名为 ".wps"。在图 5-9 中保存新文档时，文件类型选择的是 "Microsoft Word 文件 (*.docx)"，所以是 Microsoft Word 文档 (微软的办公软件) 使用 WPS 2019 文字进行打开。

2. 输入文本

打开 WPS 2019 文字后，用户可以在光标闪烁处进行输入操作。如果打开的文档中有内容，则可以在文档的任意处点击鼠标，当看到光标在闪烁时，即可输入文本。

1) 输入普通文本

如果要输入英文，则可以直接输入；如果要输入中文，则需要将输入法切换到中文状态再进行输入。中英文输入法切换的快捷键为 "Ctrl 键 + 空格键"。常用的符号也可以通过键盘直接输入，如 "@" "￥" 等，按键盘上的 "Shift 键 + 对应的符号键" 即可输入。

2) 输入特殊符号

如果需要输入一些键盘上没有的特殊符号，可以使用汉字输入法中的软键盘 (如搜狗输入法)。如图 5-15 所示，点击搜狗输入法中的 "小键盘"，打开输入方式，点击 "特殊符号" 或 "软键盘" 选项，点击要输入的特殊符号即可输入。如图 5-16 所示，点击 "特殊符号" 输入所需符号。

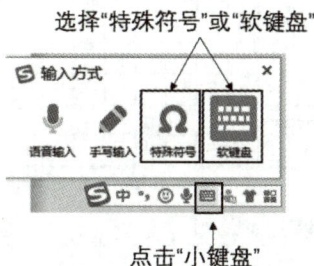

图 5-15　打开汉字输入法的软键盘

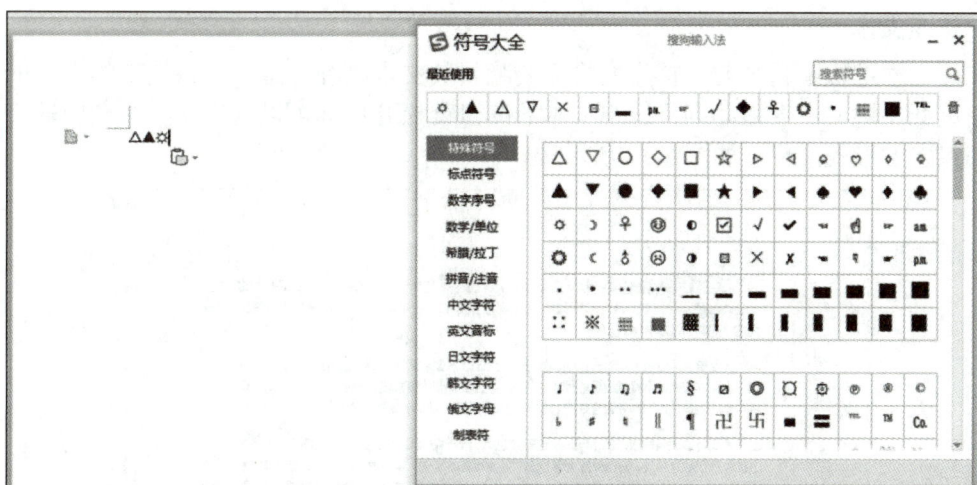

图 5-16　输入特殊符号

点击功能区的 "插入"，在对应的工具栏中点击 "符号"，在弹出的菜单中列出了 "最近使用的符号" "自定义符号" 以及 "其他符号"。点击 "其他符号"，如图 5-17 所示。在打开的"符号"对话框中，选择要插入的"符号"或"特殊字符"，点击"插入"按钮，如图 5-18 所示。

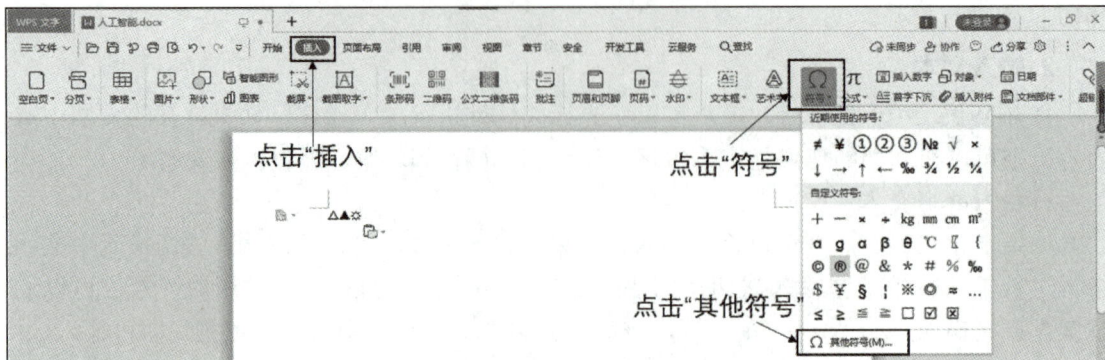

图 5-17   点击工具栏中的符号按钮

图 5-18   符号对话框

3. 选定文本

在对文本进行编辑之前，首先要将需要编辑的文本进行选定。从待选定的文本的起点处点击鼠标左键，一直拖动到待选定文本的终点处松开鼠标可以选定文本，选中的文本将以灰底黑字的形式出现，如图 5-19 所示。

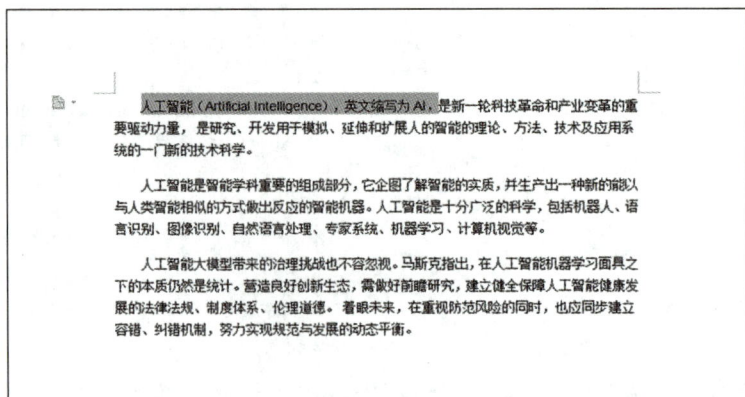

图 5-19   被选定的文本

如果将鼠标移动到文档左侧的空白处，鼠标将会变成指向右上方向的箭头。此时，单击鼠标，将会选定当前这一行的文字；双击鼠标，将选定当前这一段的文字；如果三击鼠标，将会选定整篇文字。

如果需要选定的文本有多处，并且是不连续的，可以先选定一部分文本，然后按住键盘上的"Ctrl"键不放，再选择其他需要选定的文本区域，如图 5-20 所示。

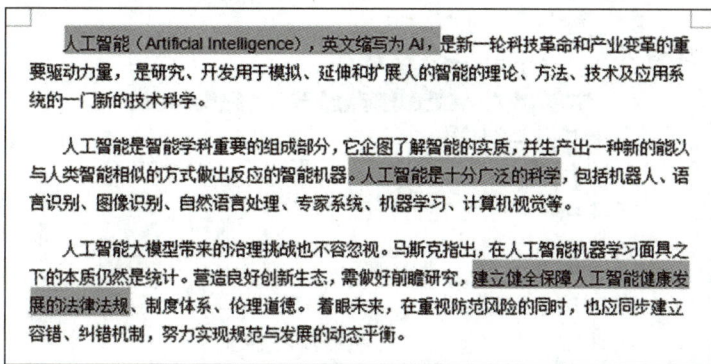

图 5-20　选定不连续的文本区域

4. 修改和删除文本

如果要修改一段文本，首先要选定该文本，然后重新输入新的内容，或者在选定要修改的文本后按键盘上的"Delete"键或"Backspace"键，将选定的文本删除，再重新输入正确的文本。如果没有选定文本，按键盘上的"Backspace"键或者"Delete"键将删除一个字符。使用"Backspace"键和"Delete"键进行删除的区别是：使用"Backspace"键删除的是光标左侧的文本，而使用"Delete"键删除的是光标右侧的文本。

5. 复制和移动文本

当需要重复录入文档中已有的内容时，可以通过复制、粘贴操作来实现。首先选中要复制的文本，然后单击鼠标右键选择"复制"命令，再将鼠标移动到目的地位置后单击鼠标右键，选择"粘贴"，即可实现文本的复制操作。也可以使用快捷键"Ctrl + C"实现文本的复制，使用快捷键"Ctrl + V"实现文本的粘贴。如果按多次快捷键"Ctrl + V"，则可以粘贴多次文本。

移动文本又称为"剪切"操作，即将文本从一个地方移动到新的位置。选定要移动的文本，单击鼠标右键选择"剪切"，再将鼠标移动到目的地位置后单击鼠标右键选择"粘贴"，即可实现文本的移动。也可以使用快捷键"Ctrl + X"和"Ctrl + V"实现文件的移动，其中"Ctrl + X"为剪切操作。

文本的复制与文件的移动都是将选定的文本从一个位置"搬"到另外一个位置。不同的是，复制文本之后，原处的文本依然存在，而移动文本操作完成后，原文本的位置不再存在该文本。

6. 查找和替换文本

WPS 2019 文字的查找和替换功能很强大，可以使用户方便、快速地在文档中找到指定的文本，同时使用替换功能提高文档编辑的效率。

点击功能区的"开始"按钮，在对应的工具栏中点击"查找替换"按钮，打开"查找和替换"窗口，如图 5-21 所示。点击"替换"选择卡，在"查找内容"输入框中输入待查找的内容，在"替换为"输入框中输入替换的文本，每点击一次"替换"按钮替换一处查找到的文本，点击"全部替换"按钮，将查找到的全部文本进行替换。

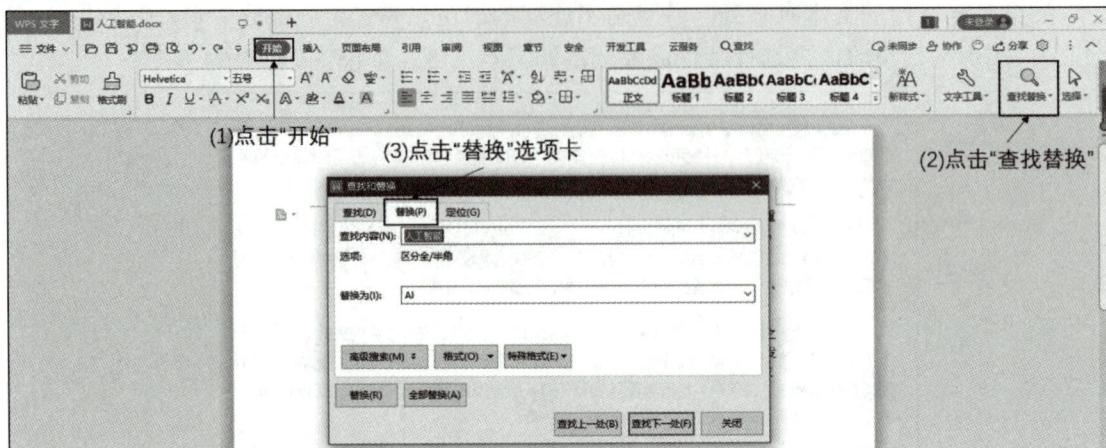

图 5-21　查找和替换文本

　　也可以通过使用快捷键实现查找和替换操作。按键盘上的"Ctrl + F"打开"查找和替换"对话框，默认选择的是"查找"选择卡，如图 5-22 所示。按键盘上的"Ctrl + H"打开"查找和替换"对话框，默认选择的是"替换"选择卡，图 5-21 中选中的就是"替换"选项卡。

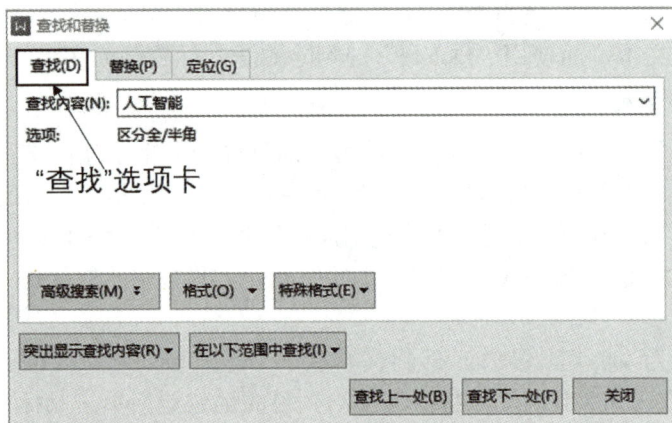

图 5-22　"查找"选项卡

7. 撤销和恢复

　　在对文档编辑的过程中，如果用户对自己的操作不满意或者进行了错误的操作，可以通过撤销操作回到先前状态。可以通过点击"快速访问工具栏"中的"撤销"按钮，或者使用快捷键"Ctrl + Z"进行撤销操作。执行了撤销操作之后，用户又感觉还是需要恢复被撤销的操作，可以通过点击"快速访问工具栏"中的"恢复"按钮，或者使用快捷键"Ctrl + Y"进行恢复操作。撤销和恢复按钮如图 5-23 所示。

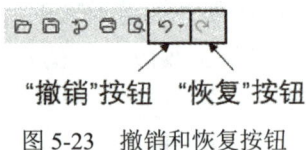

"撤销"按钮　　"恢复"按钮

图 5-23　撤销和恢复按钮

5.1.5　文本格式设置

文档中的内容录入完毕之后，可以对字符的格式、段落的格式及页眉页脚等进行设置，经过设置之后的文档不仅看上去十分美观，还可以突出内容的层级，让人一目了然。

1. 字符的格式设置

字符的格式设置主要包括对字符的字体、字号、字形、颜色、间距、效果等设置。

1) 字符字体的设置

WPS 2019 文字中提供的常用的中文字符字体有宋体、隶书、楷体、微软雅黑等，西文字符字体有 Calibri、Arial 等。

选定待设置的文本，点击功能区的"开始"选项卡，在字体下拉列表中选择所需的字体，在选定的文本中可以看到所选字体的预览效果，如图 5-24 所示。

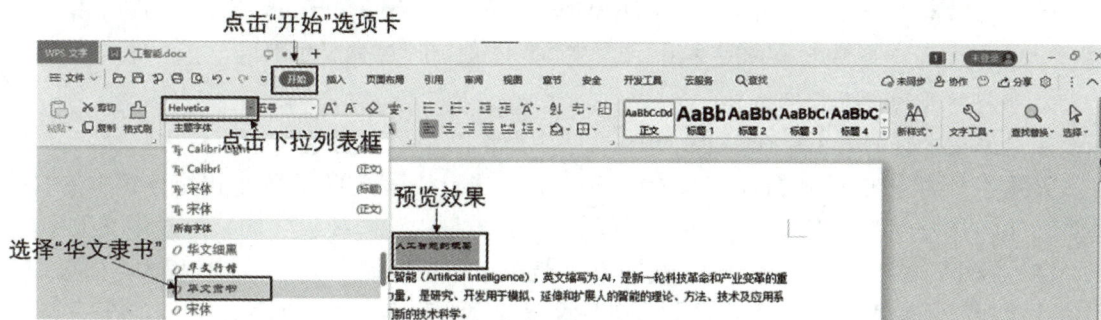

图 5-24　字体下拉列表选择字体

字体还可以通过"字体"对话框进行设置。选中待设置的文本，点击鼠标右键，在弹出的菜单中选择"字体"命令，打开"字体"对话框，如图 5-25 所示。或者在选定待设置的文本后，点击字体组中的"字体"按钮，打开"字体"对话框，如图 5-26 所示。在打开的"字体"对话框中对中文字体和西文字体选择合适的字体，在"预览"框中可以看到字体的预览效果，最后点击"确定"按钮完成字体的设置。

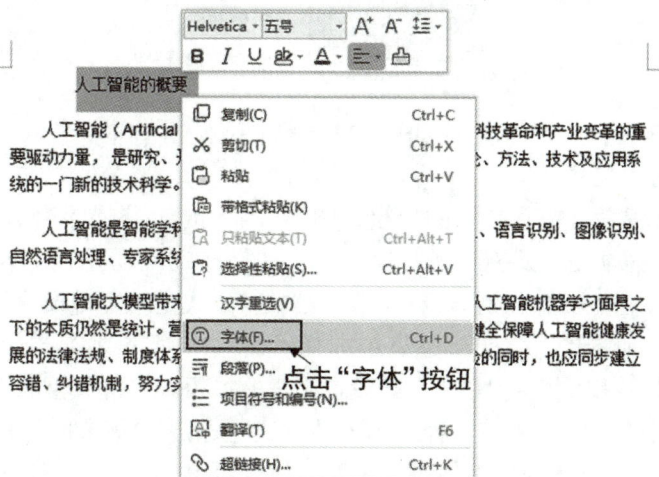

图 5-25　点击"字体"按钮

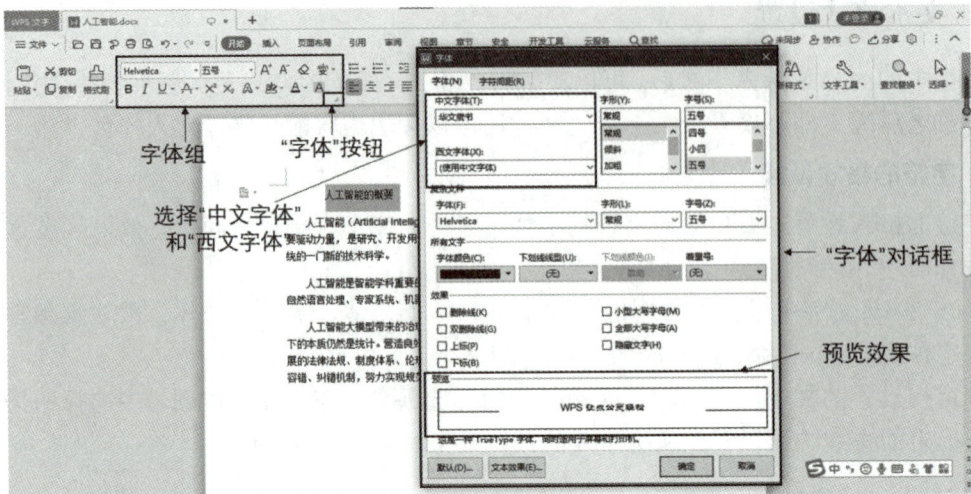

图 5-26　点击字体组中的"字体"按钮打开"字体"对话框

2) 字符字号的设置

字号是指字符的大小。在 WPS 2019 文字中默认的字号为五号。

设置字号的方式常用的有两种。第一种方式是选定待设置的文本,点击字体组中的"字体"按钮,打开"字体"对话框,在字号的下拉列表框中选择要设置的字号,中文数字越大,字号越小,如"五号"字比"一号"字字号小。阿拉伯数字越大,字号越大,如"52"号字比"12"号字大。第二种方式是选定待设置的文本,点击"开始"选项卡,在字号下拉列表中选择所需要的字号。字号的设置如图 5-27 所示。

图 5-27　设置字号

3) 字符字形的设置

字符的字形设置主要包含字符的加粗、倾斜、下划线、字着重号、底纹及缩放等。

设置字符加粗的常用方式有三种。第一种方式是选定待设置的文本,点击"开始"选项卡,在字体组中点击"加粗"按钮进行设置。第二种方式是选定待设置的文本,打开"字体"对话框,在图 5-26 所示的"字形"列表中选择"加粗"。第三种方式最简单,在选定待设置的文本之后,直接使用快捷键"Ctrl + B"设置字符的加粗。字符加粗的设置如图 5-28 所示。

设置字符倾斜的常用方式有三种。第一种方式是选定待设置的文本,点击"开始"选项卡,在字体组中点击"倾斜"按钮进行设置。第二种方式是选定待设置的文本,打开"字体"对话框,在图 5-26 所示的"字形"列表中选择"倾斜"。第三种方式是在选定待设置的文本之后，直接使用快捷键"Ctrl + I"设置字符倾斜。字符倾斜的设置如图 5-29 所示。

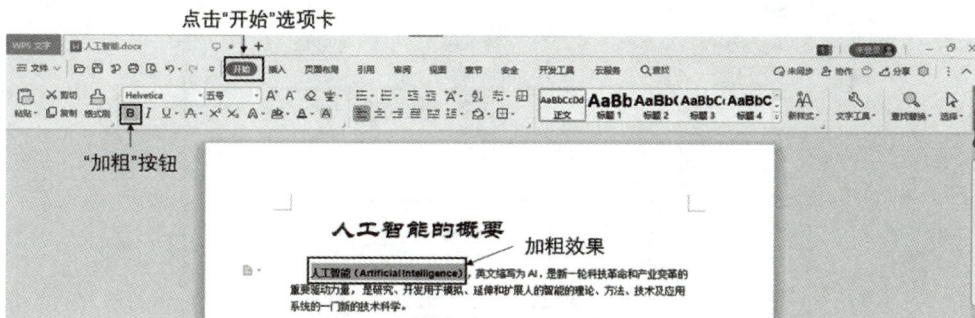

图 5-28　设置字符加粗

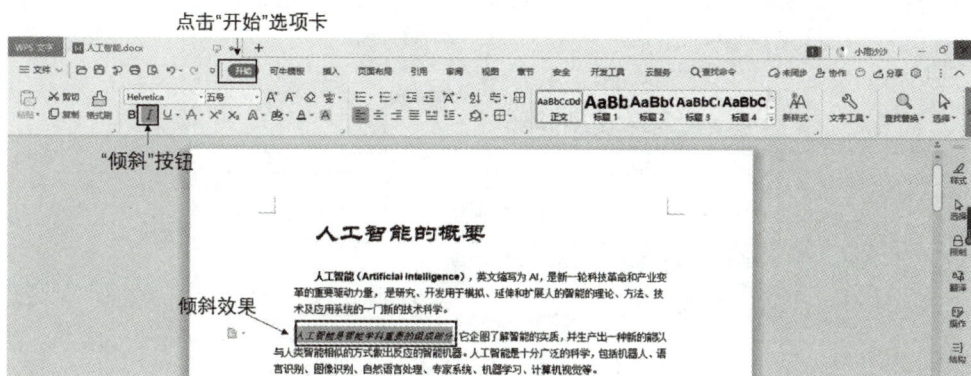

图 5-29　设置字符倾斜

设置字符下划线的常用方式同样有三种。第一种方式是选定待设置的文本，点击"开始"选项卡，在字体组中点击"下划线"下拉列表，如图 5-30 所示，用户可以根据需要设置下划线的线型和颜色。第二种方式是选定待设置的文本，打开"字体"对话框，在图 5-31 中"下划线线型"和"下划线颜色"处进行设置。第三种方式是在选定待设置的文本之后，直接使用快捷键"Ctrl + U"设置字符的下划线。

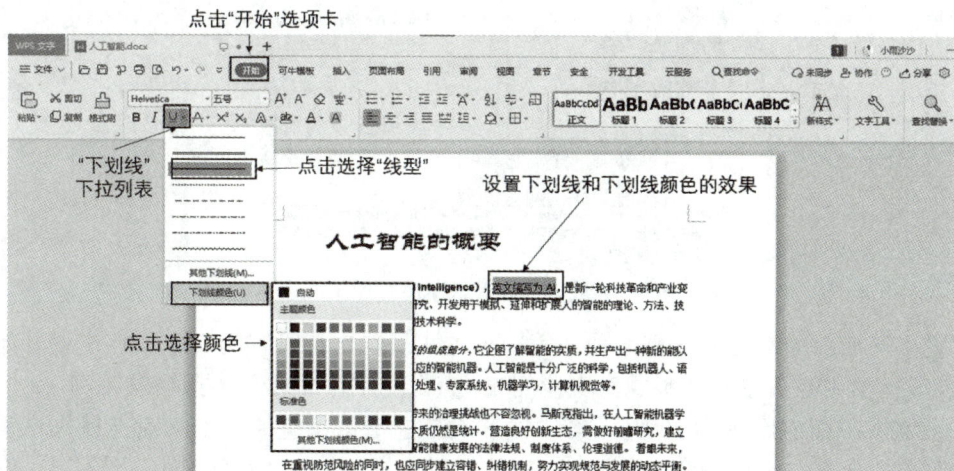

图 5-30　下划线的下拉列表

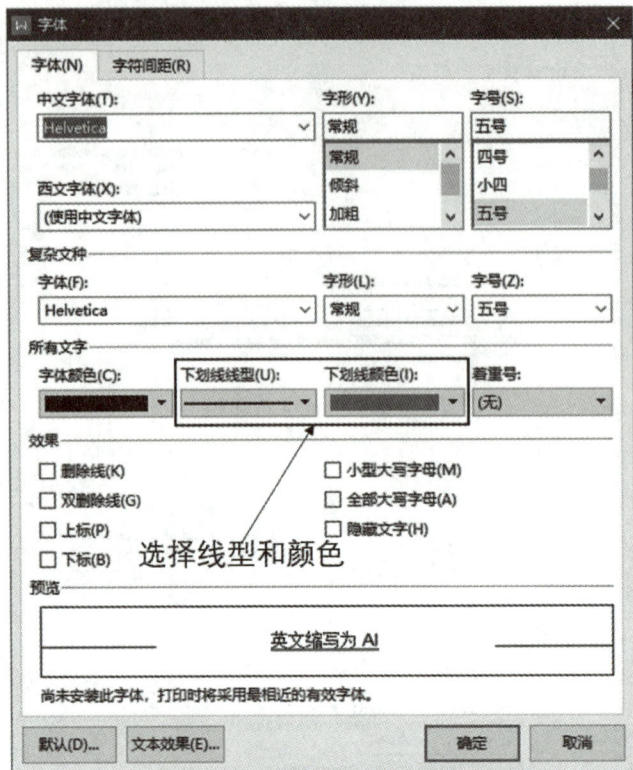

图 5-31　字体对话框设置下划线和下划线颜色

　　设置字符着重号的方法很简单，选择待设置的文本，打开"字体"对话框，在图 5-31 中"下划线颜色"右侧的"着重号"下拉列表框中选择着重号即可设置完成。

　　设置字符底纹的方法也很简单，选定待设置的文本，点击字体组中"字符底纹"按钮，为选定文本添加底纹，如图 5-32 所示。

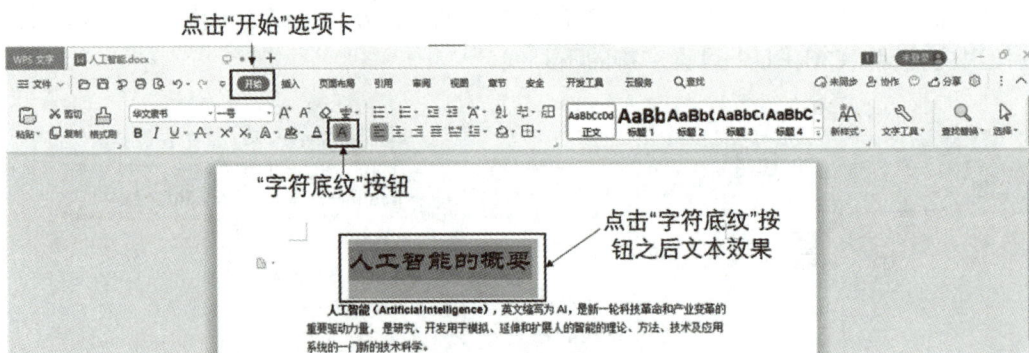

图 5-32　为文本添加底纹

　　设置字符缩放的常用方式有两种。第一种方式是选定待设置的文本，点击"开始"选项卡，在段落组中点击"中文版式"下拉列表，点击"字符缩放"选择缩放比例，如图 5-33 所示，设置字符缩放比例为 200%。第二种方式是选定待设置的文本，点击鼠标右键，在弹出的菜单中选择"字体"命令，打开"字体"对话框，点击"字符间距"选项卡，在"缩放"下拉列表中选择对应的缩放比例，如图 5-34 所示。

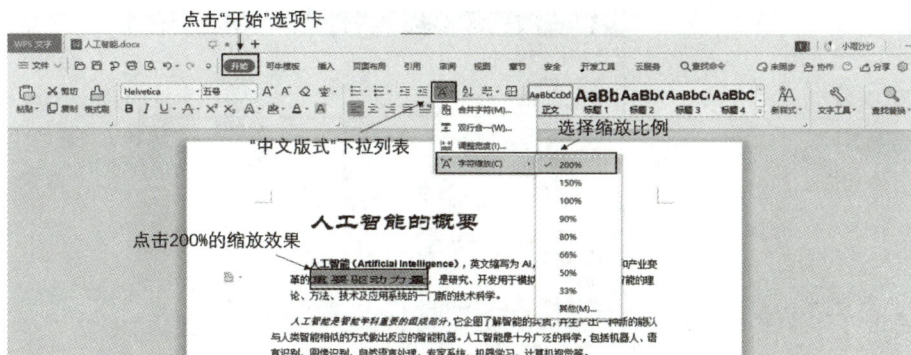

图 5-33　设置字符缩放比例

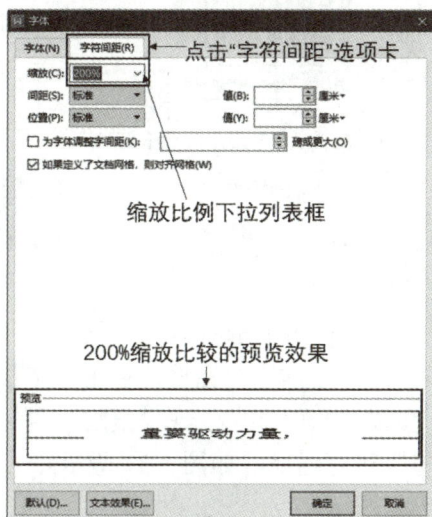

图 5-34　"字符间距"选项卡

4) 字符颜色的设置

WPS 2019 文字中默认的字符颜色为黑色。设置字符颜色的常用方式有两种。第一种方式是通过字体组中"颜色"下拉列表框为待设置文本设置字体颜色，如图 5-35 所示。第二种方式是选定待设置文本，点击鼠标右键，在弹出的菜单中选择"字体"命令，打开"字体"对话框，点击"字体颜色"下拉列表框为待设置文本选定颜色，如图 5-36 所示。

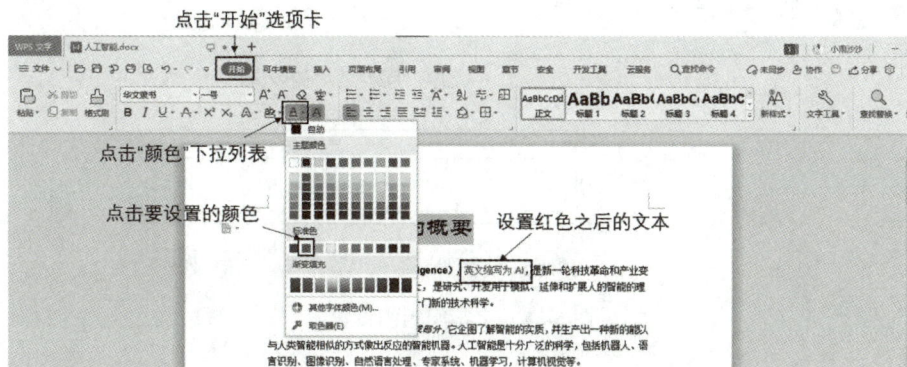

图 5-35　通过"颜色"下拉列表框设置字体颜色

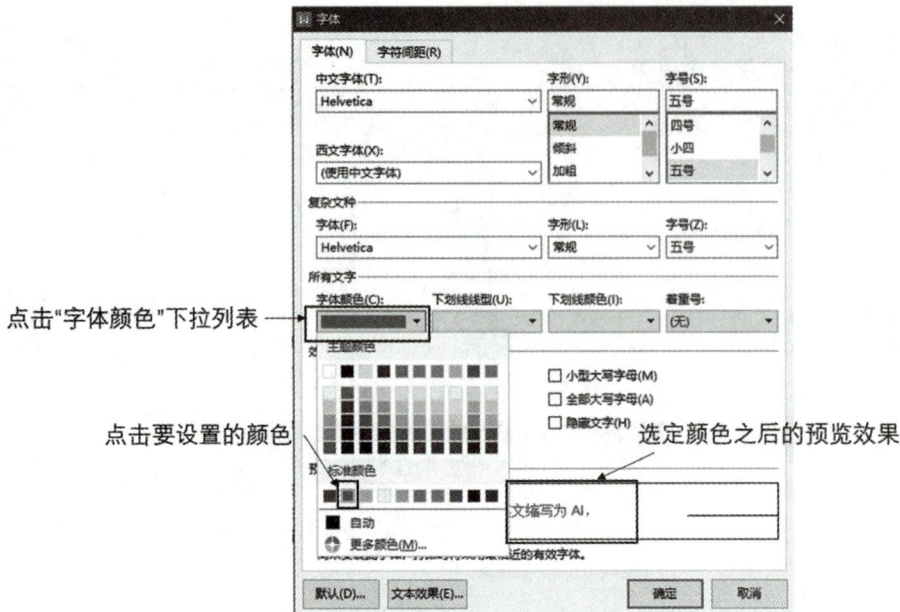

点击"字体颜色"下拉列表

点击要设置的颜色

选定颜色之后的预览效果

图 5-36   通过"字体"对话框设置字体颜色

5) 字符间距的设置

字符间距指的是字符与字符之间的间隔距离。选择待设置的文本，单击鼠标右键，在弹出的菜单中选择"字体"，打开"字体"对话框，点击"字符间距"选项卡，"间距"下拉列表框默认值为"标准"，可以选择"加宽"或"紧缩"，在之后的"值"输入框中输入数值或者点击上下箭头对"值"进行增减，如图 5-37 所示。

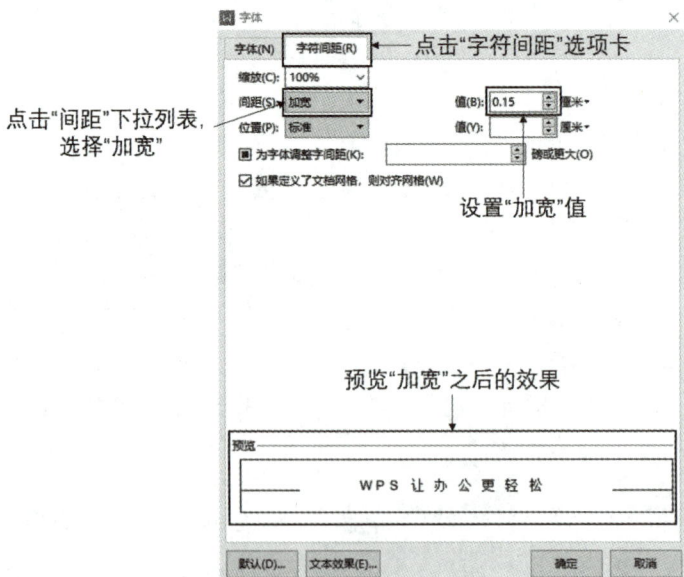

点击"字符间距"选项卡

点击"间距"下拉列表，选择"加宽"

设置"加宽"值

预览"加宽"之后的效果

WPS 让办公更轻松

图 5-37   字符间距的设置

6) 字符效果的设置

字符效果是指为文字添加阴影、倒影、发光、三维格式等效果，让文字看起来更有立体感。选定待设置的文本，单击鼠标右键，在弹出的菜单中选择"字体"，打开"字体"
对话框，点击"文本效果"按钮，打开"设置文本效果格式"对话框，点击"填充与轮廓"
选项卡，可以看到"文本填充"和"文本轮廓"选项卡。其中"文本填充"有三种方式，
默认为无填充，用户可以选择"纯色填充"或"渐变填充"；"文本轮廓"也有三种方式，
默认为无线条，用户可以选择"实线"或"渐变线"，如图 5-38 所示。点击"效果"选项卡，
可以设置文字的阴影、倒影、发光和三维格式，如图 5-39 所示。

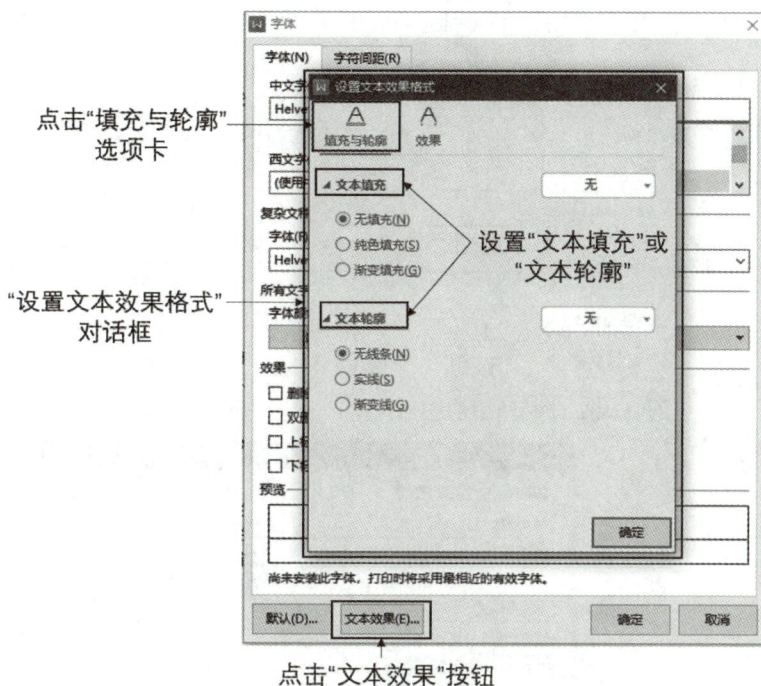

图 5-38 "设置文本效果格式"对话框

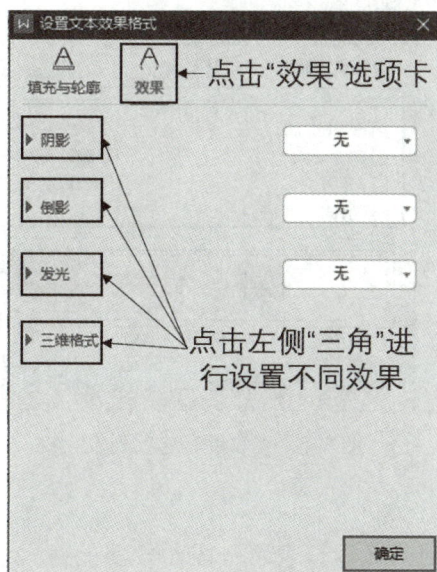

图 5-39 "效果"选择卡

在 WPS 2019 文字中，除了以上字符的格式设置外，还可以对字符设置上标、下标、删除线、隐藏、字母大小写转换等效果。例如："O_2"中的"2"就是"O"的下标，"X^2"中的"2"就是"X"的上标。字符的上标、下标、删除线可以点击字体组中的"上标"按钮、"下标"按钮、"删除线"按钮进行设置，如图 5-40 所示。也可以在"字体"对话框中的"效果"选项卡中设置字符的上标、下标、删除线、隐藏、字母大小写转换等效果，具体做法是：选定待设置的文本，单击鼠标右键，在弹出的菜单中选择"字体"，打开"字体"对话框，在"效果"中对选定的文本进行设置，如图 5-41 所示。

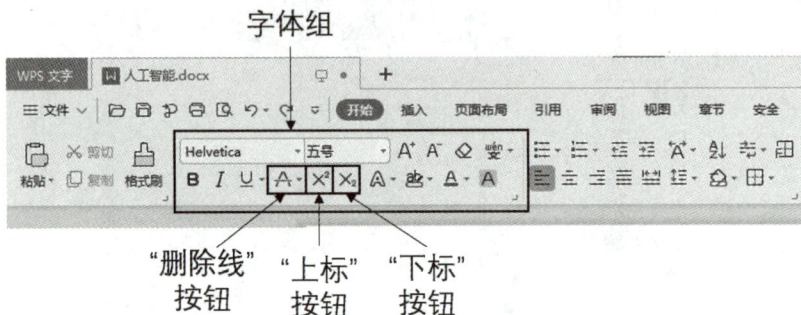

图 5-40　字体组中的删除按钮、上标按钮、下标按钮

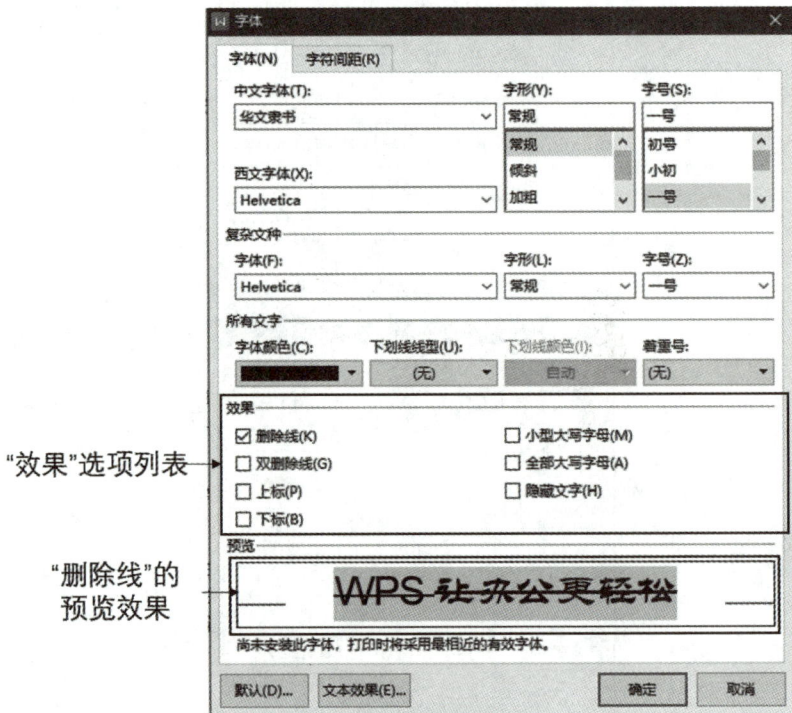

图 5-41　"效果"选项列表

2. 段落的格式设置

WPS 2019 文字中一个回车换行符表示一段，段落的格式设置主要包括行间距和段落间距设置、段落对齐方式设置、段落缩进设置等，还包括项目符号和编号设置、首字下沉等。

1) 行间距和段落间距的设置

行间距是指段内的行与行之间的距离。段落间距是指段落与段落之间的距离，包括段前间距和段后间距。

打开"段落"对话框的方式有两种。第一种方式是点击"开始"选项卡，点击段落组中的"段落"按钮，如图 5-42 所示，打开"段落"对话框。第二种方式是在待设置段落上单击鼠标右键，在弹出的菜单中点击"段落"，打开"段落"对话框，如图 5-43 所示。在图 5-43 中，在"间距"处输入或点击上下三角按钮设置间距的值，在"行距"下拉列表框中设置"单倍行距""1.5 倍行距"等，在"预览"处查看设置效果。

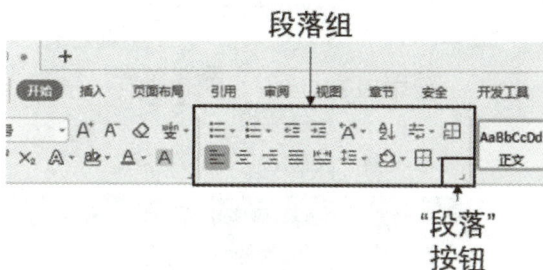

图 5-42 段落组中的"段落"按钮

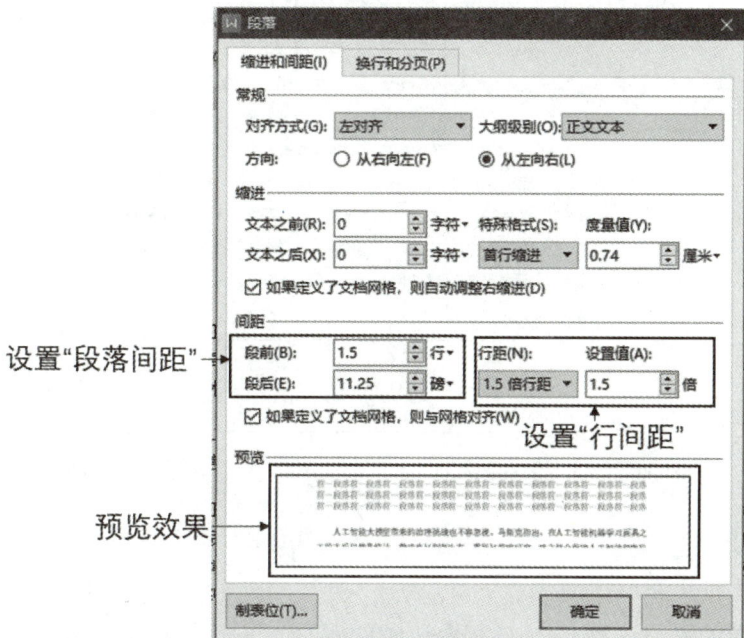

图 5-43 "段落"对话框

2) 段落对齐方式的设置

WPS 2019 文字中提供的对齐方式有左对齐、居中对齐、右对齐、两端对齐和分散对齐。常用的设置段落对齐的方式有三种。第一种方式是将光标定位到相应段落的任意位置，单击"开始"选项卡，点击段落组中对应的对齐按钮，如图 5-44 所示。第二种方式是选中待设置的段落，单击鼠标右键，在弹出的菜单中点击"段落"，打开"段落"对话框，选择"缩进和间距"选项卡，在"对齐方式"下拉列表中选择相应的对齐方式，如图 5-45 所示。第三种方式是使用快捷键进行段落对齐方式的设置，左对齐使用"Ctrl + L"，右对齐使用"Ctrl + R"，居中对齐使用"Ctrl + E"，两端对齐使用"Ctrl + J"，分散对齐使用"Ctrl + Shift + J"。

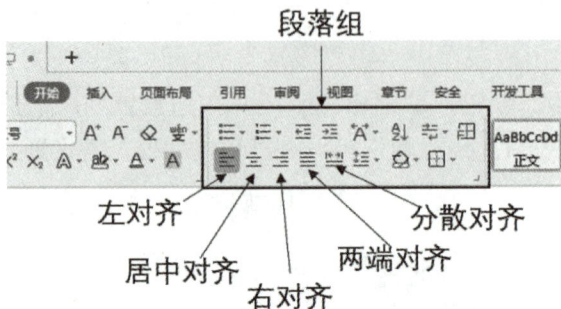

图 5-44　段落组中的对齐按钮

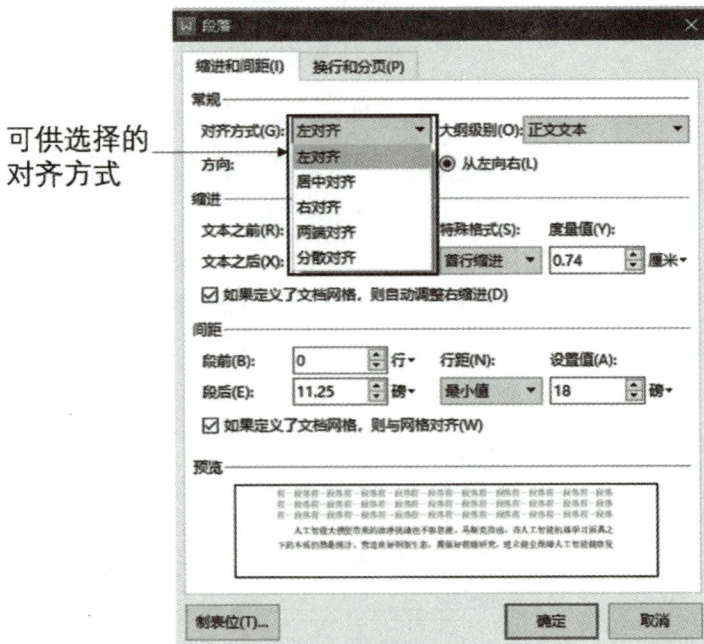

图 5-45　通过"段落"对话框设置对齐方式

3) 段落缩进的设置

段落缩进指的是段落两侧与左右页边距的距离。段落缩进的方式有文本前缩进、文本后缩进、首行缩进和悬挂缩进 4 种。在 WPS 2019 文字中，设置段落缩进的方式有以下两种。

第一种方式：点击"开始"选项卡，找到段落组，点击"减少缩进量"和"增加缩进量"按钮，分别实现文本前缩进和文本后缩进，每点击一次按钮分别向左或向右移动一个汉字的位置。如图 5-46 所示，其为点击"增加缩进量"按钮两次 (向右移动两个汉字的距离) 的效果。

图 5-46 点击"增加缩进量"按钮（向右移动两个汉字的距离）

　　第二种方式：将光标定位到待设置段落的任意位置，单击鼠标右键，在弹出的菜单中点击"段落"，打开"段落"对话框，选择"缩进和间距"选项卡，在"缩进"选项中分别设置"文本之前"缩进和"文本之后"缩进，在"特殊格式"下拉列表中可以选择"首行缩进"和"悬挂缩进"，如图 5-47 所示。

图 5-47 打开"段落"选项卡设置段落缩进

　　首行缩进与悬挂缩进的区别是：首行缩进只有第一行缩进，缩进两个汉字的位置；悬挂缩进是除了第一行之外的其他行缩进，缩进两个汉字的位置。图 5-48 所示分别为首行缩进和悬挂缩进的效果。

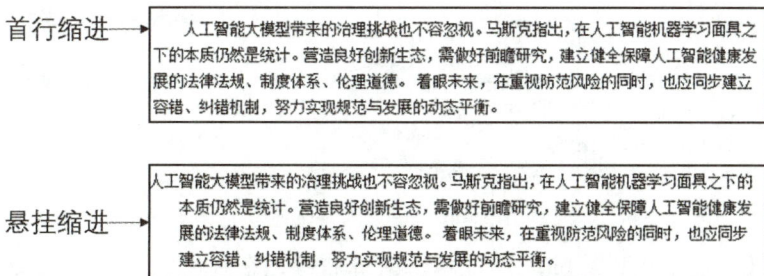

图 5-48 首行缩进与悬挂缩进的效果对比

4) 项目符号和编号的设置

项目符号和编号是指放在文本前的符号或数字。合理地使用项目符号和编号，可以使文档的层次结构更清晰，更有条理。在 WPS 2019 文字中，设置项目符号和编号的方式有以下两种。

第一种方式：选中待设置的段落，点击"开始"选项卡，点击"项目符号"或"项目编号"的下拉列表框，点击所需要的项目符号或项目编号。图 5-49 为设置项目符号，图 5-50 为设置项目编号。

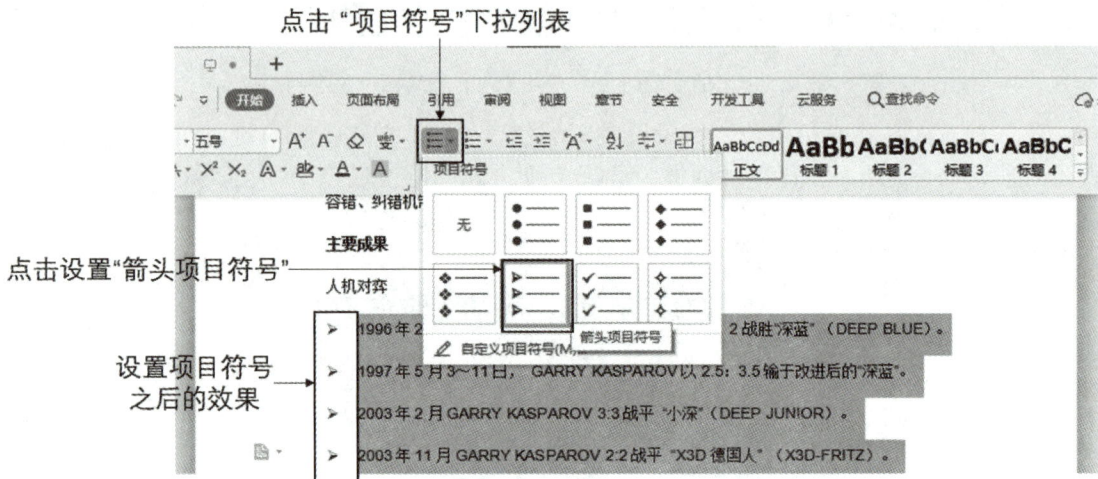

图 5-49　设置项目符号

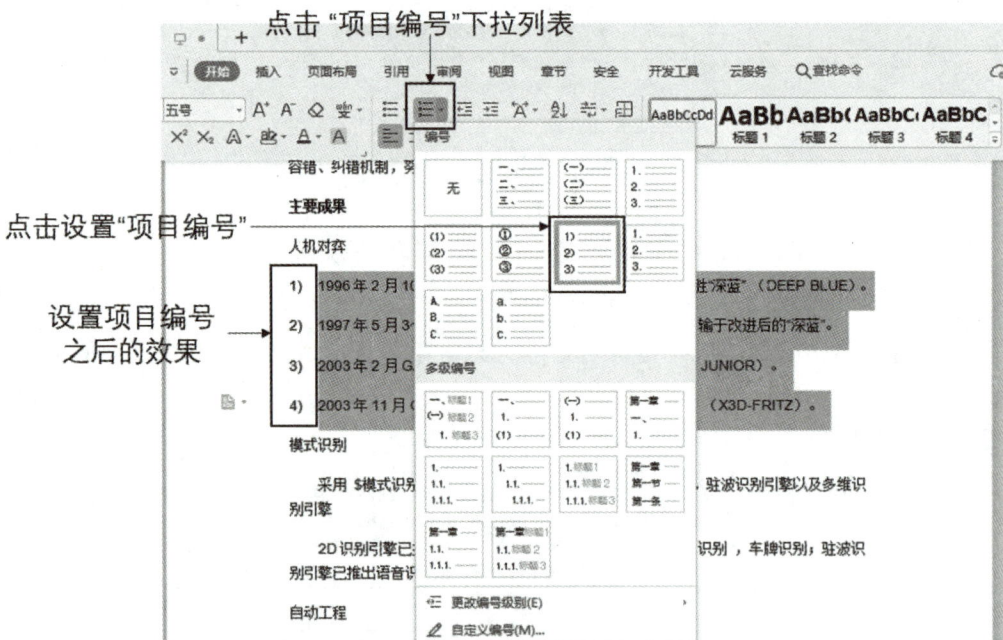

图 5-50　设置项目编号

第二种方式：选中待设置的段落，单击鼠标右键，在弹出的菜单中选择"项目符号和编号"，在弹出的"项目符号和编号"对话框中点击"项目符号"选项卡，设置项目符号

(见图 5-51),点击"编号"选项卡,设置编号。点击"自定义"按钮,打开"自定义项目符号列表"对话框,点击"字符"按钮,打开"符号"对话框,点击选定符号,点击"插入"按钮即可设置自定义的项目符号,如图 5-52 所示。

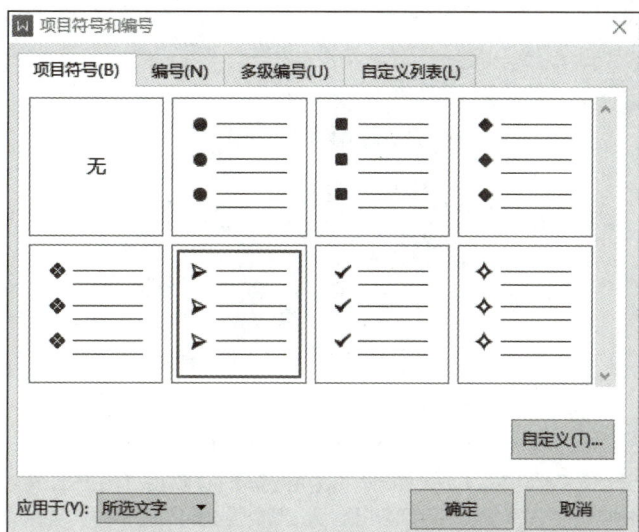

图 5-51 "项目符号和编号"对话框

点击"字符"按钮,打开"符号"对话框

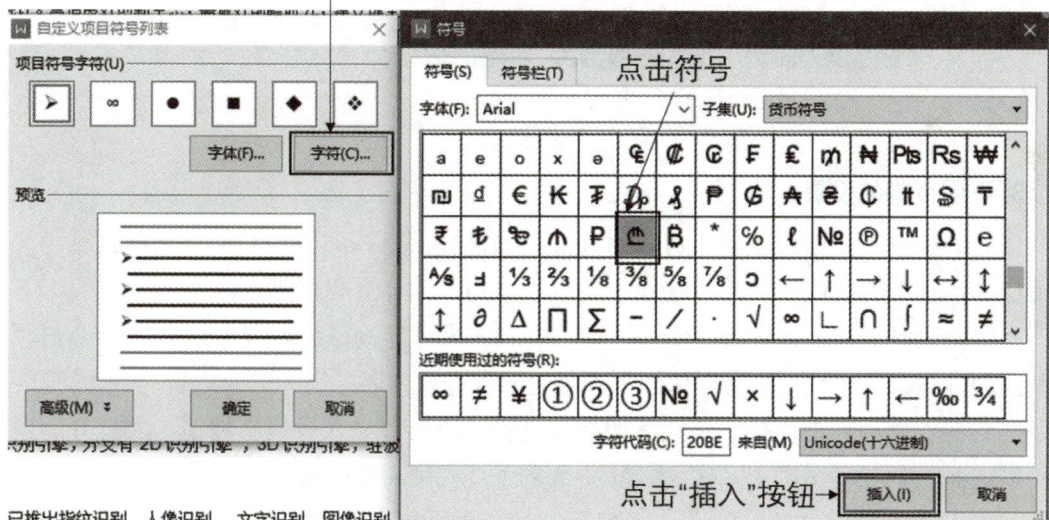

图 5-52 自定义项目符号

5) 首字下沉的设置

首字指的是一个段落中的第一个字,首字下沉就是段落的首字字号放大,并且向下移动一定的距离,段落的其他部分不变。设置段落的首字下沉可以更好地凸显段落的位置和整个段落的重要性,起到引人入胜的效果。

在 WPS 2019 文字中,设置首字下沉的操作方式为:将光标定位到待设置的段落,点击功能区的"插入"选项卡,在文本组中点击"首字下沉"按钮,打开"首字下沉"对话框，如图 5-53 所示。在"首字下沉"对话框中"位置"处点击"下沉"可以设置下沉的行数和距正文的距离数。设置首字下沉的效果如图 5-54 所示。

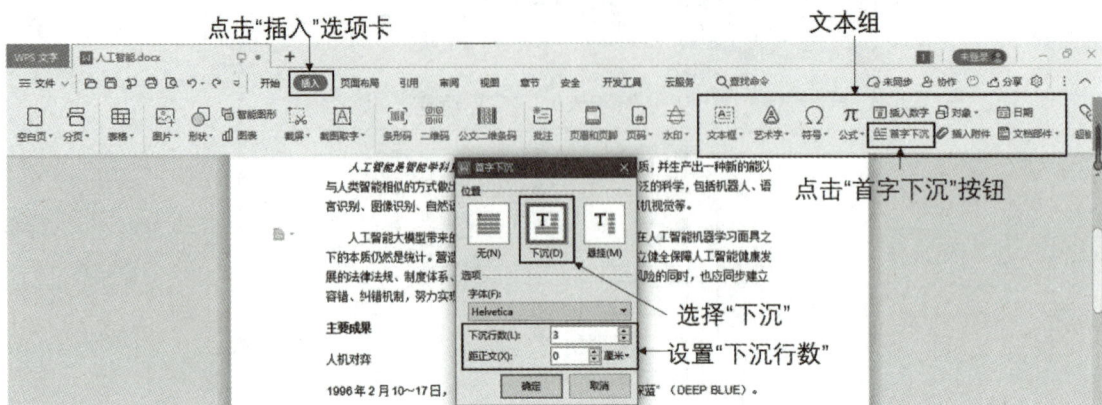

图 5-53　"首字下沉"对话框

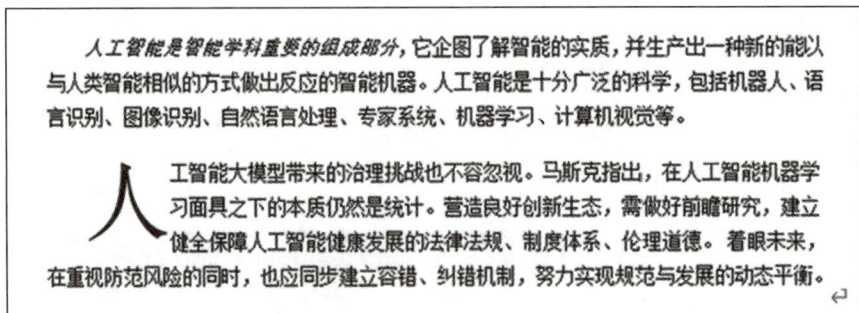

图 5-54　设置"首字下沉"的效果

3. 页眉页脚的设置

页眉一般位于文档的顶部，可以添加文档的注释信息，如公司名称、文档标题、文件名等信息。页脚一般位于文档的底部，通常可添加日期、页码等信息。

点击功能区的"插入"选项卡，找到"页眉和页脚"按钮，如图 5-55 所示。点击"页眉和页脚"按钮，此时光标会定位到页眉处，输入页眉内容，例如"人工智能"，如图 5-56 所示。点击"页眉页脚切换"按钮，切换到页脚，点击"插入页码"按钮，在打开的窗口中可以选择页码的插入位置(左侧、居中和右侧)，默认为居中，应用范围可以选择整篇文档、本页及之后或本节，默认选择整篇文档，如图 5-57 所示，最后点击"确定"按钮完成页脚页码的设置。

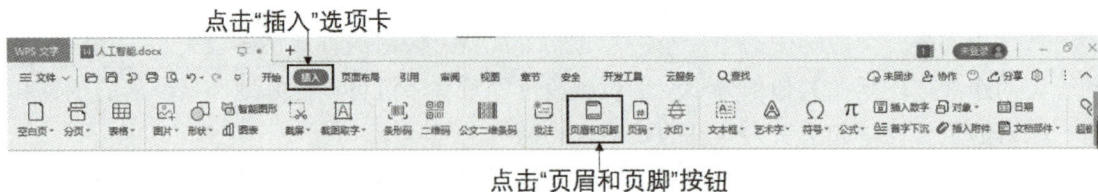

图 5-55　"页眉和页脚"按钮

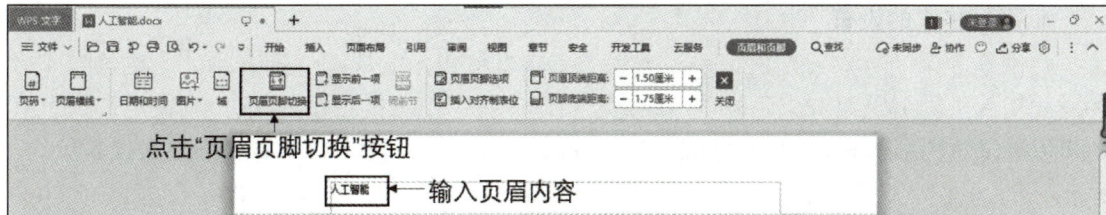

图 5-56 "页眉页脚切换"按钮

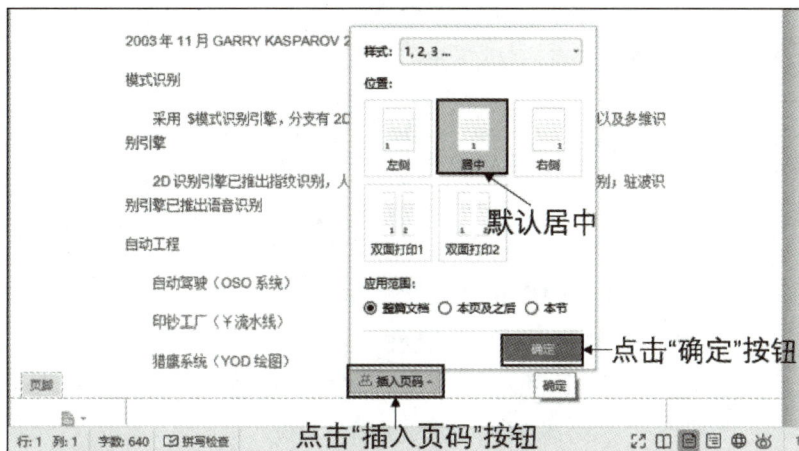

图 5-57 页脚插入页码的设置

当页眉和页脚设置完成之后，点击"关闭"按钮，退出页眉和页脚的设置，如图 5-58 所示。

图 5-58 点击"关闭"按钮

如果不希望文档保留页眉和页脚的设置，可以进行删除。在页眉处双击进入页眉和页脚的编辑状态，按 Delete 键或 Backspace 键将文本删除，点击如图 5-58 所示的"关闭"按钮，页眉删除完毕。在页脚处双击进入页眉和页脚的编辑状态，光标定位在页脚处，点击"删除页码"按钮，可以选择本页、整篇文档、本页及之前、本页及之后和本节选项，如图 5-59 所示。如果选择删除整篇文档，那么文档中所有的页脚页码均被删除。

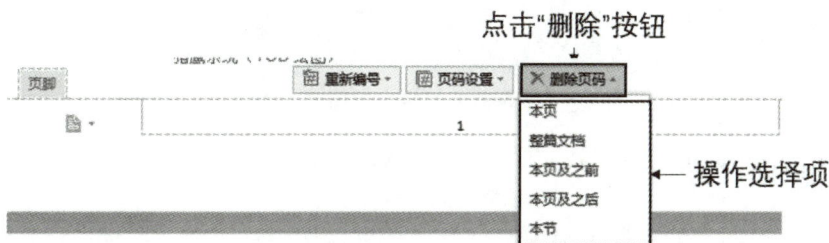

图 5-59 删除页脚页码

4. 页码格式的设置

点击功能区的"插入"选项卡，点击"页码"按钮，默认定位到页脚处，按照图 5-57 的方式插入页脚页码即可。如果点击的是"页码"按钮下方的"小三角"，则在下拉列表框中可以选择页码插入在页眉或页脚的格式，如图 5-60 所示，默认在页脚底部中间插入页码。

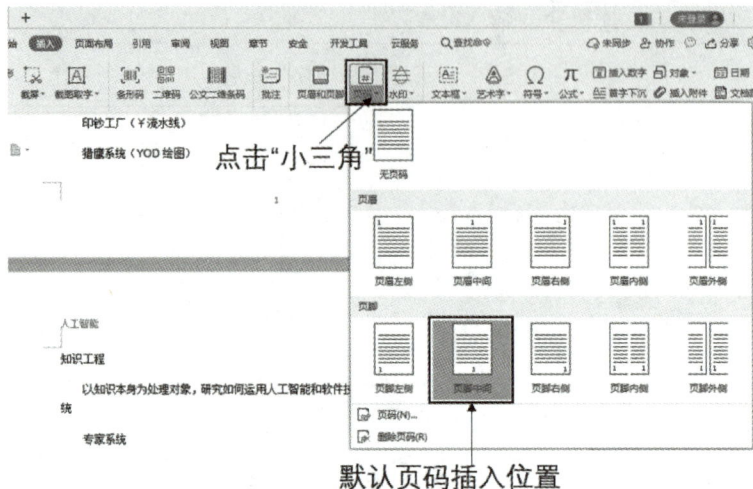

图 5-60　选择页码插入的格式

点击图 5-60 中的"删除页码"之前的"页码"按钮，打开"页码"设置窗口，在"页码"设置窗口，可以选择页码的样式、位置、页码编号和应用范围，如图 5-61 所示。设置完成之后点击"确定"按钮完成设置。

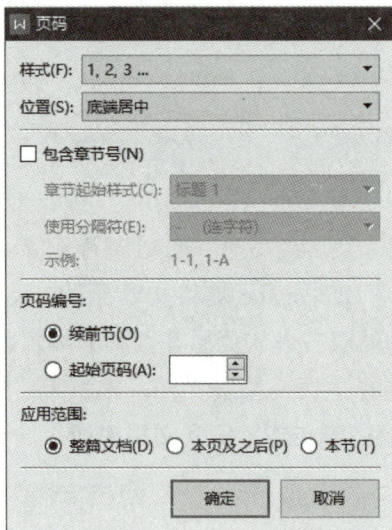

图 5-61　设置页码格式

5.1.6　文档页面设置

对文档进行打印之前需要对页面进行设置，可以使用默认格式，也可以使用自定义格式。文档页面常见的设置如下。

1. 页边距设置

页边距是指页面的上、下、左、右的边距以及页眉和页脚距离页边界的距离。页边距如果设置得太大则浪费纸张，如果设置得太小则影响装订，因此合理地设置页边距很重要。

点击功能区的"页面布局"选项卡，在页面设置组中点击"页边距"下拉列表，其提供四种预定义的页边距供用户选择，分别是普通、窄、适中、宽，默认选定的为"普通"，如图 5-62 所示。用户也可以点击图 5-62 最下方的"自定义页边距"按钮，打开"页面设置"对话框，选择"页边距"选项卡，在"页边距"组中对上、下、左、右页边距进行设置，如图 5-63 所示。

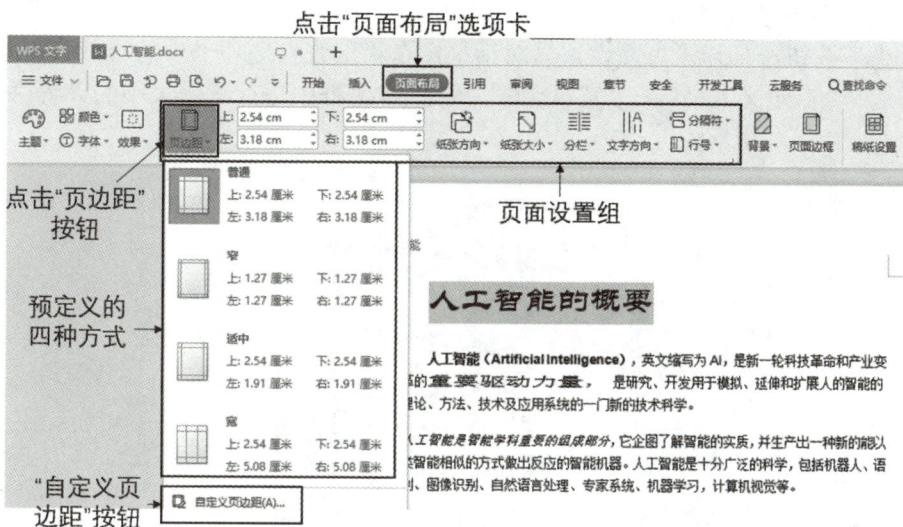

图 5-62　点击"页边距"下拉列表

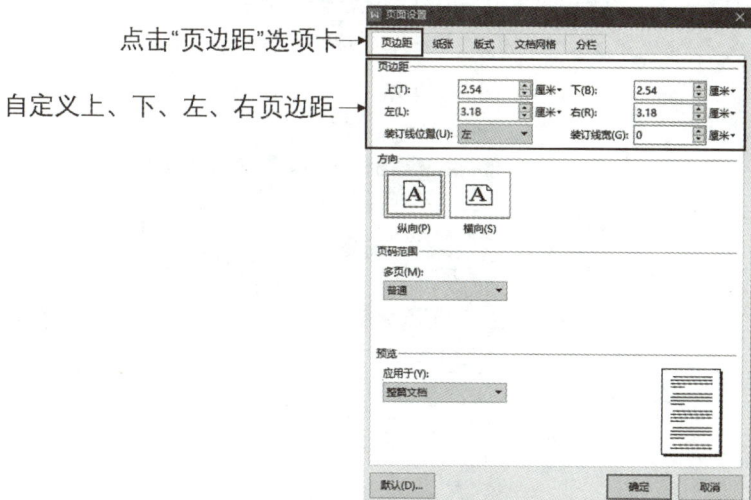

图 5-63　"页面设置"对话框

第二种自定义页边距的方式是直接点击"页边距"右侧的上、下、左、右数值框对页边距进行设置，如图 5-64 所示。

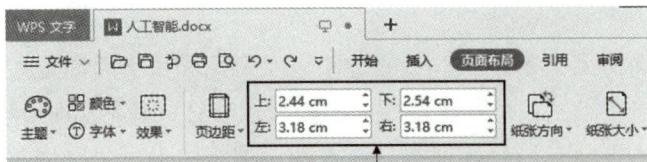

自定义上、下、左、右页边距

图 5-64　自定义页边距的上、下、左、右数值框

2. 纸张大小设置

点击功能区的"页面布局"选项卡，在页面设置组中点击"纸张大小"按钮，在弹出的下拉列表框中选择纸张的样式，如图 5-65 所示。用户也可以点击图 5-65 最下方的"其它页面大小"按钮，打开"页面设置"对话框，在"纸张"选项卡中的"纸张大小"下拉列表框中选择"自定义大小"，在"宽度"和"高度"数值框中进行纸张大小的设置，如图 5-66所示。

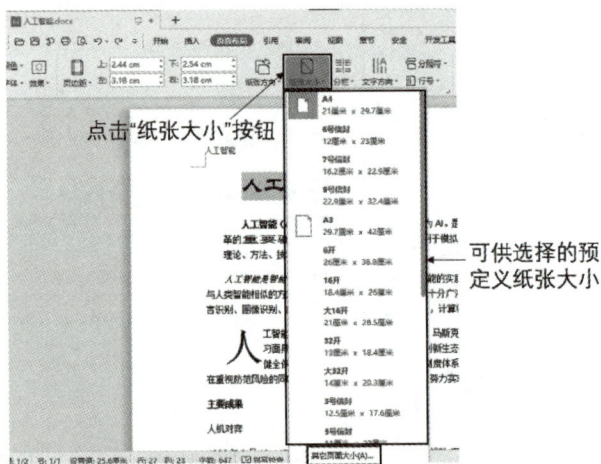

图 5-65　纸张大小设置

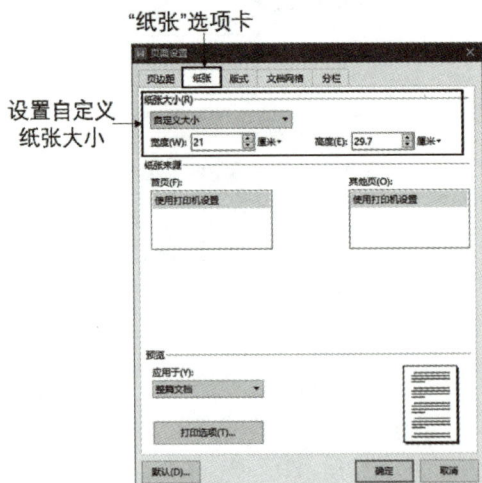

图 5-66　"纸张"选项卡设置自定义纸张大小

3. 纸张方向设置

纸张方向有"纵向"和"横向"两种,在"页面布局"选项卡中页面设置组中点击"纸张方向"按钮,在弹出的下拉列表框中可以选择"纵向"或"横向",如图 5-67 所示。纸张方向的设置也可以点击页面设置组中的"页面设置"按钮,打开"页面设置"对话框,在"页边距"选项卡下的"方向"处选择"纵向"或"横向",如图 5-68 所示。

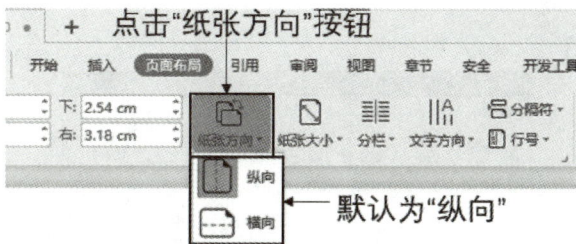

图 5-67　纸张方向的设置

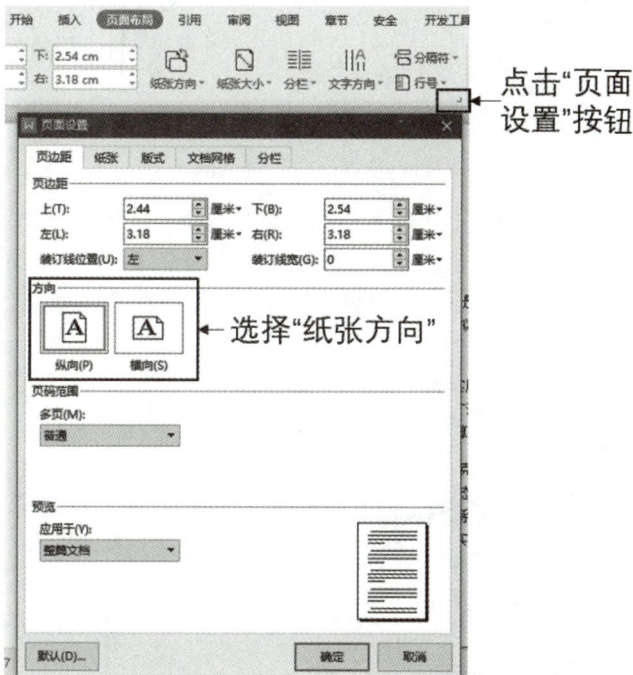

图 5-68　"页面设置"对话框设置纸张方向

4. 分栏设置

利用分栏功能可以将文本的版面分成多栏显示,例如报纸在排版时就经常会用到分栏。在 WPS 2019 文字中对文本进行分栏有以下两种方式。

第一种方式:选中要分栏的段落,点击页面设置组中的"分栏"下拉列表框,如图 5-69 所示,可以选择一栏、两栏、三栏。如果要进行更多的分栏,可以点击"更多分栏"按钮,打开"分栏"对话框,如图 5-70 所示,在"栏数"的数值框中输入待分的栏数,在预览处预览分栏的效果。

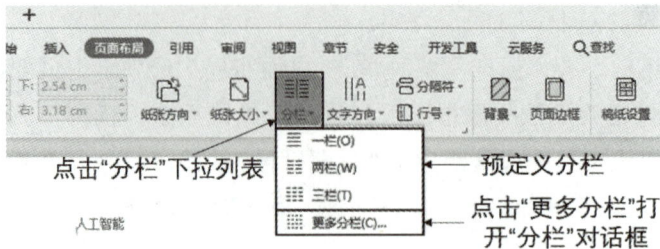

图 5-69 "分栏"下拉列表框

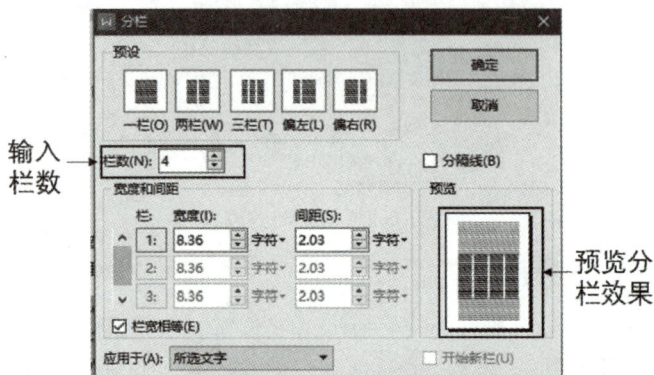

图 5-70 "分栏"对话框

第二种方式：点击页面设置组中右下角的"页面设置"按钮，打开"页面设置"对话框，点击"分栏"选项卡，在"栏数"的数值框中输入待分的栏数，在预览处选择分栏的应用范围，默认应用于"整篇文档"，也可以选择"所选文字"，在右侧查看预览效果，如图 5-71 所示。

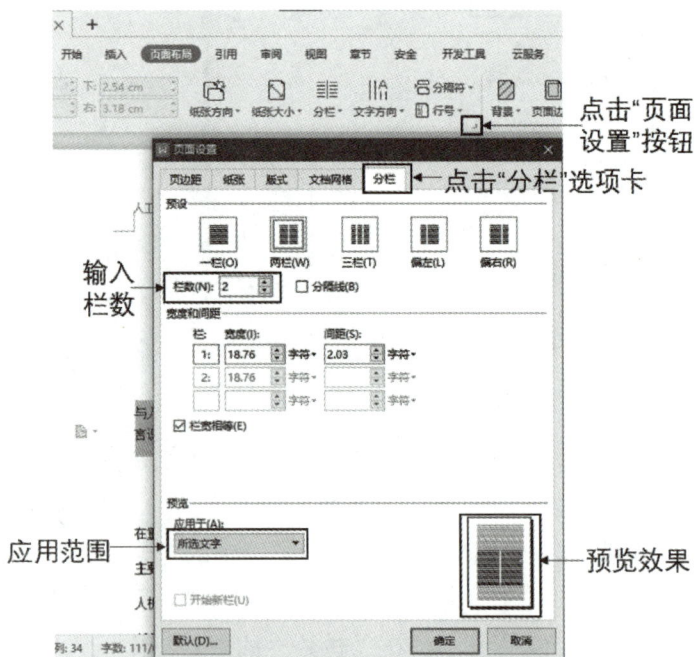

图 5-71 在"页面设置"对话框中设置分栏

5. 文字方向设置

在 WPS 2019 文字中文字方向设置是一个非常重要的功能，它可以帮助用户更好地满足排版需求、提高可读性、增强视觉效果，同时也可以适应不同语言习惯增加文档的灵活性。

点击页面设置组中的"文字方向"下拉列表，可以看到有 6 种预定义的文字方向，如图 5-72 所示，点击"垂直方向从右往左"选项，效果如图 5-73 所示。

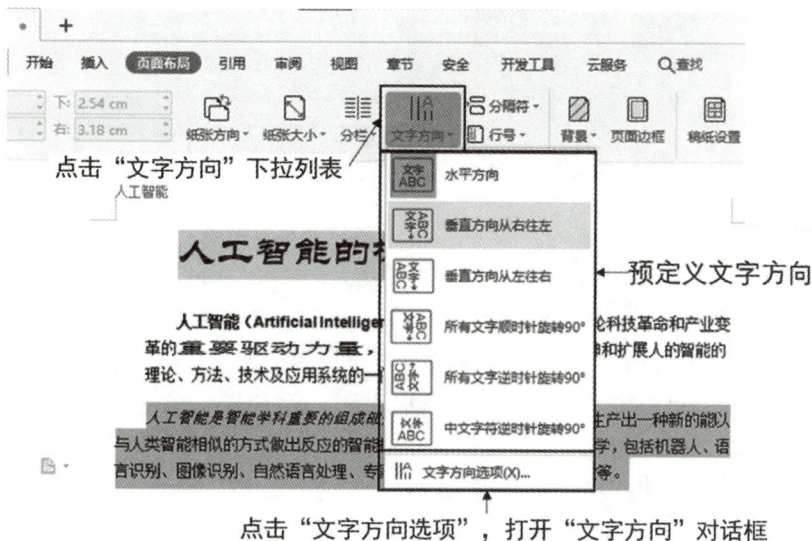

图 5-72　"文字方向"下拉列表

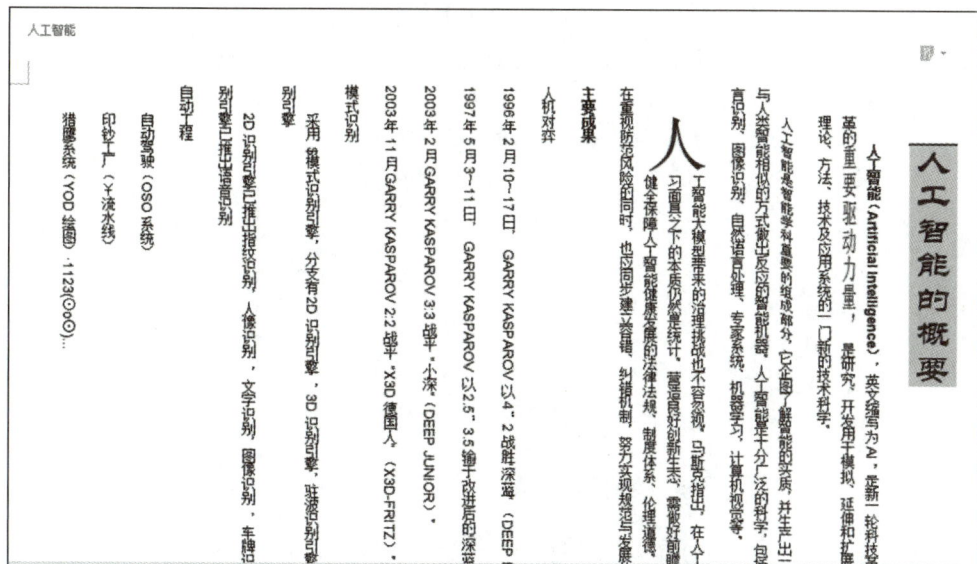

图 5-73　设置文字方向为"垂直方向从右往左"

点击图 5-72 中的"文字方向选项"按钮，打开"文字方向"对话框，如图 5-74 所示。在左侧的方向处选择文字方向，在右侧预览处查看对应设置后的预览效果，在下方的"应用于"可以选择文字方向的应用范围，默认应用于整篇文档，如果选择的应用范围是"插入点之后"，那么光标之后的内容将按设置的文字方向进行排版。

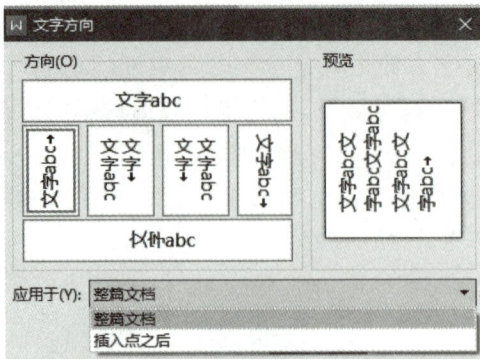

图 5-74　"文字方向"对话框

6. 分隔符设置

在 WPS 2019 文字中分隔符的使用对于文档的排版和布局也至关重要，它可以帮助用户更好地组织和呈现文档内容。在 WPS 2019 文字中分隔符主要有分页符和分节符两种，其中分页符是用于将文档内容分隔到不同的页面上，从而实现页面的快速分隔；而分节符是用于将文档划分为不同的节，每个节都可以有不同页边距、纸张方向、页眉和页脚等，从而实现更灵活的文档布局和排版。

在 WPS 2019 文字中设置分隔符的常用方式有两种。第一种方式：将光标定位到待设置的文本位置，点击页面设置组中"分隔符"按钮，如图 5-75 所示，其中分页符、分栏符和换行符属于分页符，下一页分节符、连续分节符、偶数页分节符和奇数页分节符属于分节符。第二种方式：将光标定位到待设置的文本位置，点击功能区中的"插入"选项卡，点击工具栏中的"分页"按钮，打开下拉列表框，设置分页符或分节符，如图 5-76 所示。

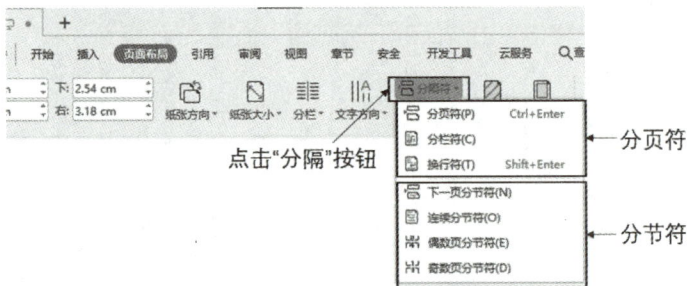

图 5-75　"分隔符"的下拉列表

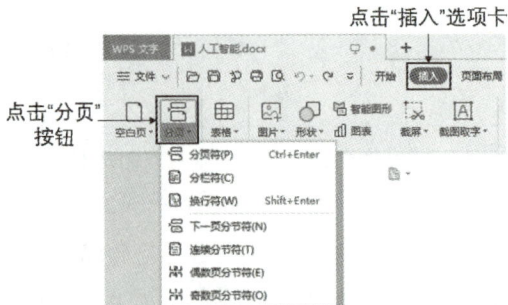

图 5-76　插入"选项卡"下的"分页"按钮

7. 行号设置

在 WPS 2019 文字中的行号设置是一项非常实用的功能，它不仅可以提高文档编辑和定位的效率，还可以提高阅读效率。因此在编辑和处理长文档时，合理利用行号设置将大大提高工作效率。

点击"页面布局"选项卡中页面设置组中的"行号"按钮，在打开的下拉列表中提供了多种编号方式，如图 5-77 所示。连续编号是从文档的第一行开始，为每一行进行连续编号，包括空行；每页重编行号是指每页的行都从 1 开始重新编号，这有助于在打印或分页查看时更好地识别每一页的内容；每节重编行号是指当文档被划分为多个节时，每个节的行号都从 1 开始重新编号；空行不显示行号是指如果文档中存在空行，可以选择跳过这些空行进行连续编号。点击下拉列表最下方的"行编号选项"打开"行号"对话框，勾选"添加行号"复选框，可以设置起始编号、行号间隔、距正文以及编号类型等参数，以满足特定的排版或格式要求，如图 5-78 所示。

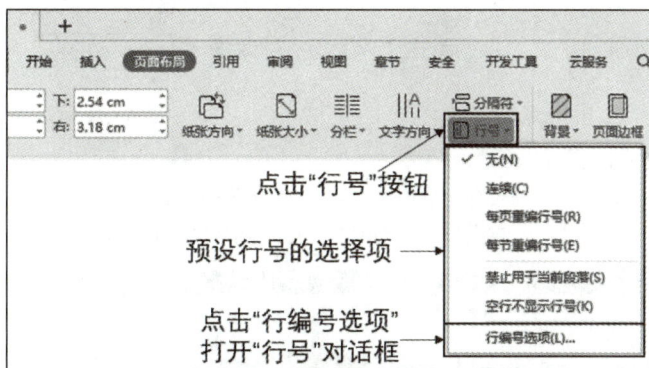

图 5-77　点击页面设置组中的"行号"按钮

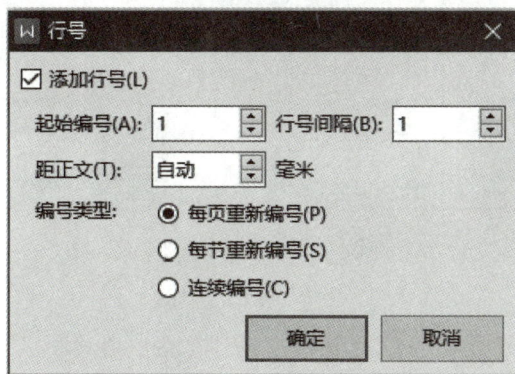

图 5-78　打开"行号"对话框设置行号

8. 背景设置

WPS 2019 文字中的背景设置是一个功能强大且灵活的工具。通过合理设置背景，可以提升文档的美观度、突出文档重点、实现文档的个性化定制等。

点击"页面布局"选项卡下的"背景"按钮，在弹出的下拉列表中可以选择"主题颜色""标准色""渐变填充"，如图 5-79 所示。如果这些预设置好的颜色不能满足需求，可以点击"其他填充颜色"打开"颜色"对话框，在"颜色"对话框中的"标准"选项卡下点击选中希望设置的背景色，也可以在“自定义”选项卡和“高级”选项卡下设置背景颜色，如图 5-80 所示。

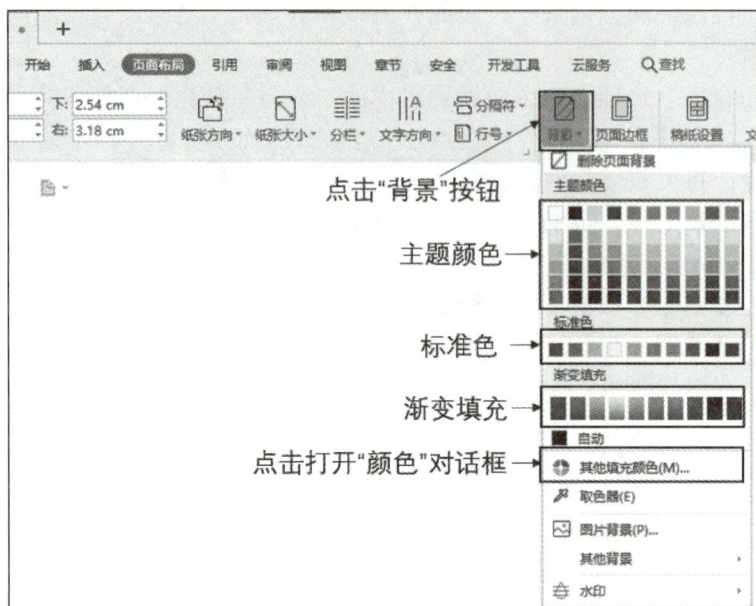

图 5-79　点击“背景”按钮弹出可供选择的背景下拉列表

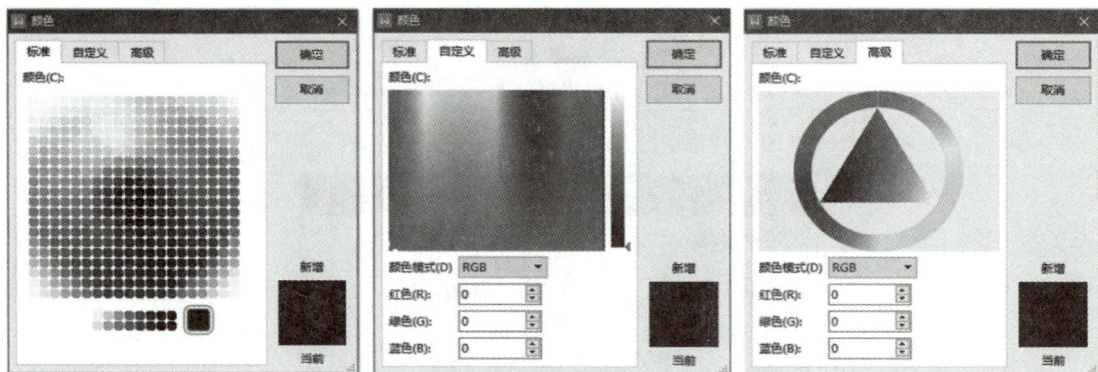

(a)“标准”选项卡　　　　(b)“自定义”选项卡　　　　(c)“高级”选项卡

图 5-80　颜色对话框

点击图 5-79 中的“背景”下拉列表框中的“取色器”按钮，可以选取页面上的任何一处的颜色作为背景色进行填充，如图 5-81 所示，拖动鼠标可以在“RGB”框中看到选取的 RGB 的颜色值，点击鼠标左键即可将选中的颜色设置为页面背景色。

图 5-81　使用“取色器”设置背景色

点击图 5-79 中的“背景”下拉列表框中的“图片背景”按钮，打开“填充效果”对话框，如图 5-82 所示，默认选中“图片”选项卡，点击“选择图片”按钮，选择用户电脑中的图片设置为页面背景。

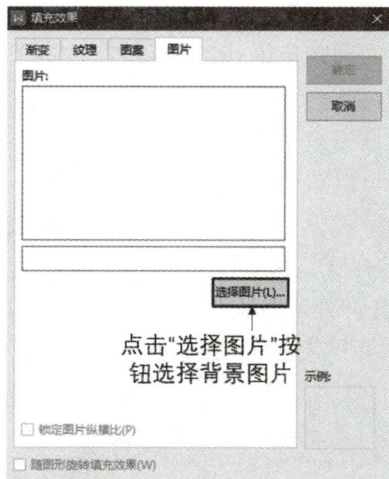

图 5-82　设置图片背景

点击图 5-79 中的"背景"下拉列表框中的"其他背景",可以对背景进行渐变、纹理、图案设置,如图 5-83 所示。渐变、纹理、图案设置也可以在图 5-82 中的"填充效果"对话框中的"渐变""纹理"和"图案"选项卡中进行设置,如图 5-84 所示。

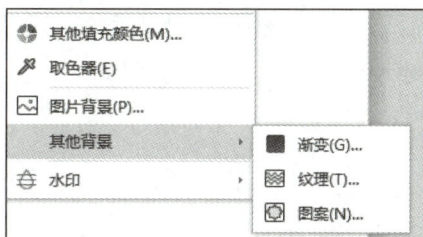

图 5-83　"其他背景"设置

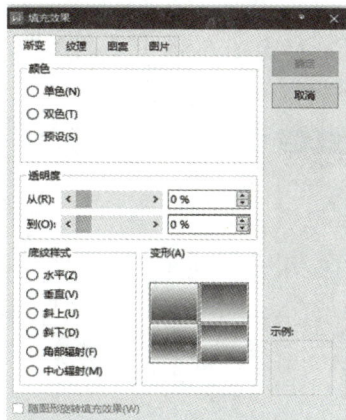
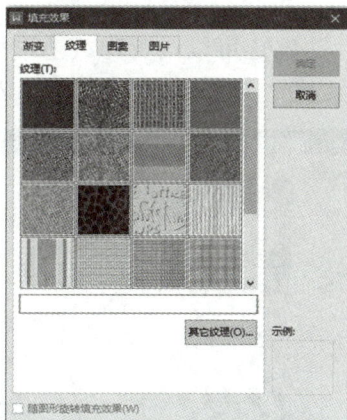
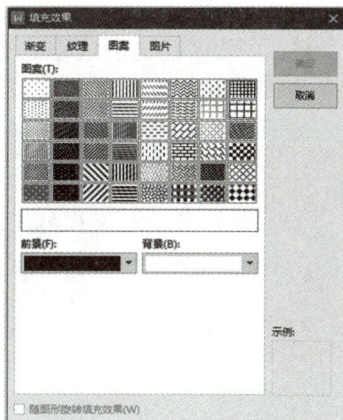

| (a)"渐变"选项卡 | (b)"纹理"选项卡 | (c)"图案"选项卡 |

图 5-84　在"填充效果"对话框中设置"其他背景"

9. 页面边框设置

在 WPS 2019 文字中的页面边框设置不仅具有美化文档的作用,还能够强调文档内容、分隔文档区域、营造特定氛围以及符合特定格式要求。在编辑文档时,合理利用页面边框设置可以大大提升文档的质量和可读性。

点击"页面布局"选项卡下的"页面边框"按钮,打开"边框和底纹"对话框,在"页面边框"选项卡下点击"设置"下的"方框",在"线型"处通过滚动条可以选择边框的线型,点击"颜色"下拉列表可以选择设置边框的颜色,在"宽度"下拉列表框中选择设置边框的宽度,在右侧的"预览"处可以查看边框设置的预览效果。通过"预览"处的四个"小田格"可以分别设置页面的四个边框,点击一下"小田格"设置某一方向的边框,再次点击"小田格"则取消设置,在"应用于"的下拉列表中可以选择应用于"整篇文档""本节""本节 - 只有首页"和"本节 - 除首页外所有页"四个选项,默认应用于"整篇文档",点击"选项"按钮打开"边框和底纹选项"对话框,设置边框距离上、下、左、右的磅数,如图 5-85 所示。

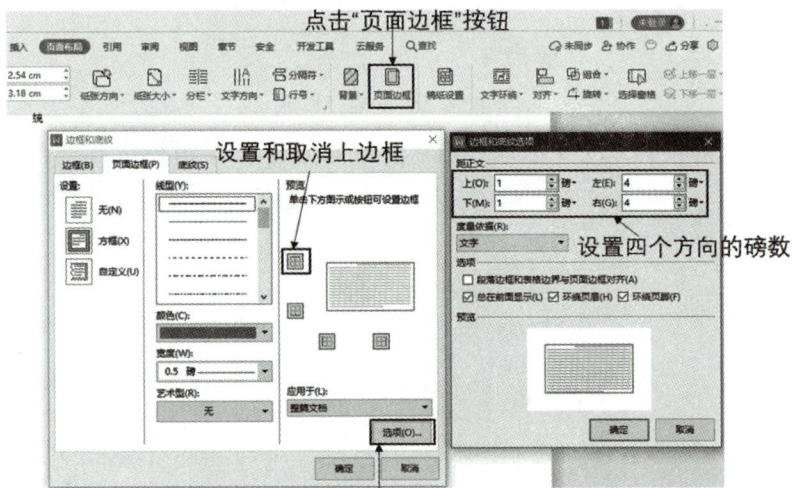

图 5-85　设置页面边框

除了设置普通的边框之外,边框还可以设置为"艺术型",点击图 5-85 中"艺术型"下拉列表框选择艺术图案设置为边框,如图 5-86 所示,将边框设置为"冰激凌"。

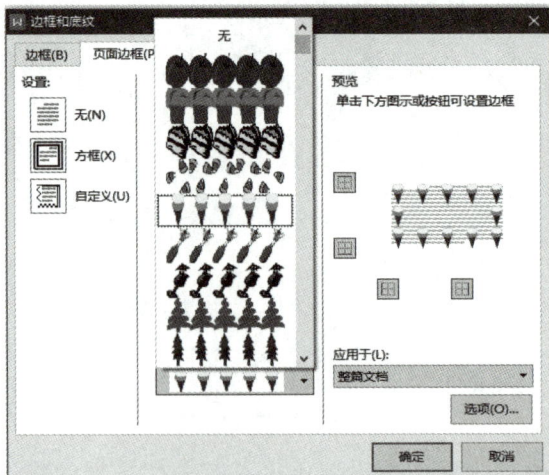

图 5-86　设置艺术型边框

10. 稿纸设置

在 WPS 2019 文字中允许用户创建具有稿纸样式的文档，这种样式类似于工作文本，有助于用户更规范地进行文字书写和排版。

点击"页面布局"选项卡下的"稿纸设置"，打开"稿纸设置"对话框，勾选"使用稿纸方式"复选框，在"规格"下拉列表框中可以选择稿纸的规格，如"20×20(400字)""15×20(300字)"等。在"网格"下拉列表框中可以选择"网格""行线"或者"边框"，默认设置为"网格"。在页面处还可以设置纸张大小和纸张方向，稿纸的设置如图 5-87 所示。

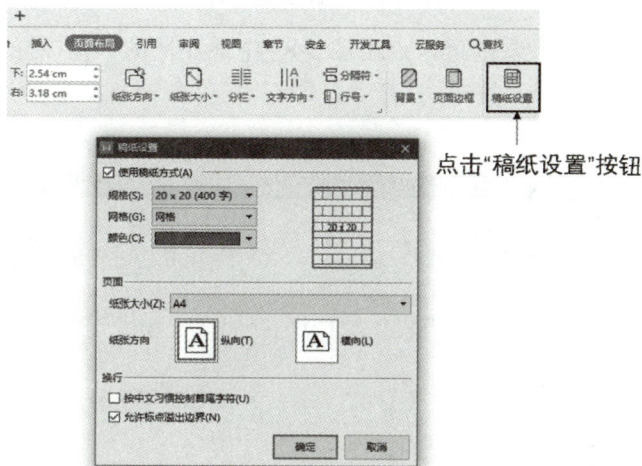

图 5-87　稿纸设置

5.1.7　打印文档

WPS 2019 文字的打印设置为用户提供了丰富的选项和功能，可以帮助用户精确控制打印输出，以满足不同的打印需求。

在进行文档的正式打印之前，可以先对打印效果进行预览，点击"文件"按钮，在弹出的菜单中选择"打印"，点击"打印预览"，如图 5-88 所示。可以设置打印的份数、顺序、方式等，点击"关闭"按钮退出"打印预览"模式，如图 5-89 所示。

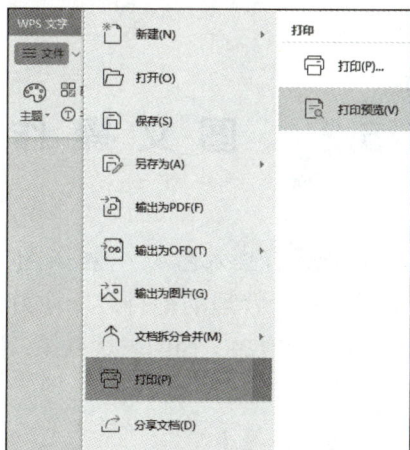

图 5-88　点击"文件"按钮选择"打印预览"

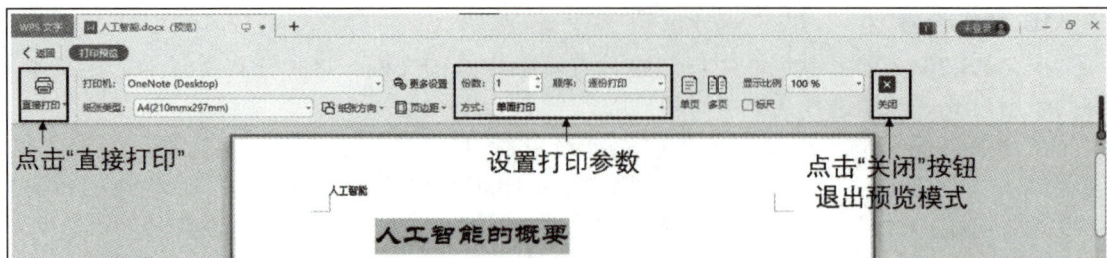

图 5-89　打印参数设置

若打印预览效果没有问题,则可以点击图 5-89 中最左侧的"直接打印"按钮进行打印,或者在图 5-88 中选择"打印"按钮,打开"打印"对话框,对打印参数进行设置,如图 5-90所示。

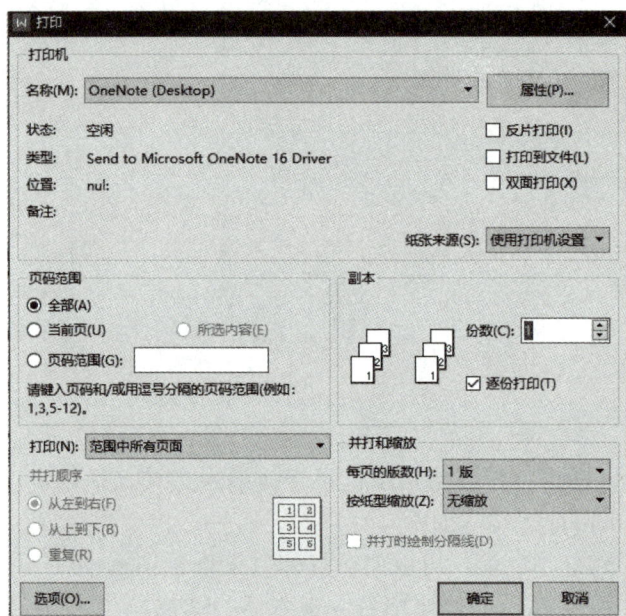

图 5-90　打开"打印"对话框设置打印参数

5.2   图 文 操 作

在 WPS 2019 文字中可以轻松地进行插入艺术字、插入图片、插入智能图形、插入形状、插入文本框等操作,将文本与图片进行合理的混排。一个好的图文混排的文档不仅可以提升文档的可读性和吸引力,而且还能增加文档的表达效果,提高文档的专业性和美观度。

5.2.1　插入艺术字

艺术字是一种包含特殊文本效果的文字,可以对艺术字进行旋转、着色、拉伸或调整字符等操作。

将光标定位到要插入艺术字的位置，点击功能区中的"插入"选项卡，点击文本组中的"艺术字"按钮，在弹出的下拉框中定义了艺术字的预设样式，如图 5-91 所示，选择一种预设样式，文档中将自动插入含有默认文字"请在此放置您的文字"和所选样式的艺术字，并且在功能区中显示"文本工具"选项卡，如图 5-92 所示。

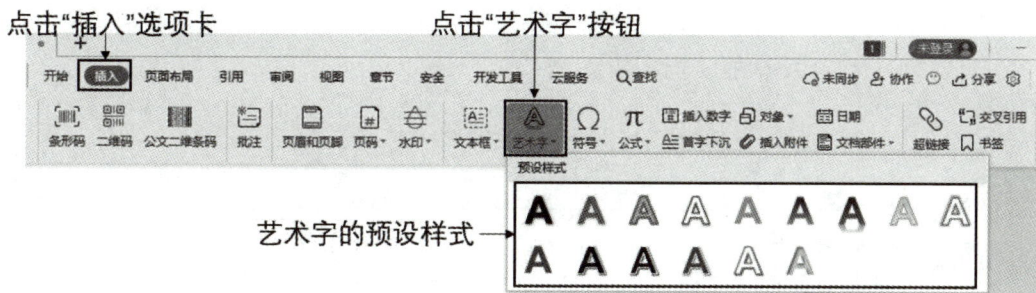

图 5-91　艺术字的下拉列表

图 5-92　"文本工具"选项卡

选中艺术字中的默认文本将其删除，输入所需要的文本，在"文本工具"选项卡下可以对艺术字进行"文本填充""文本轮廓"以及"文本效果"等设置，还可以通过艺术字虚线框右侧的快速工具栏进行"布局选项""形状样式""形状填充"和"形状轮廓"设置，如图 5-93 所示。

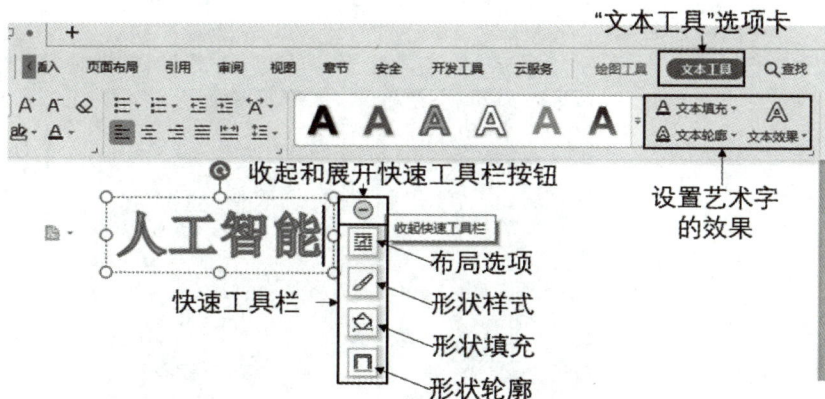

图 5-93　通过"文本工具"编辑艺术字

5.2.2 插入图片

在 WPS 2019 文字中可以方便地将图片插入到文档的任何位置，达到图文并茂的效果。

将光标定位到待插入图片的位置，点击功能区中"插入"选项卡，在插图组中点击"图片"按钮，弹出"插入图片"对话框，在本地磁盘中选择自己所需的图片后，点击"打开"按钮即可插入图片，如图 5-94 所示。插入图片后，功能区将会出现"图片工具"选项卡，如图 5-95 所示。

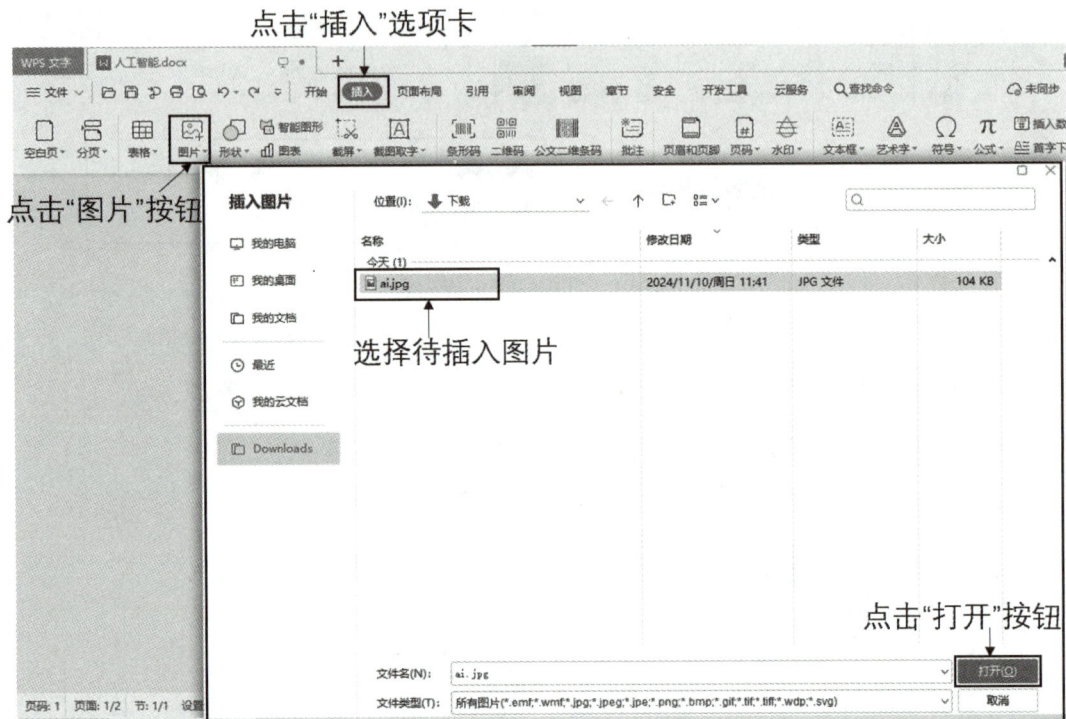

图 5-94 "插入图片"对话框

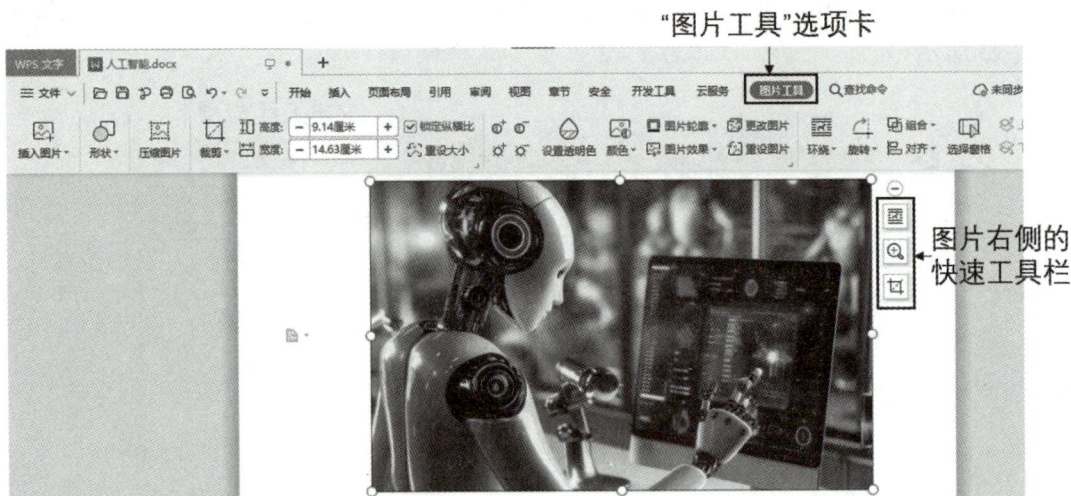

图 5-95 "图片工具"选项卡

插入图片后可以对图片进行编辑操作,如图片的移动、文字环绕、缩放以及裁剪等操作。

1. 图片的移动

将鼠标光标定位到待移动的图片的任意位置,移动鼠标即可对图片进行移动操作。

2. 图片的文字环绕

图片默认的文字环绕方式为"嵌入型",即图片作为一行文字的一部分。除了嵌入型,文字的环绕方式还有 6 种:

四周型环绕:不管图片是否为矩形图片,文字以矩形方式环绕在图片的四周。

紧密型环绕:文字紧靠图片的边缘进行环绕。

衬于文字下方:图片在下,文字在上,分为两层,文字覆盖图片。

浮于文字上方:图片在上,文字在下,分为两层,图片覆盖文字。

上下型环绕:文字环绕在图片的上方和下方。

穿越型环绕:文字可以穿越不规则图片的空白区域环绕图片。

点击"图片工具"选项卡下的"环绕"按钮,在弹出的下拉列表框中可以查看 7 种环绕方式及其预览效果。还可以点击图片右侧的快速工具栏中的"布局选项"设置文字环绕方式,如图 5-96 所示。

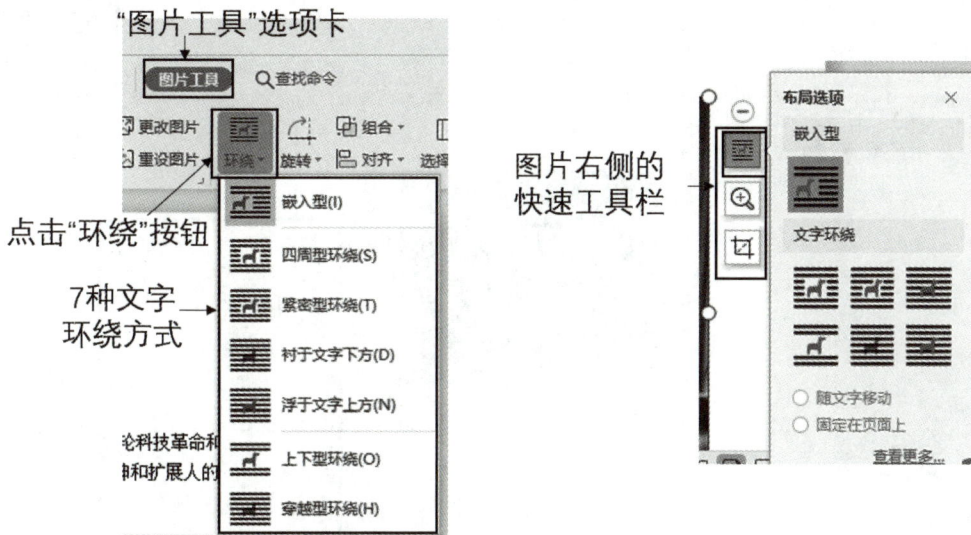

图 5-96 设置文字的环绕方式

3. 图片的缩放

点击选定图片,图片四周出现 8 个控制手柄,通过拖动控制点可以调整图片的大小,也可以通过"图片工具"选项卡中的"高度"和"宽度"数值框对图片的大小进行精确的设置,如果选中"锁定纵横比"复选框,图片的长度与宽度将按相同的比例进行缩放,如图 5-97 所示。

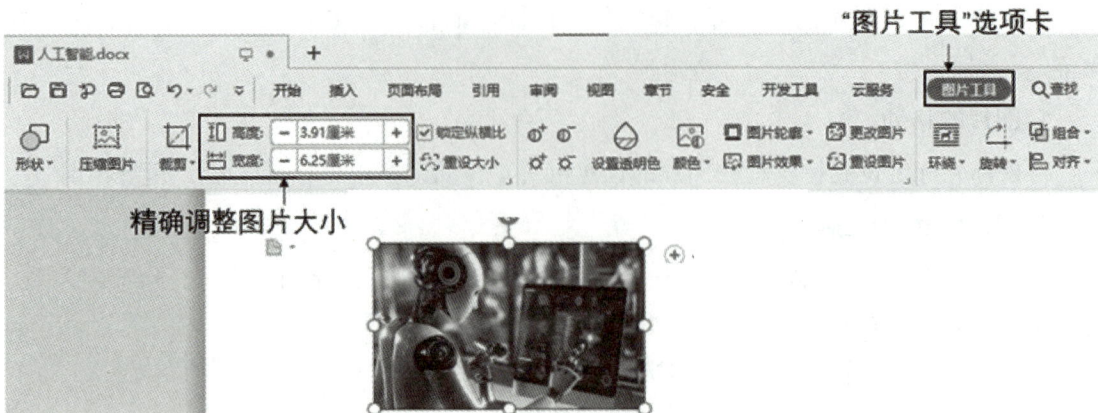

图 5-97　设置图片的大小

4. 图片的裁剪

点击选定图片，单击"图片工具"选项卡下的"裁剪"按钮，四周会出现 8 个裁剪手柄，同时在右侧"裁剪面板"中会显示"按形状裁剪"和"按比例裁剪"，选定裁剪方式之后，拖动任意一个手柄，线框内的部分为保留部分，线框外的部分为被删除部分，拖动完毕之后按"回车"键完成裁剪，如图 5-98 所示。

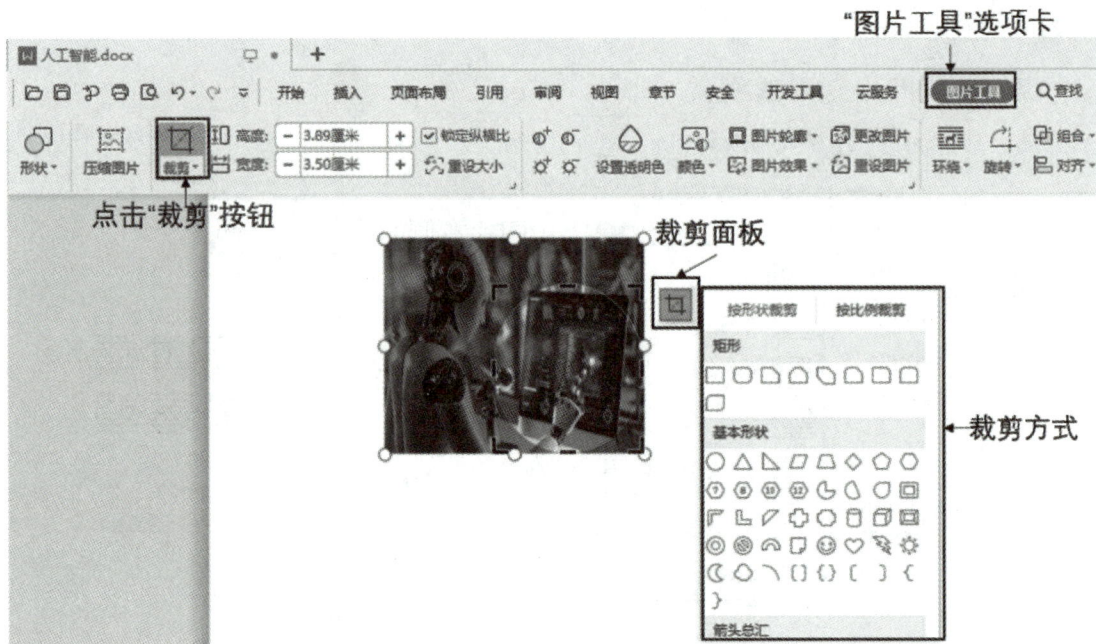

图 5-98　裁剪图片

除了插入磁盘中已存在的图片外，在 WPS 2019 中还提供了"截屏"操作，点击"插入"选项卡下的"截屏"按钮直接进入截屏状态，点击"截屏"按钮下方的"小三角"，在弹出的下拉列表框中提供了"屏幕截图"和"截屏时隐藏当前窗口"两种截屏方式，默认为"屏幕截图"，如图 5-99 所示，点击"截屏时隐藏当前窗口"，将当前窗口隐藏，在待截屏窗口中拖动鼠标截取屏幕内容，点击"完成"按钮，截取的图片即可插入到文档中。

点击"小三角"弹出下拉列表，选取截屏方式

直接点击"截屏"按钮进入截屏状态

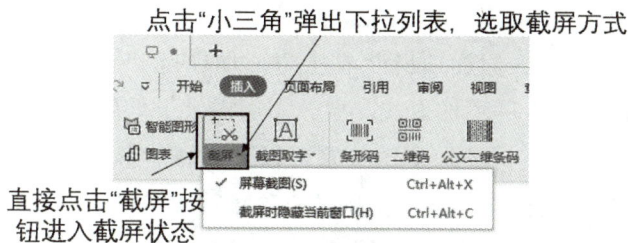

图 5-99　截屏操作

5.2.3　插入智能图形

WPS 2019 中的智能图形是一项非常实用的功能，可以帮助用户快速创建和编辑各种图形，如组织结构图、流程图、列表图等。

点击"插入"选项卡下的"智能图形"按钮，打开"选择智能图形"对话框，根据需求选择适合的智能图形，如图 5-100 所示选择"组织结构图"，点击"确定"按钮即可将组织结构图插入文档，双击修改图形中的文本，最终效果如图 5-101 所示。

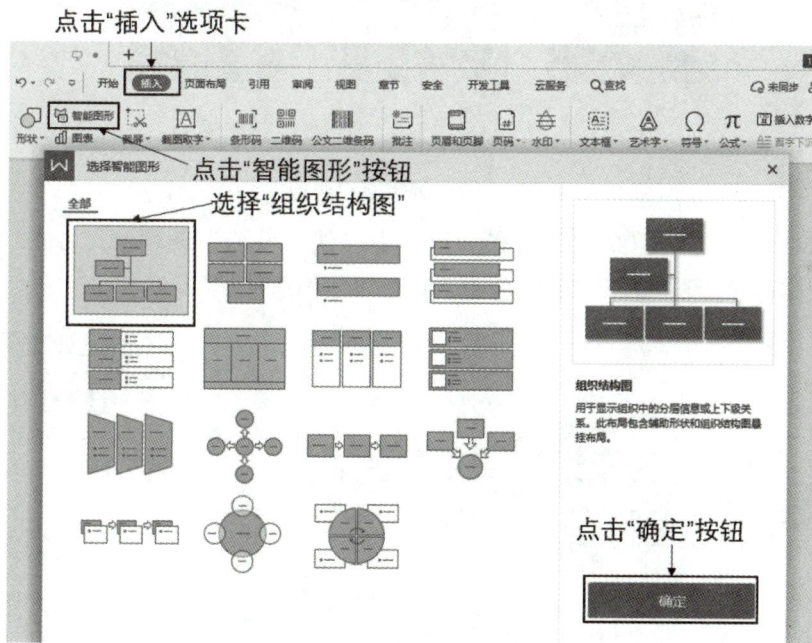

点击"插入"选项卡

点击"智能图形"按钮

选择"组织结构图"

点击"确定"按钮

图 5-100　插入智能图形

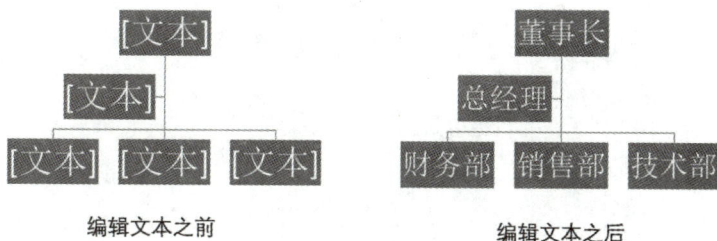

编辑文本之前　　　　编辑文本之后

图 5-101　组织结构图

点击图 5-101 中的文本框，在弹出的菜单中可以对组织结构进行编辑，如图 5-102 所示。添加项目提供了"在下方添加项目""在上方添加项目""在后面添加项目""在前面添加项目"以及"添加助理"5 种添加方式。更改布局提供了"从右向左""标准""两者""左悬挂"和"右悬挂"5 种布局方式。更改位置可以更改智能形状中所选文本或形状的级别或顺序。添加项目符号比较特殊，它仅支持带有项目符号文本的形状中可用，默认文本是不带项目符号的，所以该菜单默认不可用。形状样式提供了 5 种预设样式。

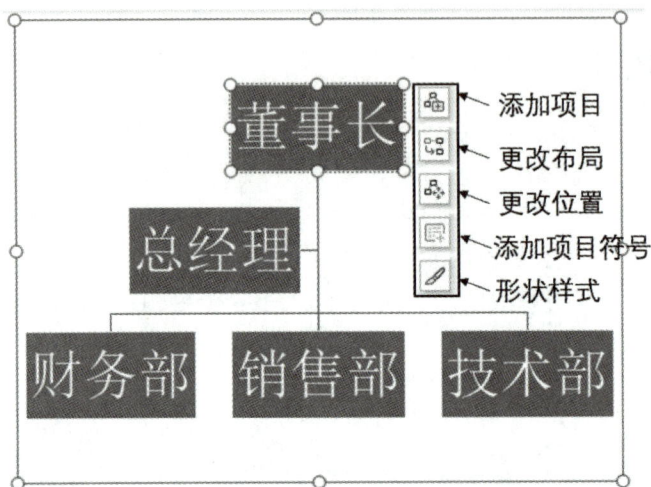

图 5-102　编辑组织结构

点击图 5-102 中的组织结构图，在功能区中出现"设计"选项卡，点击"更改颜色"按钮可以为组织结构图设置不同的配色方案，如图 5-103 所示。

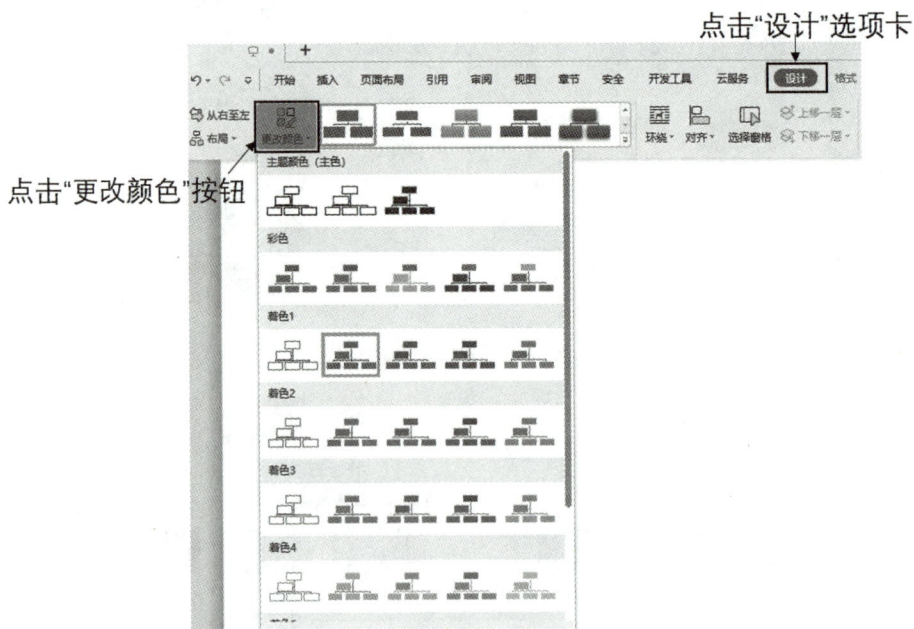

图 5-103　更改组织结构图的配色方案

5.2.4 插入形状

WPS 2019 中除了插入已完成好的图片，还提供了绘制图形的功能，用户可以根据需求绘制图形。

点击功能区中的"插入"选项卡，点击"形状"按钮，在弹出的下拉菜单中提供了"线条""矩形""基本形状""箭头总汇""公式形状""流程图""星与旗帜""标注"等预设图形，用户还可以点击"新建绘图画布"绘制自定义图形。如图 5-104 所示，点击"基本图形"中的"心形"图形，此时鼠标指针变成一个"+"字形，拖动鼠标即可绘制相应大小的"心形"。

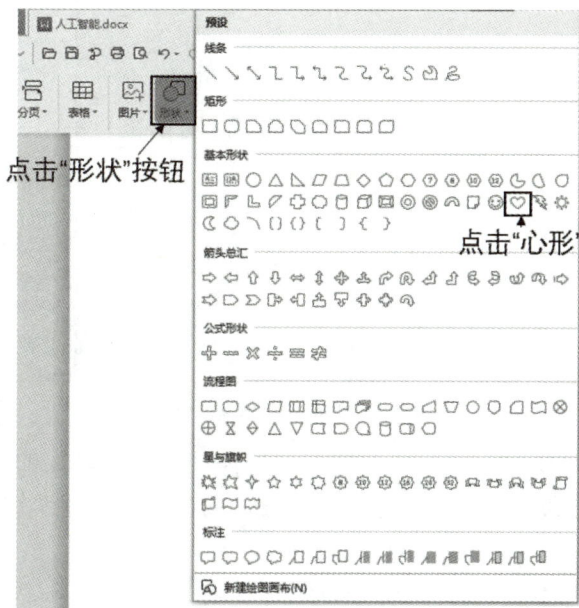

图 5-104 插入形状

选定绘制的图形，在功能区中出现"绘图工具"选项卡，如图 5-105 所示，在形状样式组中选择一种预设样式点击之后，样式直接应用到绘制的形状上。点击"填充"按钮右侧的"小三角"，在弹出的下拉列表中可以选择颜色、纹理、图案等对形状内部进行填充。点击"轮廓"按钮右侧的"小三角"，在弹出的下拉列表中可以选择颜色对形状轮廓。

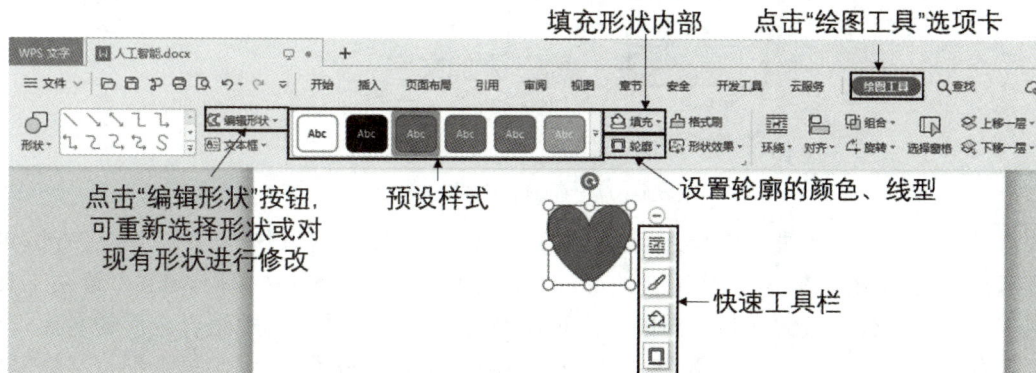

图 5-105 "绘图工具"选项卡

进行填充，也可以对轮廓的线型、粗细进行编辑。通过选中形状右侧的快速工具栏也可以对形状进行编辑。还可以点击"设置形状格式"按钮，在弹出的"属性"中设置形状外观，如图 5-106 所示。

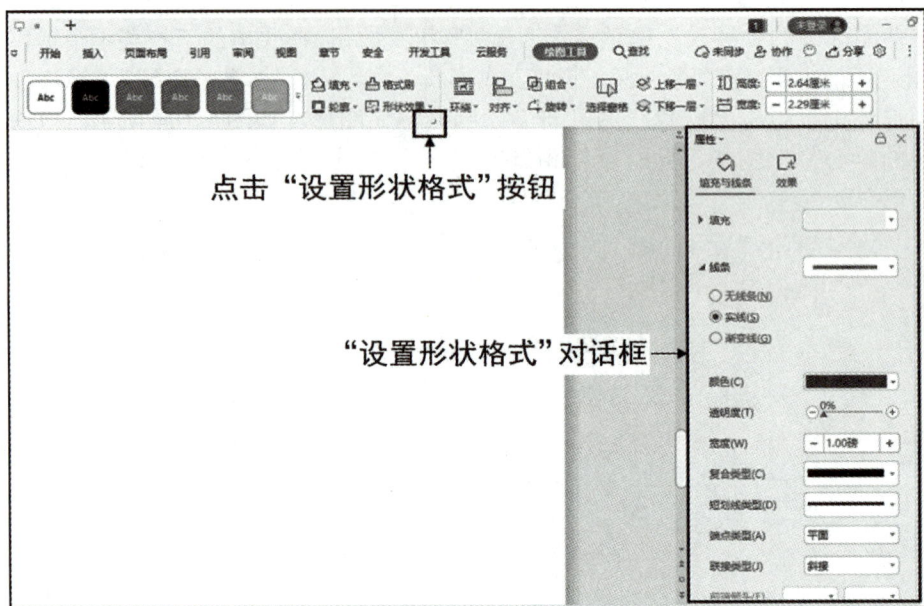

图 5-106 "设置形状格式"对话框

选定形状，单击鼠标右键，在弹出的菜单中选择"添加文字"，即可在形状中添加文字。形状中的文字可以像普通文字一样进行字体和段落的设置，如图 5-107 所示。

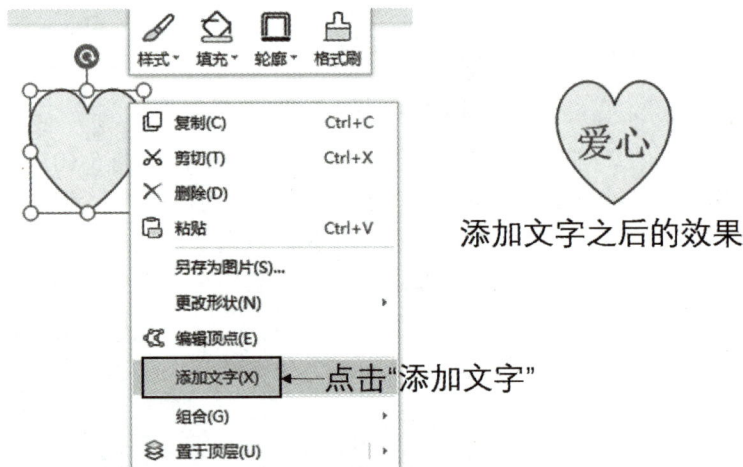

图 5-107 在形状中添加文字

将插入的多个形状进行组合之后，它们将变成一个整体，可以作为一个对象进行编辑。按住键盘上的"Ctrl"键，点击待组合的形状，将待组合的形状全部选中后，点击"绘图工具"选项卡下的"组合"按钮，将选定的多个形状组合成一个整体。选中组合之后的对象，点击"组合"按钮右侧的"小三角"，在弹出的菜单中选择"取消组合"，每个形状又恢复成了单独的个体。形状组合前后的对比如图 5-108 所示。

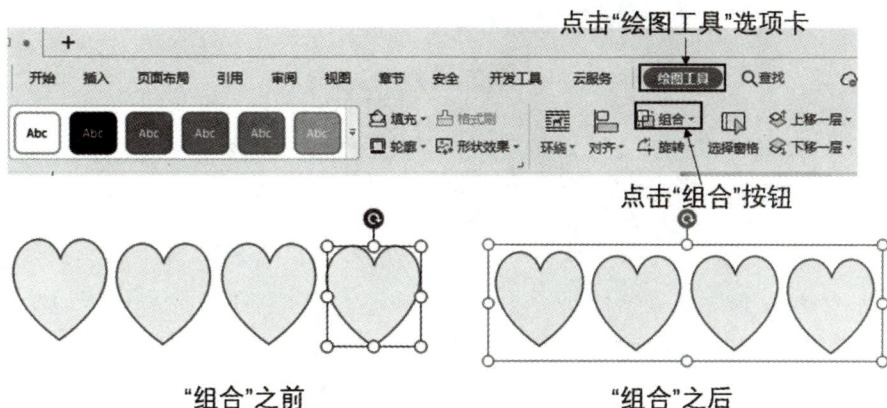

图 5-108 形状组合前后的对比

设置组合形状的第二种方式：将待组合的形状全部选中后，单击鼠标右键，在弹出的菜单中选择"组合"，即可实现形状的组合。取消组合操作也非常简单，在组合形状上单击鼠标右键，在弹出的菜单中选择"组合"，在"组合"的子菜单中选择"取消组合"，即可取消形状的组合。

形状除了可以进行组合之外，还可以进行"排列"，即对多个形状进行对齐等间距排列。将待排列的形状全部选中，点击"绘图工具"选项卡下的"对齐"按钮，在弹出的下拉列表中选择对齐和排列的方式。如图 5-109 所示，对选中的形状进行"底端对齐"和"横向分布"设置，设置之前 4 个"心形"高低各不相同，间距也不一样，设置之后 4 个"心形"的高低和间距都是相等的。

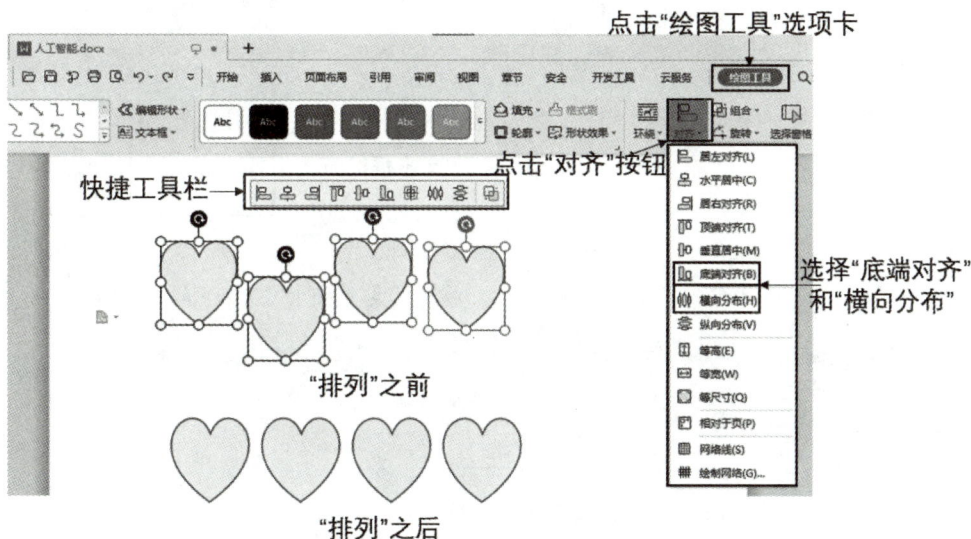

图 5-109 形状排列前后的对比

当多个形状有重叠的时候，可以更改各形状之间的叠放次序，选定某个形状，点击"绘图工具"选项卡下的"上移一层"或"下移一层"按钮，实现形状的层次叠放位置，如图 5-110 所示。

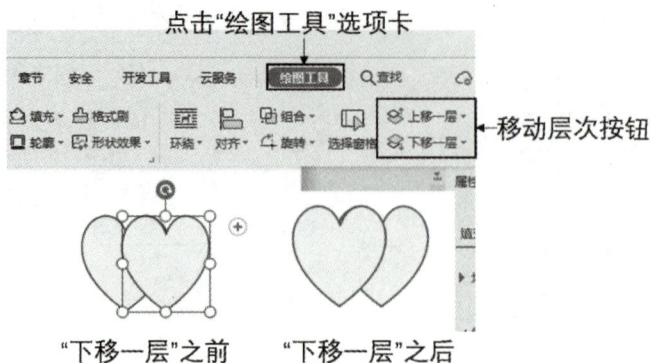

图 5-110　形状的层次叠放

5.2.5　插入文本框

文本框是一种特殊的图形对象，一般用于放置文本。它可以被放置在页面上的任意位置，并且可以随意调整文本框的大小，通过位置属性可以控制文本框的水平和垂直位置，通过格式属性还可以对文本框的边框、填充和线条样式进行设置。通过插入文本框，可以将文本与文档中的其他元素 (如图片、表格等) 进行更好的排版和布局。

点击功能区中的"插入"选项卡，在文本功能区中点击"文本框"按钮，在弹出的下拉列表中可以选择"横向""纵向"或"多行文字"，如图 5-111 所示，当选中一个文本框的方式，鼠标变成十字形，拖动鼠标即可插入文本框，同时在功能区中出现"绘图工具"选项卡和"文本工具"选项卡，默认选中的为"文本工具"选项卡，如图 5-112 所示。

图 5-111　插入文本框

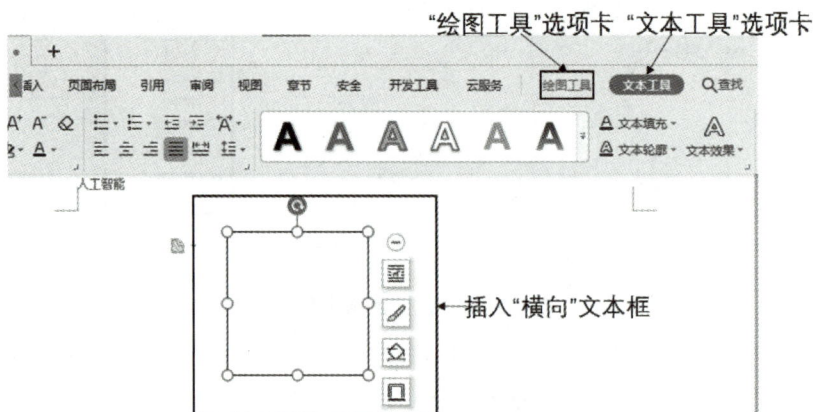

图 5-112　"文本工具"选项卡

横向文本框和多行文字文本框是有区别的，横向文本框是一个预设的文本框，文字排列方向为横向，当在横向文本框中输入文字时，如果文字内容超出了文本框的边界，默认情况下文字内容将不会完全显示，除非手动调整文本框的大小去适应文字内容。多行文字文本框是一个可以自己换行的文本框类型，在多行文字文本框中输入文字时，无论输入多少文字，文本框都会自动调整换行，确保所有文字都能完整显示，不需要手动调整文本框大小。二者在适用场景上也有差别，横向文本框适合制作海报或宣传单，多行文字文本框则适用于在文档中添加段落文字或说明性文字时使用。

文本框插入之后，在光标闪动处向文本框中输入内容。通过四周的 8 个控制点可以调整文本框的大小。图 5-112 中的"文本工具"选项卡可以通过"文本填充"对文本框中的文本进行颜色填充，通过"文本轮廓"对文本框中的文本进行边框线型、粗细等设置，还可以通过"文本效果"对文本框中的文本进行阴影、倒影、发光、三维立体和转换等设置。

文本框也是一种图形，所以可以通过"绘图工具"对文本框进行填充、轮廓设置以及阴影、倒影、发光等形状效果进行设置。还可以设置文本框的环绕方式、对齐方式以及组合方式。

如图 5-113 所示，在插入的文本框中输入了"人工智能"四个字，在"文本工具"选项卡下对文本进行了红色填充，设置了黄色的轮廓，"文本效果"设置了发光。在"绘图工具"选项卡下对文框填充了淡绿色，对轮廓设置了 1.5 磅的红色虚线。

图 5-113　对文本框中的文本和文本框进行设置

5.3　表 格 操 作

在 WPS 2019 文字中通常要输入一些数据，如果只是以文本的形式录入，很难对数据进行计算，也不能清晰地表现数据，这个时候可以在 WPS 2019 文字中插入表格。WPS 2019 文字中提供了大量精美的表格样式，可以使文档更加精美。

5.3.1　插入表格

在 WPS 2019 中插入表格的方式有三种，第一种是使用网格创建表格，第二种是使用"插入表格"对话框创建表格，第三种是手动绘制表格。

1. 使用网格创建表格

将光标定位到待创建表格的位置，点击功能区中"插入"选项卡，点击"表格"按钮，出现一个表格行数和列数的选择区域，如图 5-114 所示，拖动鼠标的左键，表格行数和列数的选择区域中出现底色的即为被选中的行数和列数，同时在表格选择区域的上方也显示了所选择的行数和列数，释放鼠标就可在文档中插入该表格。

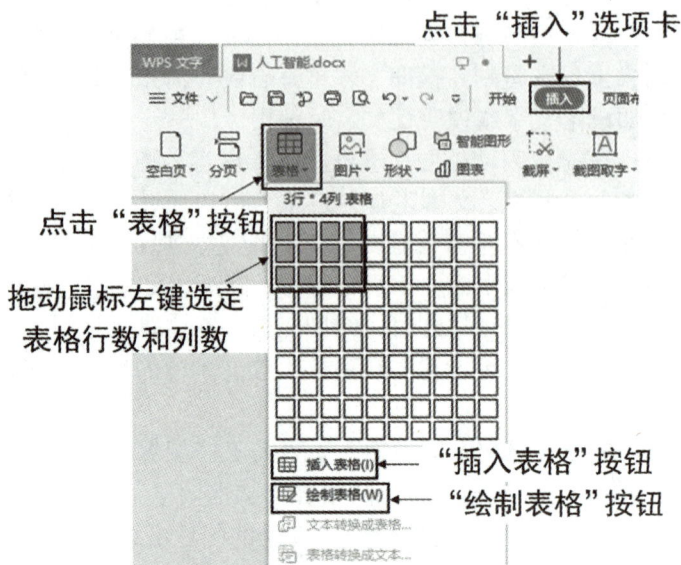

图 5-114 "表格"按钮的下拉框

2. 使用"插入表格"对话框创建表格

将光标定位到待插入表格的位置，点击图 5-114 中"表格"按钮下拉框中的"插入表格"按钮，弹出"插入表格"对话框，如图 5-115 所示；在"表格尺寸"行数和列数框中输入行数和列数，在"列宽选择"中默认选中的是"自动列宽"，也可以手动设置"固定列宽"；最后单击"确定"按钮即可将表格插入文档。

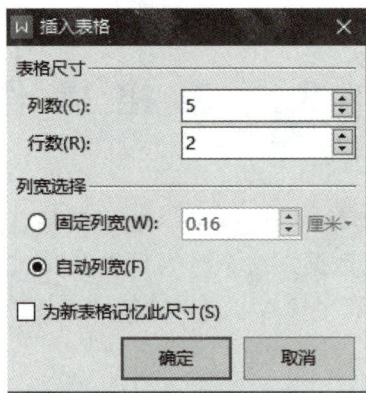

图 5-115 "插入表格"对话框

3. 手动绘制表格

点击图 5-114 中"绘制表格"按钮，鼠标将变成"笔"的形状，在文档的空白处，拖动鼠标的左键绘制表格的边框，如图 5-116 所示。

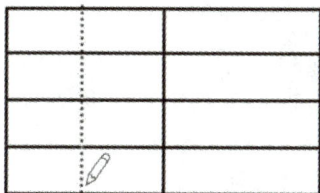

图 5-116　绘制表格

表格绘制完成后,按键盘上的"Esc"键,或者点击功能区中的"表格工具"选项卡下的"绘制表格" 按钮,结束表格绘制, 如图 5-117 所示。

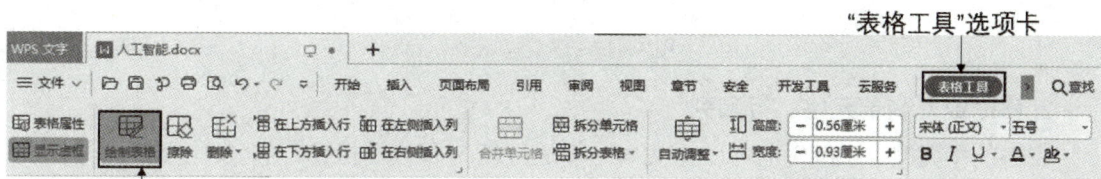

图 5-117　"绘制表格" 按钮

表格中的每一个小格被称为一个单元格,将鼠标在单元格中单击,即可向单元格中输入数据,按键盘上的上、 下、 左、 右键可以调整光标在表格中的位置,按"Tab"键可将光标移动到下一个单元格。

5.3.2　编辑表格

将表格插入文档之后,可以对表格进行一些编辑操作,例如选定表格、向表格中插入行和列等操作。

1. 选定表格

在 WPS 2019 文字中要对表格进行编辑处理,先进行选定,然后才能处理,选定表格的方式有以下 6 种。

(1) 选定单元格。将鼠标光标移动到待选定单元格的左侧,当光标变为一个指向右上方的黑色箭头时, 单击即可选定该单元格,被选定的单元格呈现灰色的底纹。

(2) 选定行。将鼠标光标移动到待选定单的左侧,当光标变为一个指向右上方的白色箭头时, 单击即可选定该行,或者在待选定行的第一个单元格中单击鼠标左键向右拖动鼠标,拖动到该行的最后一个单元格释放鼠标,该行也会被选中。

(3) 选定列。将鼠标光标移动到待选定列的上方,当光标变为一个指向下方的黑色箭头时, 单击即可选定该列,或者在待选定列的第一个单元格中单击鼠标左键向下拖动鼠标,拖动到该列的最后一个单元格释放鼠标,该列也会被选中。

(4) 选定整个表格。将鼠标光标移动到表格的左上角,当光标变为一个带有 4 个方向箭头的白色 "十字花" 符号,单击鼠标左键即可选中整个表格。

(5) 选定连续的单元格。在指定单元格上单击鼠标左键,被点击的单元格称为起始单元格, 按住鼠标左键拖动鼠标使光标移动到终止位置的单元格释放鼠标,起始位置到终止位置之间的单元格被选中,也可以单击起始位置的单元格,然后在按住键盘上的 "Shift"

键的同时单击终止位置的单元格，起始位置到终止位置之间的单元格也会被选中。

(6) 选定不连续的单元格。按照 (1) 中选定单元格的方式选中一个单元格，然后按住键盘上的"Ctrl"键的同时，再按照 (1) 中的方式继续选中单元格，即可选定不连续的单元格。

选定表格的 6 种效果如图 5-118 所示。

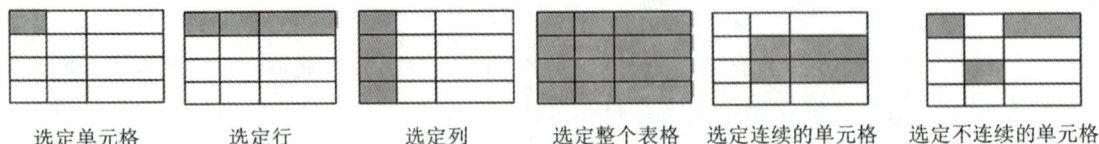

| 选定单元格 | 选定行 | 选定列 | 选定整个表格 | 选定连续的单元格 | 选定不连续的单元格 |

图 5-118　选定单元格

2. 移动或复制单元格、行和列

表格的单元格、行和列也可以像文本一样进行复制和移动操作。移动单元格和移动行、列的操作步骤是一样的，以移动列为例，选中表格中的第一列，点击"开始"选项卡下的"剪切"按钮，将插入点定位到要移动的位置，单击"开始"选项卡下的"粘贴"按钮，即可完成列的移动，如图 5-119 所示。

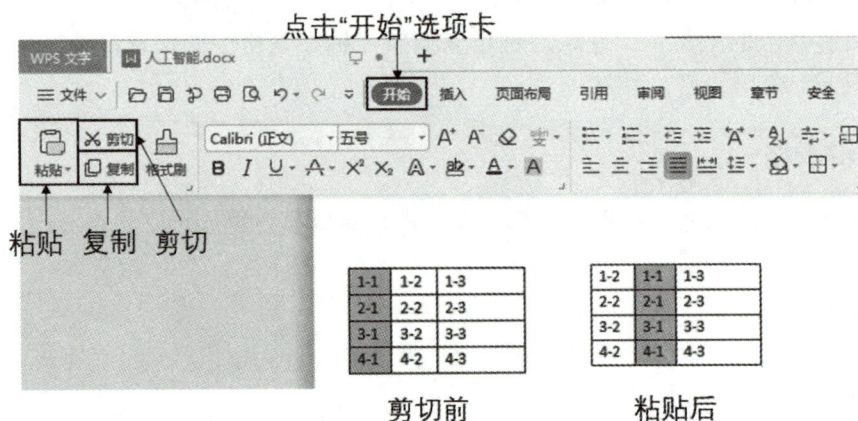

图 5-119　列的移动前后对比

复制单元格和复制行、列的操作步骤也是一样的，以复制列为例，选中表格中的第一列，点击"开始"选项卡下的"复制"按钮，将插入点定位到待粘贴的位置，单击"开始"选项卡下的"粘贴"按钮，即可完成列的复制操作。

移动或复制单元格、行和列也可以通过右键菜单实现，以列为例，选中待复制或移动的列，单击鼠标右键，在弹出的菜单中选择"复制"或"移动"命令，将光标定位到待粘贴位置，单击鼠标右键，在弹出的菜单中选择"粘贴"命令即可实现列的复制或移动操作。

3. 插入单元格、行和列

(1) 插入单元格。插入单元格的方式有以下两种。

第一种方式：选定插入位置上的单元格，点击图 5-120 中的行和列组中的"小三角"按钮，打开"插入单元格"对话框，如图 5-121 所示。其中"活动单元格右移"即在左侧插入一个单元格，"活动单元格下移"即在上方插入一个单元格。

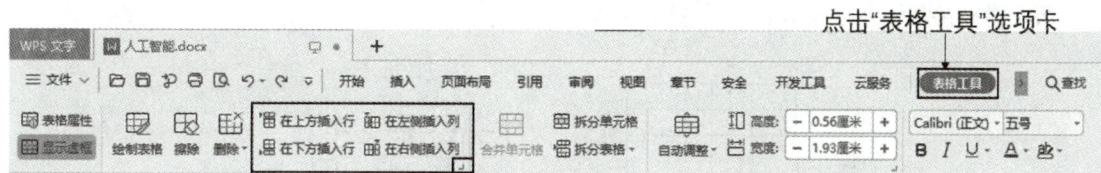

图 5-120　插入单元格、行或列

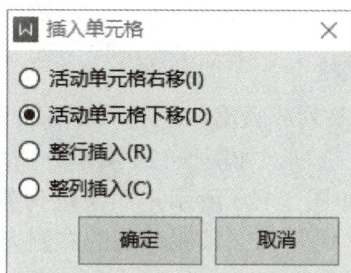

图 5-121　"插入单元格"对话框

第二种方式：在选定插入位置的单元格上单击鼠标右键，在弹出的菜单中选择"插入"按钮，在弹出的下拉列表中选择"单元格"，如图 5-122 所示。

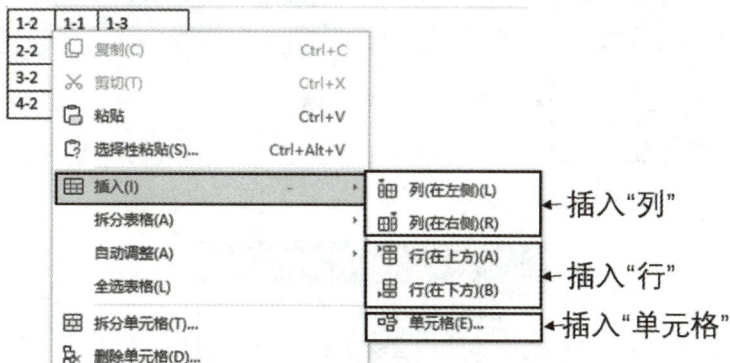

图 5-122　使用右键菜单插入单元格、行或列

(2) 插入行或列。插入行或列的方式有以下三种。

第一种方式：在表格中选定要插入新行或新列的位置，点击图 5-120 中的行和列组中的"在上方插入行"或"在下方插入行"即可插入一新行，如果点击"在左侧插入列"或"在右侧插入列"即可插入一个新列。

第二种方式：将鼠标光标定位到待插入行和列的单元格，点击鼠标右键，在弹出的菜单中点击"插入"按钮，在弹出的下拉列表中可以选择插入行或列，如图 5-122 所示。

第三种方式：将鼠标光标移动到两行交界处时，在表格的左侧出现一个"-"号和一个"+"号的按钮，点击"+"号即可在两行中间插入一个新行。将鼠标光标移动到两列交界处，也会出现一个"-"号和一个"+"号的按钮，点击"+"号即可在两列中间插入一个新列，或者点击下方或右侧的大"+"号按钮可以在表格最后一行的下方添加一个新行或在表格最右侧列的右侧添加一个新列，如图 5-123 所示。

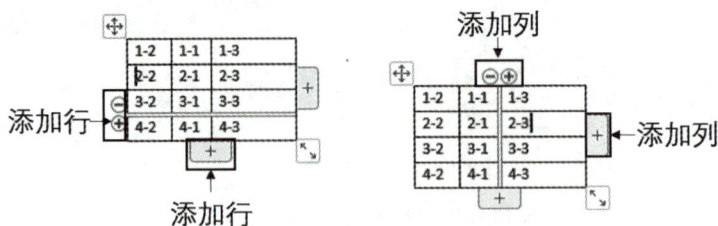

图 5-123   快捷方式插入行和列

4. 删除单元格、行、列和表格

先选中要删除的单元格、行、列或表格，点击"表格工具"选项卡下的"删除"按钮，在弹出的下拉列表中选择相应的选项，如图 5-124 所示。如果选择删除"单元格"，那么将弹出"删除单元格"对话框，如图 5-125 所示；如果选择删除"行"，那么被删除行下方的行自动上移；如果选择删除"列"，那么被删除列的右侧列自动左移；如果选择删除"表格"，那么整个表格将被删除。

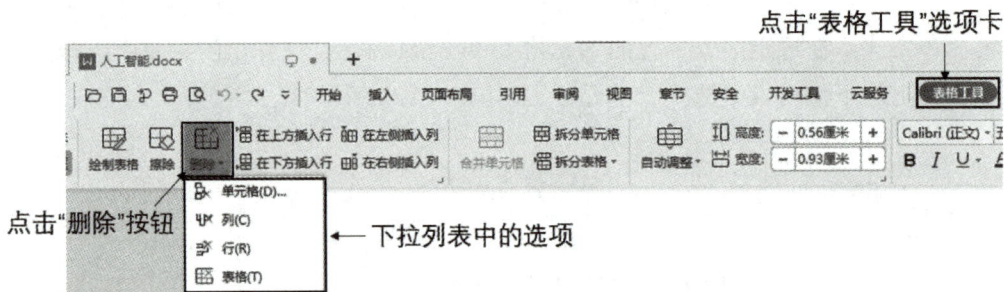

图 5-124   点击"删除"按钮弹出的下拉列表

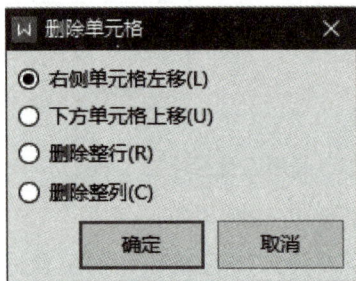

图 5-125   "删除单元格"对话框

5. 合并单元格、拆分单元格和拆分表格

(1) 合并单元格。合并单元格是将两个或两个以上单元格合并为一个单元格。首先选定两个或多个连续的单元格，点击"表格工具"选项卡下的"合并单元格"按钮，即可将多个连续的单元格合并为一个单元格；或者在选定待合并的连续单元格之后，点击鼠标右键,在弹出的右键菜单中选择"合并单元格"也可实现单元格的合并,如图 5-126 和图 5-127 所示。

点击"表格工具"选项卡

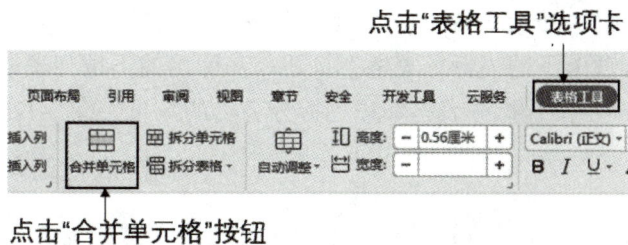

点击"合并单元格"按钮

图 5-126 "表格工具"选项卡下的"合并单元格"按钮

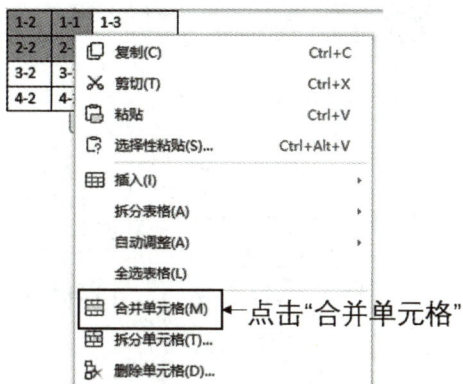

点击"合并单元格"

图 5-127 右键菜单中的"合并单元格"操作

(2) 拆分单元格。拆分单元格是将一个单元格拆分成两个或多个等宽的单元格。如果待拆分的单元格是一个,将光标定位到待拆分的单元格,点击"表格工具"选项卡下的"拆分单元格"按钮,打开"拆分单元格"对话框,此时"拆分前合并单元格"复选框呈"灰色"不可用状态,如图 5-128 所示。如果待拆分的单元格是两个及以上,先将待拆分的单元格选中,再点击"表格工具"中的"拆分单元格"按钮,打开"拆分单元格"对话框,这时"拆分前合并单元格"复选框默认被选中,如图 5-128 所示。

点击"拆分单元格"按钮　　点击"表格工具"选项卡

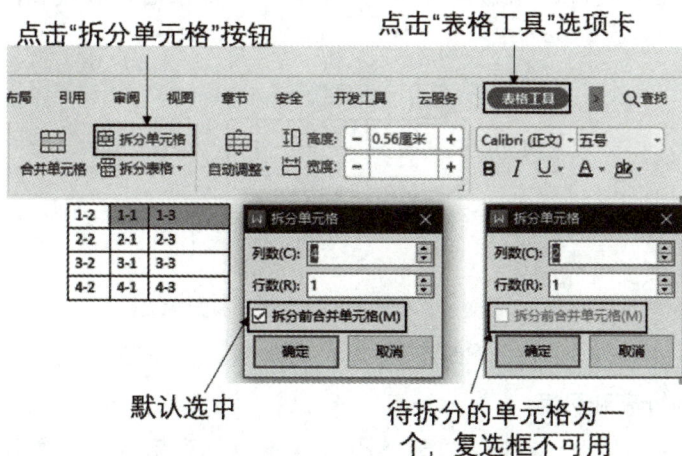

默认选中　　待拆分的单元格为一个,复选框不可用

图 5-128 "拆分单元格"对话框

拆分单元格也可以通过选中单元格后点击鼠标右键,在弹出的右键菜单中选择"拆分单元格"按钮,打开"拆分单元格"对话框实现。

(3) 拆分表格。图 5-129 是一个 4 行 3 列的表格，将光标定位到第 2 行第 2 个单元格，点击"表格工具"选项卡下的"拆分表格"按钮；在弹出的下拉列表框中可以选择"按行拆分"或"按列拆分"，按行拆分表格和按列拆分表格的效果如图 5-129 所示。

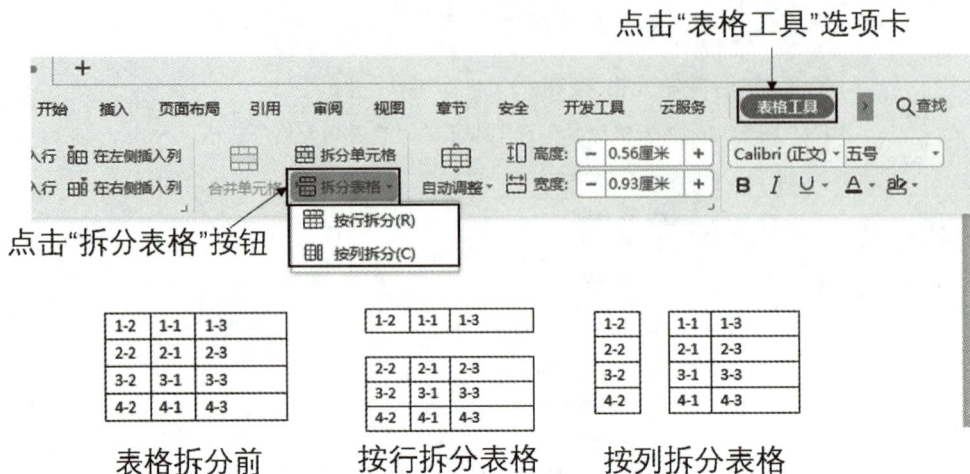

图 5-129　拆分表格

6. 移动和缩放表格

(1) 移动表格。移动表格是指将表格从文档中的一个位置移动到另外的一个位置。将鼠标光标移动到表格上方的"移动标记"处，如图 5-130 所示，然后按住鼠标的左键拖动鼠标，在拖动的过程中会出现一个虚线框跟着移动，当虚线框到达预定位置后释放鼠标，即可将表格移动到指定的位置。

(2) 缩放表格。缩放表格是指调整表格的大小。将鼠标光标移动到表格右下方的"缩放标记"处，如图 5-130 所示，然后按住鼠标的左键拖动鼠标，在拖动的过程中也会出现一个虚线框表示缩放的尺寸，当虚线框的尺寸满足用户需求后释放鼠标，即可将表格缩放为所需的尺寸。

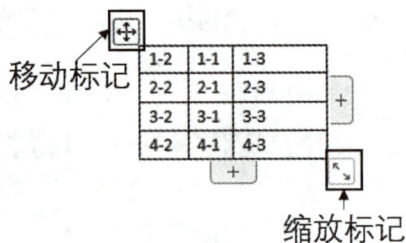

图 5-130　移动和缩放标记

7. 调整表格的行高和列宽

(1) 非精确调整表格的行高和列宽。将鼠标光标移动到两行之间的行线处，当光标变成一个带有上下箭头的标志后向上或向下拖动鼠标移动行线，从而改变行高的大小。同样将鼠标光标移动到两列之间的列线处，当鼠标变成一个带有左右箭头的标志后可向左或向右拖动鼠标移动列线，从而改变列宽的大小。

(2) 精确调整表格的行高和列宽。将光标定位到待调整行高和列宽的单元格,点击"表格工具"选项卡,在"高度 / 宽度"组中输入数值或者通过"+""−"按钮调整高度和宽度即可精确调整行高和列宽,如图 5-131 所示。

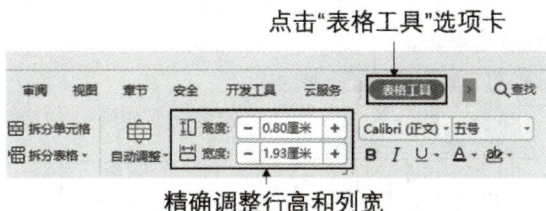

图 5-131 精确调整表格的行高和列宽

(3) 平均分布表格的行高和列宽。精确调整行高、列宽和非精确调整行高、列宽每次只能调整一行或一列,如果需要表格的行高和列宽都相等,可以使用平均分布各行 / 各列的功能。首先将光标定位到待调整的表格中,点击"表格工具"选项卡下的"自动调整"按钮,在弹出的下拉列表框中选择"平均分布各行"或"平均分布各列"按钮,可以将表格中的行高、列宽调整为相等的距离,如图 5-132 所示。平均分布行高和列宽还可以通过右键菜单实现,将光标定位到待调整的表格中,点击鼠标右键,在弹出的右键菜单中点击"自动调整"按钮,选择"平均分布各行"或"平均分布各列",如图 5-133 所示。

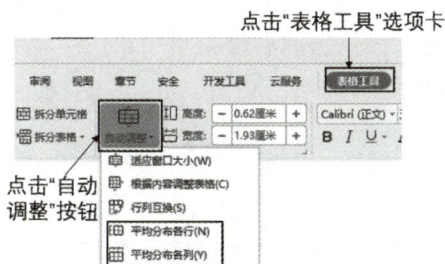

图 5-132 "自动调整"按钮

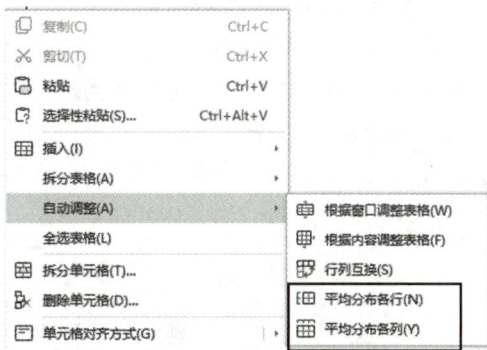

图 5-133 右键菜单平均分布行高、列宽

(4) 自动调整表格的行高和列宽。将光标定位到待调整的表格内任意单元格中,点击"表格工具"选项卡下的"自动调整"按钮,如图 5-132 所示,在弹出的下拉列表中选择"适应窗口大小"或"根据内容调整表格"即可实现自动调整表格的行高和列宽。自动调整表格的行高和列宽也可以使用右键菜单的方式,操作方式与 (3) 中平均分布行高、列宽相同,在图 5-133 中选择"根据窗口调整表格"或"根据内容调整表格"按钮即可。

8. 斜线绘制表头

斜线表头是指使用斜线将一个单元格分隔成多个区域,每个区域都可以输入不同的内容。将光标定位到待绘制的单元格,点击功能区中"表格样式"选项卡下的"绘制斜线表头"按钮,弹出"斜线单元格类型"对话框,选定一种类型,点击"确定"按钮,即可实现斜线表格的绘制,如图 5-134 所示。

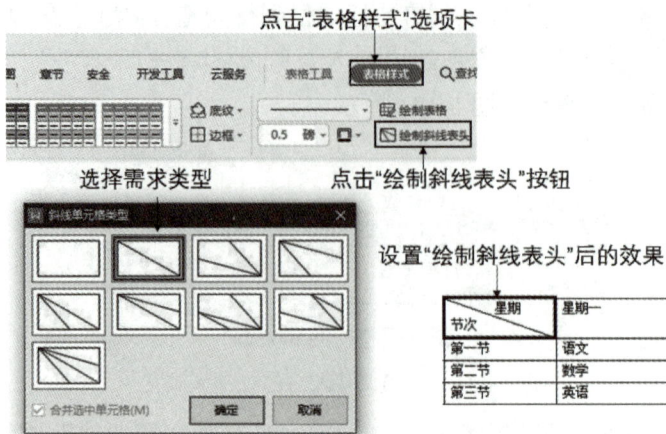

图 5-134 斜线绘制表头

5.3.3 设置表格

表格编辑完成之后，可以对表格中的文本进行字体、字号、颜色等设置，操作方式与 5.15 节中文本格式设置的方式相同。除了可以对表格中文本进行设置之外，还可以对表格进行以下设置。

1. 设置单元格对齐方式

选定待设置对齐方式的单元格，点击"表格工具"选项卡下的"对齐方式"按钮，在弹出的下拉列表中提供了 9 种对齐方式，用户根据需求选取一种对齐方式，如图 5-135 所示。或者在待设置对齐方式的单元格中点击鼠标右键，在弹出的右键菜单中单击"单元格对齐方式"，然后选择一种相应的对齐方式，如图 5-135 所示。

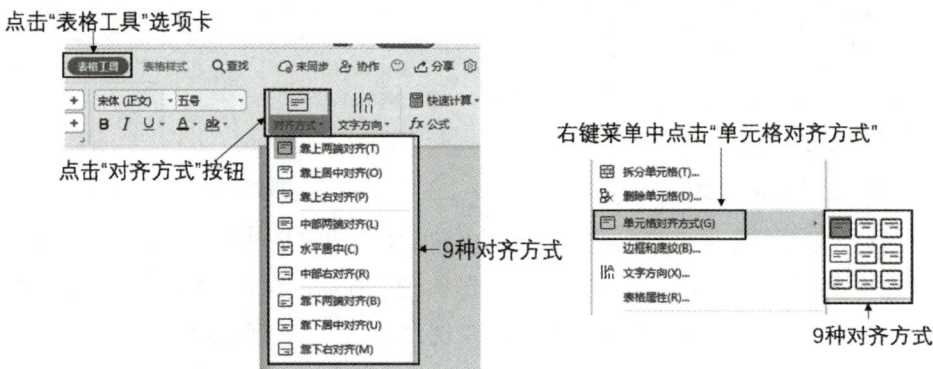

图 5-135 设置单元格对齐方式

2. 设置表格在页面中的位置

设置表格在页面中的位置包括设置表格的对齐方式和文字环绕方式两种。将光标定位到待设置表格中的任意一个单元格中，点击"表格工具"选项卡下的"表格属性"按钮，弹出"表格属性"对话框，如图 5-136 所示，在"表格"选项卡下设置对齐方式和文字环绕方式。也可以在待设置表格的任意一个单元格中，点击鼠标右键，在弹出的右键菜单中选择"表格属性"按钮，也可以弹出"表格属性"对话框。

点击"表格工具"选项卡

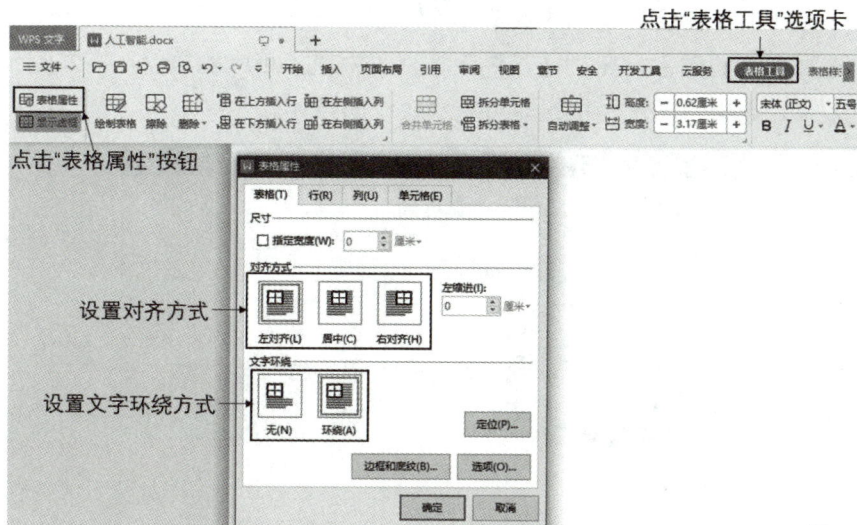

图 5-136 "表格属性"对话框

3. 设置表格的边框和底纹

将光标定位到待设置表格中的任意单元格，点击"表格工具"选项卡下的"表格属性"按钮，在弹出的"表格属性"对话框中点击如图 5-136 所示的"边框和底纹"按钮，打开如图 5-137 所示的"边框和底纹"对话框，在"设置"部分默认选择的是"全部"。如果只希望对表格的外边框进行设置，可以点击"设置"中的"方框"，分别对"线型""颜色""宽度"进行选择，点击"确定"按钮即可完成外边框的设置。如果只希望对表格的内边框进行设置，可以点击"设置"中的"自定义"，分别对"线型""颜色""宽度"进行选择，在"预览"处点击相应的图标选择相应的内边框形式，点击"确定"按钮即可完成相应内边框的设置。

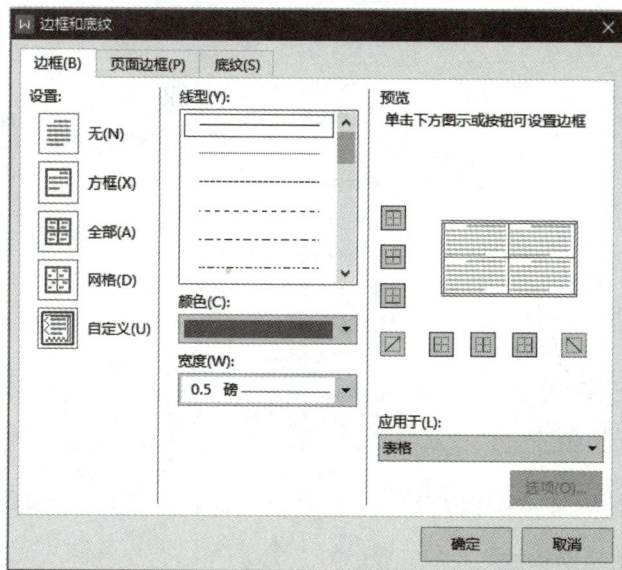

图 5-137　设置表格内边框和外边框

点击图 5-137 中"底纹"选项卡可以设置表格的底纹，如图 5-138 所示，在"填充"下拉列表中选择填充的颜色，在"样式"下拉列表中选择相应的数值，在右侧预览处查看底纹的预览效果，点击"确定"按钮即可完成底纹的设计。

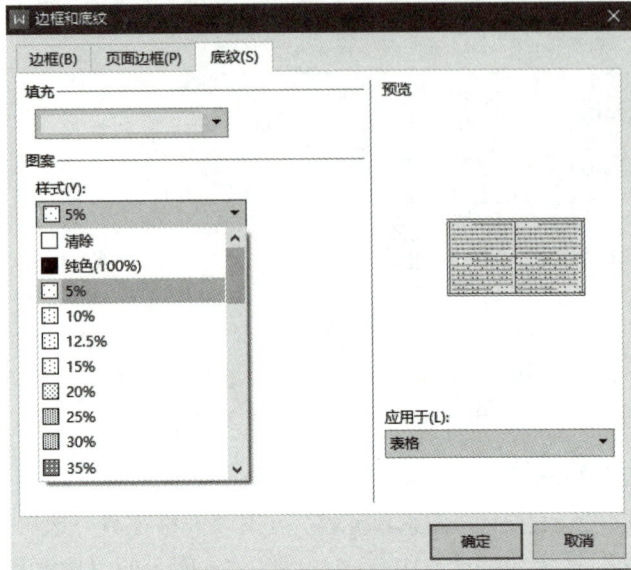

图 5-138　设置表格的底纹

表格的边框和底纹的设置还可以通过"表格样式"选项卡中的"边框"按钮和"底纹"按钮进行设置，如图 5-139 所示，点击"边框和底纹"将打开"边框和底纹"对话框。

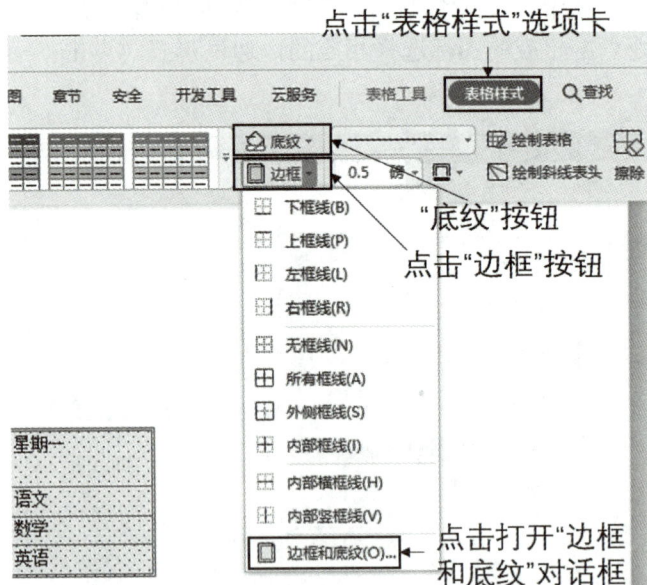

图 5-139　"表格样式"选项卡下的"边框"和"底纹"按钮

4. 设置表格自动套用格式

WPS 2019 文字中提供了多种预定义好的表格样式，用户可以直接选择使用。将光标定位到待设置表格的任意单元格，点击"表格样式"选项卡下的表格样式，即可套用预定义的样式，如图 5-140 所示。

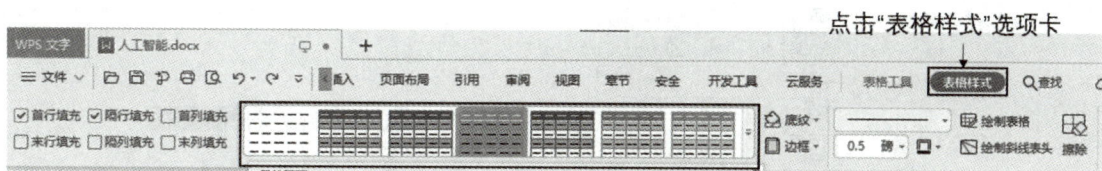

图 5-140　表格的自动套用格式

5.3.4　表格与文本相互转换

在 WPS 2019 文字中可以将表格内容转换为以逗号、制表符、段落标记或其他指定字符分隔的普通文本，也可以将文本转换为表格。

1. 表格转换为文本

将光标定义到待操作表格的任意单元格，点击"表格工具"选项卡下的"转换成文本"按钮，打开"表格转换成文本"对话框，如图 5-141 所示，选择一种文字分隔符，如果表格中的嵌套表格不需要转换，则需要取消"转换嵌套表格"复选框中的"√"，默认会转换嵌套表格，最后点击"确定"按钮即可实现将表格转换为文本。

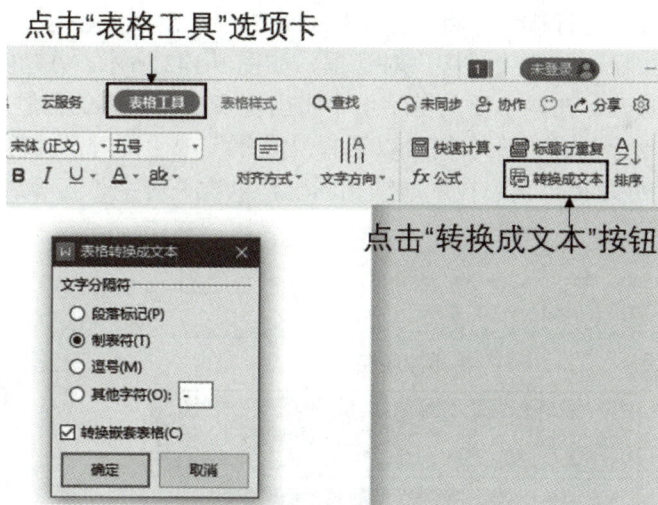

图 5-141　"表格转换成文本"对话框

2. 文本转换为表格

如果要把文本转换成表格，文本之间必须使用分隔符分开，分隔符可以是段落标记、逗号、空格、制表符或者其他特定字符。选定待转换为表格的文本，点击功能区中"插入"选项卡下的"表格"按钮，在弹出的下拉列表中点击"文本转换成表格"选项，弹出"将文本转成表格"对话框，如图 5-142 所示，在"表格尺寸"中设置行数和列数，选定一种文字分隔符，最后点击"确定"按钮即可将文本转换为表格。

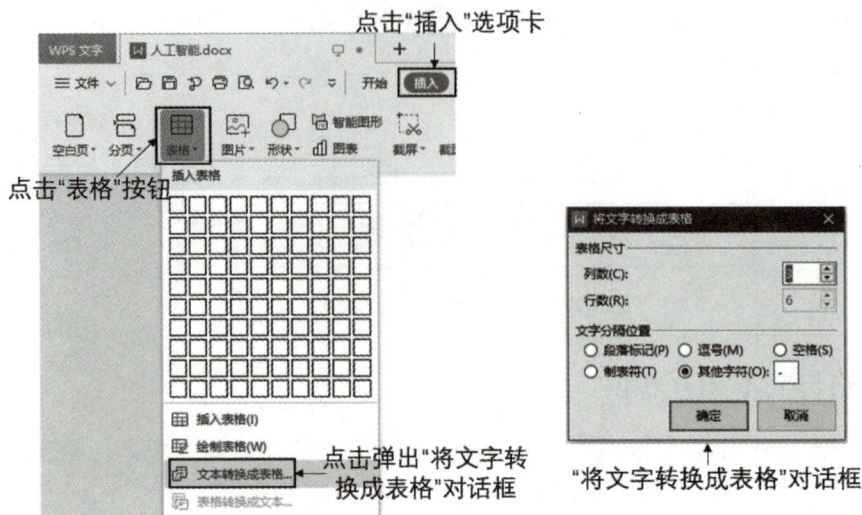

图 5-142 "将文字转换成表格"对话框

5.3.5　数据计算与排序

1. 表格中数据的排序

WPS 2019 文字对数据的排序是根据单元格中的数据进行的，它可以在列方向上排序但不能对行方向的数据进行排序。将光标定位到表格中任意单元格，点击"表格工具"选项卡下的"排序"按钮，打开"排序"对话框，如图 5-143 所示。在"列表"中将"有标题行"的单选按钮勾选，在"主要关键字"中将出现表格中所有的标题行，例如选择"信息技术"作为主关键字排序，在右侧可以选择"升序"或"降序"排序，默认为"升序"排序，"次要关键字"是指当信息技术成绩相同时，以次关键字"高等数学"成绩进行升

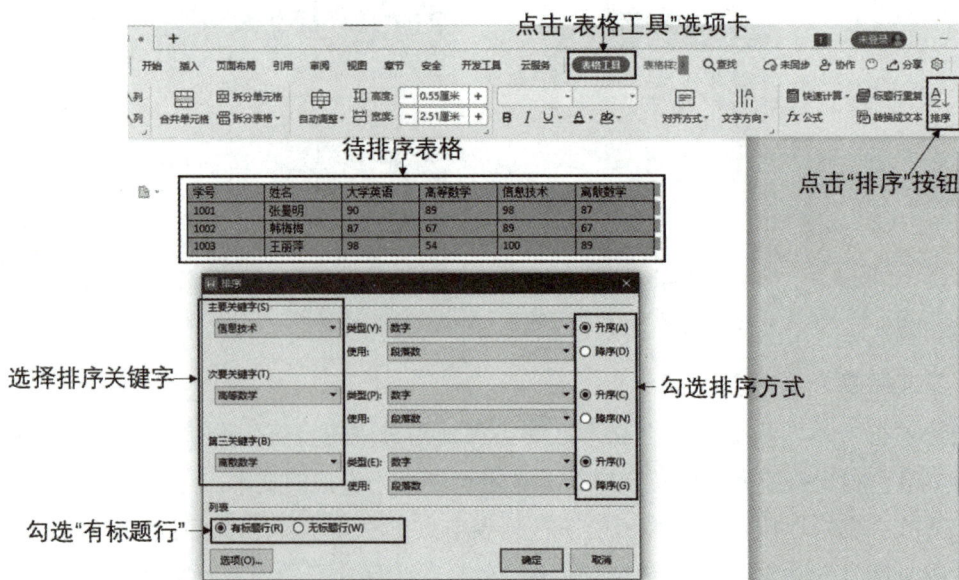

图 5-143　"排序"对话框

序排序，如果高等数学的成绩也相同时，将以第三关键字"离散数学"进行排序，设置完主关键字，次要关键字以及第三关键字之后，点击"确定"按钮对表格中的数据实现排序，次要关键字和第三关键字为非必选项。

2. 表格中数据的计算

WPS 2019 文字提供了对表格中的数据进行求和、求平均值等常用的统计计算功能。

在图 5-143 中的待排序表格的右侧增加"总分"和"平均分"两列，如图 5-144 所示。

学号	姓名	大学英语	高等数学	信息技术	离散数学	总分	平均分
1001	张曼明	90	89	98	87		
1002	韩梅梅	87	67	89	67		
1003	王丽萍	98	54	100	89		

图 5-144　待计算表格

每个单元格都有一个单元格地址，列以英文字母表示，行以阿拉伯数字表示，例如"学号"就是"A1"单元格，张曼明的大学英语成绩 90 分就是"C2"单元格，计算张曼明的总分即 C2+D2+E2+F2 单元格的值，所以总分公式可以写为"=SUM(C2:F2)"其中 C2:F2 表示对从 C2 开始一直到 F2 之间连续的单元格中的数值进行求和。将光标定位到张曼明的总分单元格处，点击"表格工具"选项卡下的"公式"按钮，弹出"公式"对话框，如图 5-145 所示，默认公式为"SUM(LEFT)"，表示对总分左侧的单元格中的数据进行求和，由于学号也是整数，会被一同计算到总分中，因此需要手动将公式修改为"=SUM(C2:F2)"，点击"确定"按钮即可计算出张曼明同学的总分。

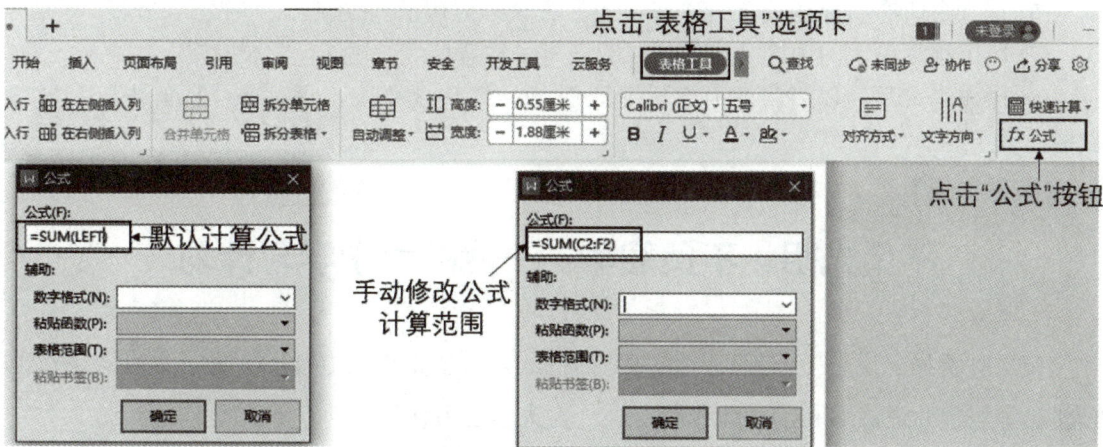

图 5-145　"公式"对话框

如果希望对单元格右侧的数据进行求和，计算公式为"=SUM(RIGHT)"；对单元格上端的数据进行求和，计算公式为"=SUM(ABOVE)"；对单元格下端的数据求和，计算公式为"=SUM(BELOW)"。

计算张曼明同学的平均分，先将光标定位到张曼明同学平均分的单元格，点击"表格工具"选项卡下的"公式"按钮，在弹出的"公式"对话框中将原有的求和公式删除（"="不能删），在"粘贴函数"的下拉列表中点击"AVERAGE"函数，手动输入计算平均值的数据范围"=AVERAGE(C2:F2)"，最后点击"确定"按钮，实现平均值的计算。

5.4　实　践　案　例

【案例名称】

制作"不负光阴，不负韶华——我的大学学习计划"文档。

【实践目的】

(1) 掌握 WPS 2019 文字处理软件的基本操作，包括文字排版、图文操作等。

(2) 学会运用文字处理的基本知识。

【实践步骤】

(1) 启动 WPS 2019 文字，新建一个空白文档，输入文本内容，以"我的大学学习计划"为例。

(2) 标题"不负光阴，不负韶华——我的大学学习计划"，设置为黑体、加粗、小三号、蓝色、居中对齐，"矢车菊蓝 18 t 发光，首色 5"的发光文本效果。

(3) 正文各段字体都设置为宋体、五号，首行缩进 2 个字符，并添加项目符号。

(4) 设置标题的段间距为段后 1 行，正文内容行距为固定值 20 磅。

(5) 正文第一段内容添加紫色波浪下划线。

(6) 正文中所有小标题设置为"浅绿色"底纹，应用于"文字"。

(7) 每个小标题中的内容文本添加项目符号 (注意层级缩进)，文本加粗。

(8) 操作完成后，以"我的大学学习计划 .docx"为文件名，保存在"我的电脑"的 D 盘根目录下。

【实践效果】

不负光阴，不负韶华——我的大学学习计划

　　大学对于我来说是新的起点，也是新的挑战，一切将要从零开始。为了更有效地管理时间，确保学业进展顺利，为此我制定了一份大学学习计划。

❖ **明确学习目标**

✦ **长期目标：** 设定每学期或每年的学习成果目标，比如提高 GPA、掌握某门专业技能、参与科研项目等。

✦ **短期目标：** 具体到每周或每月，比如完成某门课程的阅读任务、准备好下周的考试、参与小组讨论等。

❖ **课程规划**

✦ **课程时间表：** 整理出所有课程的上课时间、地点和任课教师信息，制作一张课程表。

❖ **课程优先级**：根据课程难度、兴趣程度以及个人职业规划，为每门课程设定优先级，确保优先处理重要且紧急的学习任务。

❖ 日常学习计划

❖ **每日学习时间表**：

- **早晨**：可用于晨读、复习前一天的学习内容或进行预习。
- **上午 / 下午课程后**：利用课间或课后时间快速回顾课堂内容，整理笔记。
- **晚上**：安排深入学习时间，处理作业、准备考试或进行项目研究。
- **周末**：预留时间进行复习总结，参与社团活动或自我提升活动。

❖ **学习方法**：

- **主动学习**：通过提问、讨论和实际操作加深理解。
- **定期复习**：采用艾宾浩斯遗忘曲线原理，定期回顾所学内容。
- **时间管理**：使用番茄工作法、时间阻塞法等技巧提高学习效率。

❖ 资源利用

❖ **图书馆资源**：充分利用图书馆的书籍、期刊和电子资源。

❖ **在线课程与资料**：利用 Coursera、edX 等在线平台补充学习，查找专业相关的学术论文和报告。

❖ **教授与同学**：积极与教师沟通，参加课后辅导；与同学组建学习小组，互相讨论难题。

❖ 健康与休息

❖ **保持健康饮食**：均衡营养，避免过度依赖快餐。

❖ **适量运动**：每周安排几次体育锻炼，如跑步、瑜伽或球类运动。

❖ **充足睡眠**：保证每晚 7～9 小时的高质量睡眠，有助于提高学习效率。

❖ **心理调适**：适时放松，如冥想、听音乐或进行短途旅行，缓解学习压力。

❖ 评估与调整

❖ **定期自我评估**：每月或每学期末，反思学习计划的执行情况，识别成功之处与待改进之处。

❖ **灵活调整计划**：根据学习进度、健康状况或个人兴趣的变化，适时调整学习计划。

课后习题 5

单元6 表格处理

知识目标

(1) 掌握 Word 文档的基本操作。
(2) 理解文字的格式设置。
(3) 熟悉页面布局。
(4) 掌握图文混排。
(5) 了解表格处理的高级功能。

能力目标

(1) 能规范排版各类文档。
(2) 能使用样式和模板实现高效排版。
(3) 能制作图文并茂的专业文档。
(4) 能运用审阅工具进行协作编辑。
(5) 能解决常见的排版问题。

学习重点

(1) 核心技能：样式应用、页眉页脚设置、目录自动生成。
(2) 效率工具：格式刷、查找替换、快捷键。
(3) 图文处理：图片环绕方式、表格美化、图表插入。
(4) 规范要求：公文格式标准、学术文档排版规范。

◆ 素养目标

通过学习数据录入、编辑与分析的基本操作，学生不仅能够深刻认识到数据准确性与真实性的重要意义，还能坚定信念在工作和学习中秉持严谨、细致的态度，杜绝虚假数据，维护社会诚信体系。同时通过学习利用图表清晰、直观地呈现信息，学生可树立用数据支撑决策的科学思维，增强社会责任感和使命感。此外，通过设计团队协作任务，学生可理解个人与集体的关系，培养团队合作精神，提升沟通与协调能力。

WPS 2019 表格也称为电子表格，是金山办公软件 WPS Office 2019 套件中用于处理和展示数据的工具。它的表格制作、数据处理、统计分析和汇总等功能非常强大，能够满足用户在办公和学习中对数据处理和分析的各种需求。同时 WPS 2019 表格还支持在线协作，多人可以同时编辑同一个文档，实现远程团队合作，结合云存储功能，用户可以随时随地访问和修改文档，不受设备和地点的限制。

6.1　WPS 2019 表格简介

1. WPS 2019 表格的启动

在 Windows 10 环境下启动 WPS 2019 表格常用的方式有三种。

(1) 点击"开始"图标,在所有程序中找到"WPS Office 专业版",点击"WPS 表格",在首页中点击"新建"即可新建 WPS 表格,如图 6-1 所示。

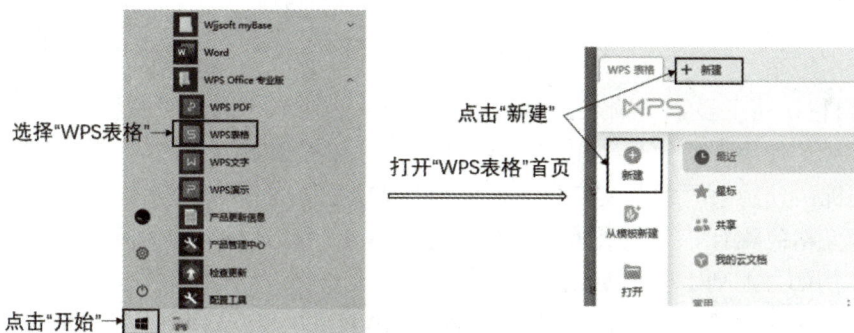

图 6-1　新建 WPS 表格

(2) 双击桌面上的 WPS 表格的快捷方式,启动 WPS 表格程序,然后点击"WPS 表格"首页的"新建"创建 WPS 表格,如图 6-2 所示。

(3) 双击任意一个 WPS 表格文件,启动 WPS 表格程序。

图 6-2　WPS 2019 表格的快捷方式图标

2. WPS 2019 表格的窗口简介

WPS 2019 表格的工作窗口主要包括标题栏、文件菜单、快速访问工具栏、功能区、编辑栏等,如图 6-3 所示。

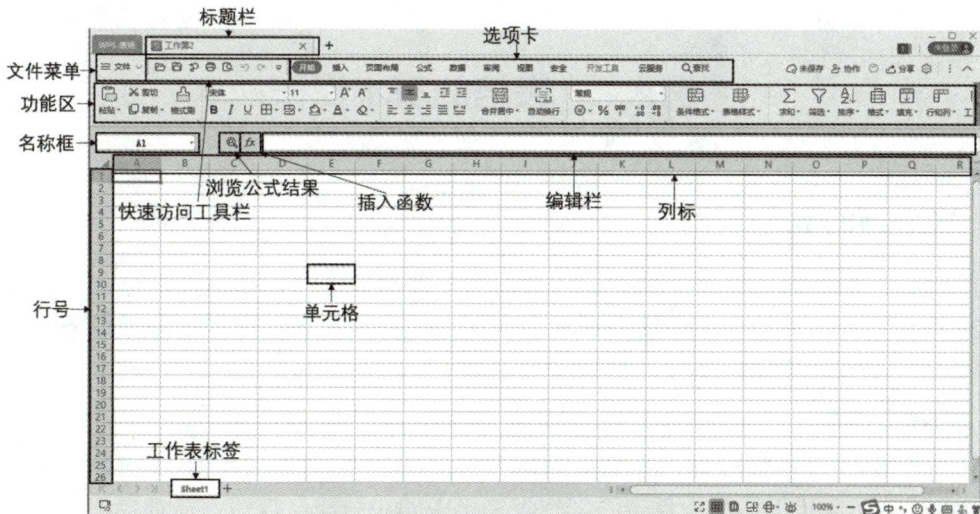

图 6-3　WPS 2019 表格的工作界面

(1) 标题栏：位于窗口顶部，用于显示当前工作簿的名称。

(2) 文件菜单：包含新建、打开、保存、另存为、打印等基本命令。

(3) 快速访问工具栏：包含一些常用的命令，如打开、保存、撤销等，用户可以根据需要添加多个自定义命令。

(4) 选项卡：包括表格的各种功能选项。

(5) 功能区：对应各选项卡的功能，由多个组构成。

(6) 名称框：显示活动单元格的地址、活动单元格或当前选定区域已定义的名称。

(7) 浏览公式结果：单击该按钮，将自动显示当前包含公式或函数的单元格的计算结果。

(8) 插入函数：单击该按钮，将快速打开"插入函数"对话框，可选择相应的函数插入表格。

(9) 编辑栏：用于显示、输入、编辑、修改当前活动单元格中的内容。

(10) 行号：使用阿拉伯数字 1，2，3，4，… 进行标识。

(11) 列标：使用大写的英文字母 A，B，C，D，… 进行标识。

(12) 单元格：由行、列交叉形成的最小操作单元。单元格所在的行号和列标组成单元格的名称。例如，A 列 1 行的单元格名称为"A1"。

(13) 工作表标签：用于显示工作表的名称。WPS 2019 表格新建工作簿默认只有一个名称为"Sheet1"的工作表，点击"Sheet1"右侧的"+"将新建一个默认名称为"Sheet2"的工作表，以此类推，可以在一个工作簿中新建多个工作表，单击工作表标签可在各个工作表之间进行切换。

3. WPS 2019 表格的退出

在完成表格的编辑之后要退出 WPS 2019 表格的工作环境，常用的退出方法有三种：

(1) 单击 WPS 2019 表格窗口右上角的"关闭"按钮。

(2) 点击"文件"菜单下的"退出"选项。

(3) 在标题栏上单击鼠标右键，在弹出的快捷菜单中选择"关闭"命令。

6.2　表格的基本操作

6.2.1　工作簿的基本操作

工作簿是 WPS 表格用来处理和存储数据的文件，扩展名为 .xlsx。一个工作簿就是一个 WPS 表格文件，在一个工作簿中默认包含 1~255 份工作表，可以将同类事务的不同工作表存储在一个工作簿中，便于管理和分析数据。

1. 新建工作簿

在启动 WPS 表格的时候，系统会自动创建一个名称为"工作簿 1"的空白工作簿，用户也可以手动创建工作簿。点击"文件"菜单中的"新建"按钮，在弹出的选项中选择"新建"即可创建出一个默认名称为"工作簿 2"的空白工作簿，如图 6-4 所示。

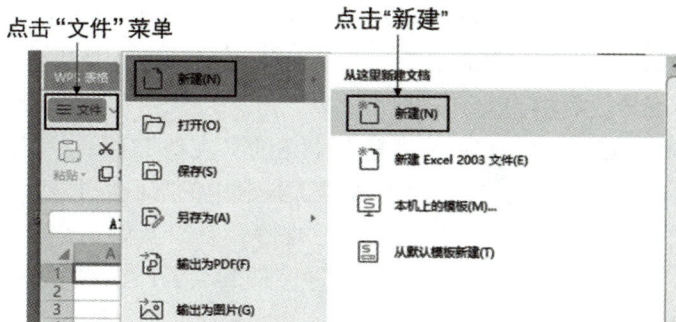

图 6-4　手动创建工作簿

为了满足不同群体的需要，WPS 2019 表格还提供了一些可以直接使用的模板，如财务会计、计划营销、仓储管理等。在 WPS 表格首页，点击左侧选项中的"从模板新建"按钮，打开新建窗口，如图 6-5 所示，在本地模板中的财务会计类模板里列出了资产负债表、现金流量套表、合同管理系统套表、预算损益套表等。点击"财务会计"模板中的"资产负债套表"，即可创建一个名称为"balance_sheet1"的工作簿，在该工作簿中包含"资产负债表"和"资产负债表打印"两个工作表，如图 6-6 所示。

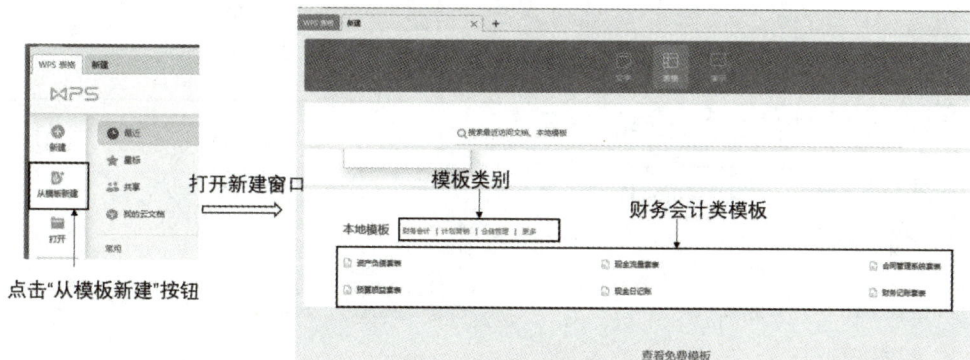

图 6-5　工作簿模板

图 6-6　资产负债套表

2. 保存工作簿

在使用 WPS 2019 表格进行数据处理之后，需要及时地将文件进行保存，以防止因为意外断电或其他情况导致数据丢失。

(1) 新建工作簿的保存。点击 WPS 表格左上角的"文件"菜单，在弹出来的列表中选择"保存"命令，如图 6-7(a) 所示；或者点击快速工具栏中的"保存"按钮，如图 6-7(b) 所示；也可以使用快捷键"Ctrl + S"对 WPS 表格进行保存。一个新的工作簿第一次保存时会弹出"另存文件"对话框，选择文件的保存位置、文件的类型，输入文件名，最后点击"保存"按钮，文件即可保存，如图 6-8 所示。

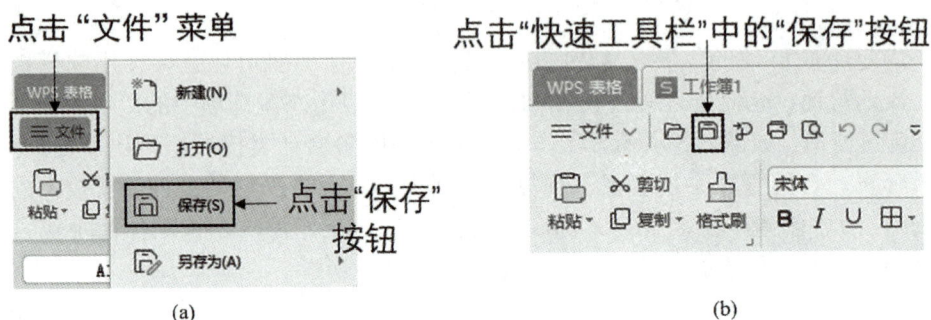

(a)   (b)

图 6-7　文件保存

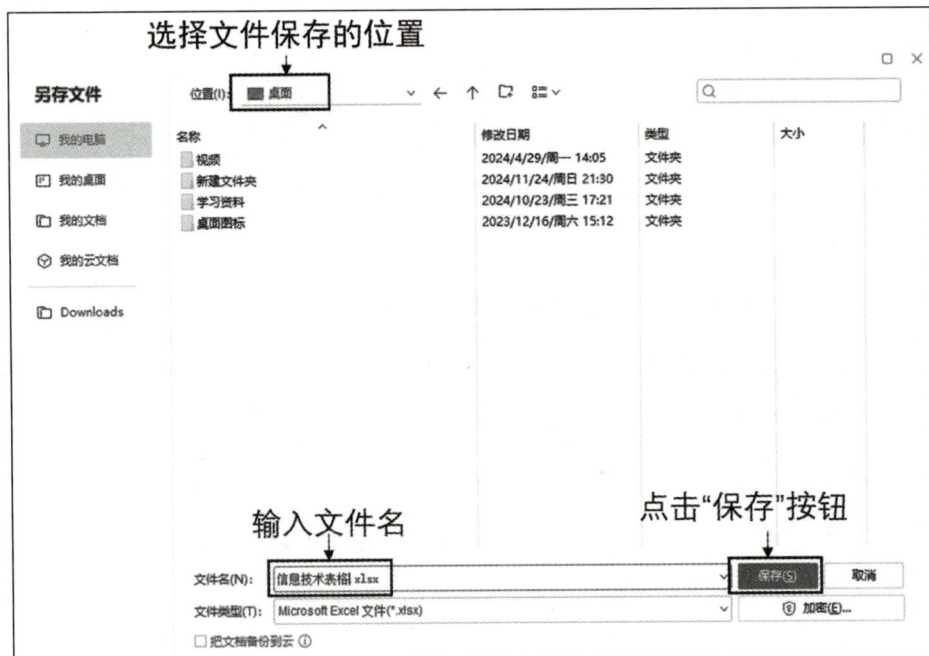

图 6-8　"另存文件"对话框

(2) 已存在的工作簿的另存。对于一个已经执行过保存操作的工作簿，再次点击"文件菜单"中的"保存"命令或者快速工具栏中的"保存"按钮，都不会弹出任何对话框，因为修改后的工作簿已替换原来的工作簿。如果希望修改后的工作簿存储到另外的位置而不是覆盖原工作簿，则需要对工作簿进行另存为操作。点击"文件"菜单中的"另存为"

命令，打开"另存文件"对话框，依次选择文件保存的位置、文件的类型，输入文件的名称，最后点击"保存"按钮即可保存当前工作簿。

3. 关闭工作簿

对工作簿操作完毕之后，及时地关闭工作簿可以节省内存空间。点击文档标签上的"×"按钮即可关闭当前工作簿，如果工作簿中有内容更新尚未保存，则将弹出提示保存的对话框。点击 WPS 表格右上角的"×"按钮，或按下"Alt + F4"组合键，关闭工作簿并退出WPS 表格，如图 6-9 所示。

图 6-9　关闭当前工作簿和退出 WPS 表格

4. 打开工作簿

对已经保存过的工作簿再次进行编辑时，必须先打开工作簿。打开工作簿有两种方式：

(1) 找到待操作的工作簿，双击即可打开待操作的工作簿。

(2) 启动 WPS 表格之后，在左侧的选项中点击"打开"命令，在弹出的"打开文件"对话框中选择要打开的工作簿文件，点击"打开"按钮即可打开待操作的工作簿，如图 6-10 所示。

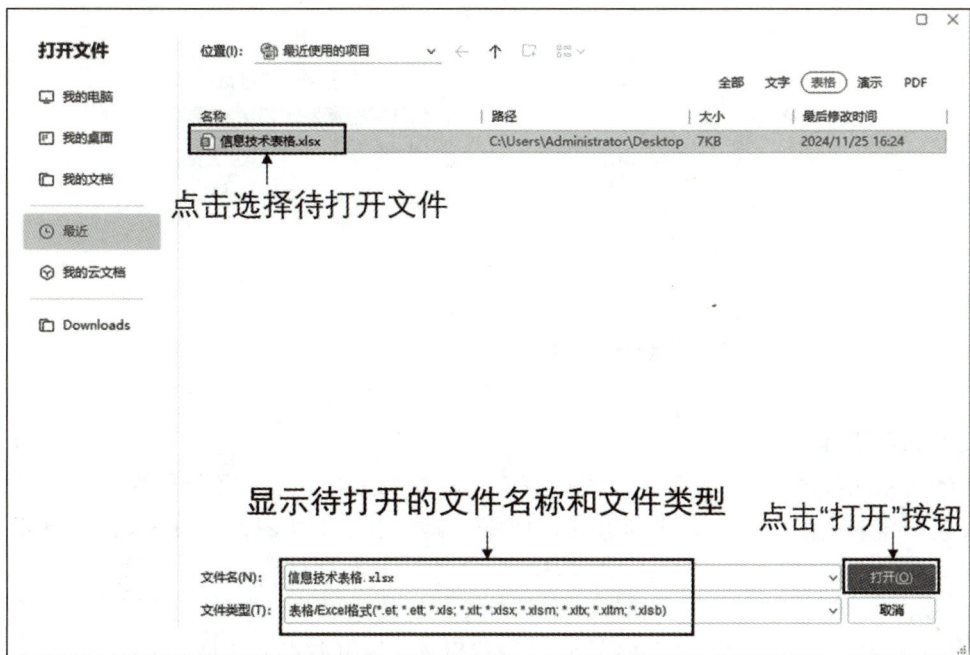

图 6-10　"打开文件"对话框

6.2.2　工作表的基本操作

工作表是 WPS 表格窗口的主体部分，WPS 2019 表格是以工作表为单位进行存储和管理数据的。工作表的常用操作包含新建工作表、重命名工作表、选择工作表、移动工作表、复制工作信息表、切换工作表等。

1. 新建工作表

创建工作簿时系统会默认创建一个名称为"Sheet1"的工作表，用户可以使用这个默认的工作表，也可以根据自己的需求创建多个工作表。WPS 2019 表格提供了两种新建工作表的方法。

(1) 点击工作表标签"Sheet1"右侧的"+"即可新建一个工作表，默认名称为"Sheet2"，如图 6-11 所示。

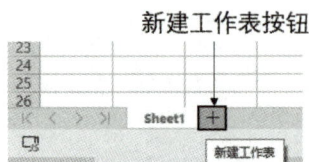

图 6-11　点击工作表标签右侧的"+"新建工作表

(2) 在工作表标签上单击右键，在弹出的右键菜单中选择"插入"命令，打开"插入工作表"对话框，如图 6-12 所示 (除了可以输入插入表格的数目之外，还可以选择插入表格的位置是在当前工作表之后还是在当前工作表之前)，最后点击"确定"按钮实现工作表的插入。

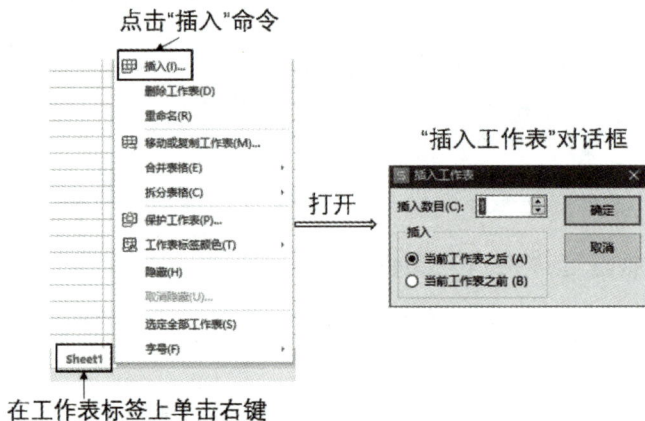

图 6-12　使用"插入"命令新建工作表

2. 重命名工作表

在创建完工作表之后，每张工作表都有一个默认的名称。为了区分和管理这些工作表，可以根据工作表中的内容为其重新命名，使用户能够根据工作表的名称快速地了解工作表的内容。在 WPS 2019 表格中有三种常用的重命名工作表的方式。

(1) 双击工作表标签，当工作表标签变为蓝色的背景时进入编辑状态，输入新的名称后按下"Enter"键即可，如图 6-13 所示，将"Sheet1"重命名为"成绩表"。

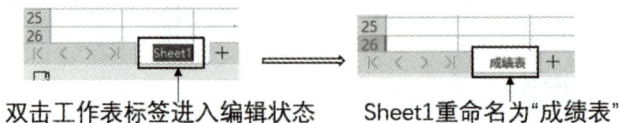

图 6-13　双击工作表标签进入编辑状态

(2) 在工作表标签上单击右键，在弹出的右键菜单中选择"重命名"，如图6-14所示，工作表标签进入编辑状态，输入新的名称后按下"Enter"键即可。

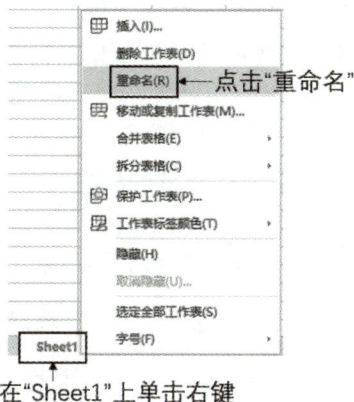

图6-14　工作表标签的右键菜单

(3) 在"开始"选项卡下，点击"工作表"按钮，在弹出的下拉列表中选择"重命名"，如图6-15所示，当前工作表标签进入编辑状态后，输入新的工作表名称即可。

图6-15　点击"工作表"按钮弹出的下拉列表

3. 选择工作表

在WPS表格中操作工作表，遵循"先选择，后操作"的原则。选择工作表可分为选择单张工作表、选择多张连续的工作表和选择多张不连续的工作表。

(1) 选择单张工作表：点击"工作表"标签即选中单张工作表。

(2) 选择多张连续的工作表：点击要选择的第一张工作表标签，再按住"Shift"键点击要选择的最后一张工作表，即可将第一张工作表至最后一张工作表之间的所有连续的工作表选中。

(3) 选择多张不连续的工作表：点击要选择的第一张工作表标签，再按住"Ctrl"键点击需要选择的工作表标签，即可实现多张不连续的工作表的选择。

4. 移动工作表

工作表的移动可以在同一个工作簿中实现，也可以在不同的工作簿之间实现。

(1) 在同一个工作簿中移动工作表：用鼠标点击待移动的工作表标签，将其拖动到要插入的位置，再释放鼠标。

（2）在不同工作簿之间移动工作表：至少要打开两个工作簿，将待移动工作表的工作簿称为原工作簿，把移动工作表之后的工作簿称为目标工作簿。例如，要将"信息技术表格 .xlsx"中的"成绩表"移动到"工作簿 2.xlsx"中，在"信息技术表格 .xlsx"工作簿中的"成绩表"标签上单击右键，在弹出的菜单中选择"移动或复制工作表"，打开"移动或复制工作表"对话框，如图 6-16 所示，在"工作簿"的下拉列表框中选择"工作簿 2"，然后在"下列选定工作表之前"列表框中选择放置的位置为"移至最后"，那么移动过去的"成绩表"将被放置到 Sheet1 之后。因为是移动工作表，所以"建立副本"对话框不用勾选。最后点击"确定"按钮，即可实现在不同工作簿之间移动工作表。

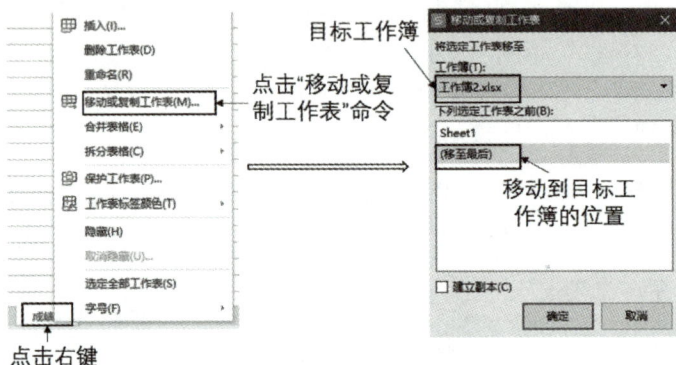

图 6-16　"移动或复制工作表"对话框

5. 复制工作表

在工作中要创建工作表的副本，可通过复制工作表来实现。复制工作表也分为在同一个工作簿中复制和在不同的工作簿之间复制。

（1）在同一个工作簿中复制工作表：单击待复制的工作表，同时按下"Ctrl"键，拖动待复制的工作表到将要粘贴的目标位置，释放鼠标。WPS 表格将复制之后的工作表命名为"XXX(2)"。例如，在"信息技术表格 .xlsx"中将"成绩表"进行复制，默认名称为"成绩表 (2)"，如图 6-17 所示。

图 6-17　在同一个工作簿中复制工作表

（2）在不同的工作簿之间复制工作表：在不同工作簿之间复制工作表的操作与在不同工作簿之间移动工作表的操作方式相同，在图 6-16 中将"建立副本"复选框勾选，即可实现在不同工作簿之间复制工作表。

6. 切换工作表

在一个工作簿中只能有一个工作表处于当前输入和编辑状态，这样的工作表称为活动工作表。当前的活动工作表呈现"凹"状态，并且背景默认是白色的，如图 6-17 中的"成绩表 (2)"就是当前的活动工作表。要切换到其他工作表，只需要点击工作表标签即可。

如果在一个工作簿中的工作表有很多，就会在工作表的右侧出现省略号"…"，单击

"…"，将列出当前工作簿中的所有工作表。可以在"活动文档"的输入框中输入待切换的工作表，也可以直接在列表中点击待切换的工作表，如图 6-18 所示。

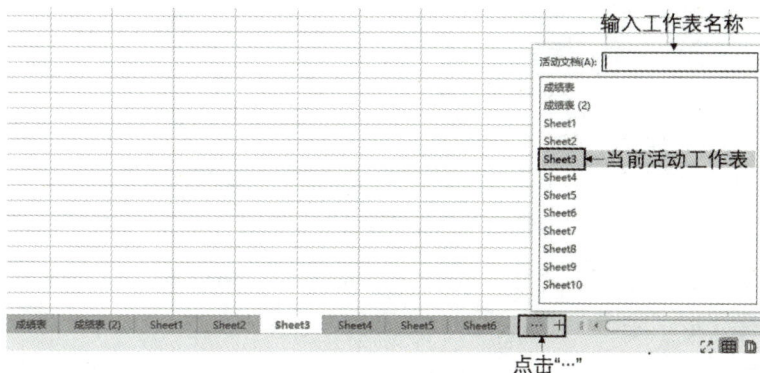

图 6-18   切换当前的活动工作表

7. 显示和隐藏工作表

在一个工作簿中如果工作表太多，则可以暂时将不使用的工作表进行隐藏，待需要使用的时候再进行显示。

1) 隐藏工作表

隐藏工作表有两种方式：

(1) 在待隐藏的工作表标签上单击右键，在弹出的快捷菜单中选择"隐藏"，即可将工作表隐藏，如图 6-19(a) 所示。

(2) 通过点击"开始"选项卡，点击"工作表"按钮，在弹出的下拉列表中点击"隐藏与取消隐藏"，选择"隐藏工作表"命令，如图 6-19(b) 所示。

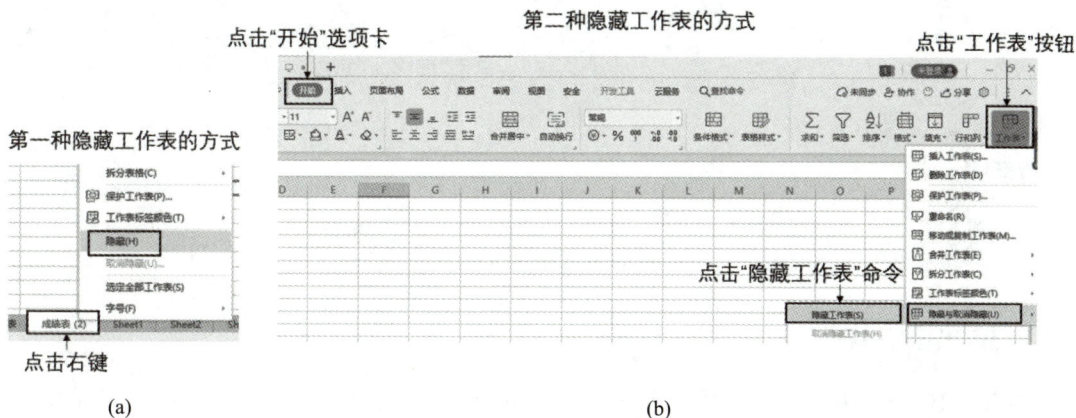

(a)   (b)

图 6-19   隐藏工作表

2) 显示工作表

显示工作表有两种方式：

(1) 在工作簿中的任意一个工作表上单击右键，在弹出的快捷菜单中选择"取消隐藏"，打开"取消隐藏"对话框，选择需要取消的工作表，点击"确定"按钮即可将隐藏的工作表显示，如图 6-20 所示。

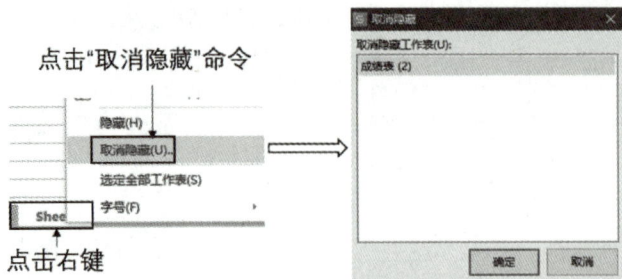

图 6-20　"取消隐藏"对话框

(2) 在"开始"选项卡下，点击"工作表"按钮，在弹出的下拉列表中点击"隐藏与取消隐藏"，选择"取消隐藏工作表"命令，即可将隐藏的工作表显示。

8. 删除工作表

对于不需要的工作表可以将其删除。在 WPS 2019 表格中提供了两种删除工作表的方式。

(1) 在待删除的工作表标签上单击右键，在弹出的快捷菜单中点击"删除工作表"命令，即可将当前工作表删除，如图 6-21(a) 所示。

(2) 在"开始"选项卡下，点击"工作表"按钮，在弹出的下拉列表中点击"删除工作表"命令，即可删除当前工作表，如图 6-21(b) 所示。

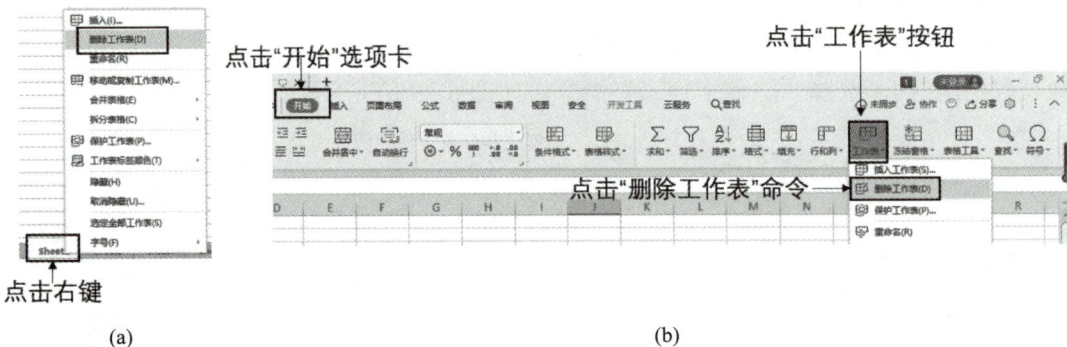

(a)　　　　　　　　　　　　　(b)

图 6-21　删除工作表

6.2.3　单元格的操作

WPS 2019 表格中的工作表是由行和列交叉的单元格组成的，它是工作表的最小单位，对数据的所有操作都是在单元格中进行的，单元格的行号使用阿拉伯数字进行定位，单元格的列号使用大写的英文字母进行定位。单元格的操作包括插入单元格、删除单元格、复制粘贴单元格、选中单元格、合并单元格以及拆分单元格等。

1. 插入单元格

在工作表中插入单元格或删除单元格都会引起相邻单元格位置的变化。在 WPS 2019 表格中插入单元格的方式有两种。

(1) 在待插入单元格的位置单击鼠标右键，在弹出的快捷菜单中点击"插入"命令，在下拉列表中可以选择插入单元格的位置，如图 6-22 所示。

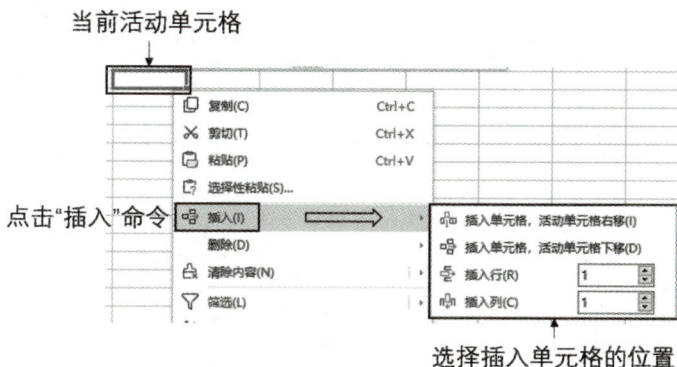

图 6-22　插入单元格

(2) 在"开始"选项卡下，点击"行和列"按钮，在弹出的下拉列表中点击"插入单元格"按钮，弹出"插入"对话框，如图 6-23 所示，可以选择当前活动单元格右移或下移，也可以选择插入整行或整列。

图 6-23　"插入"对话框

2. 删除单元格

在 WPS 2019 表格中删除单元格的方式也有两种。

(1) 在待删除的单元格上单击右键，在弹出的快捷方式中点击"删除"命令，在弹出的下拉菜单中可以选择"右侧单元格左移""下方单元格上移""整行"或"整列"，如图 6-24 所示。

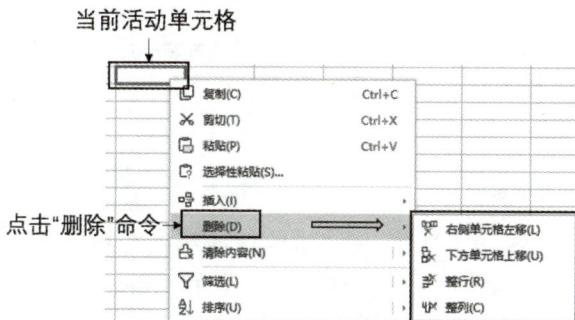

图 6-24　删除单元格

(2) 在"开始"选项卡下，点击"行和列"按钮，在下拉列表框中选择"删除单元格"

命令，在下拉列表中点击"删除单元格"命令，打开"删除"对话框，如图 6-25 所示。

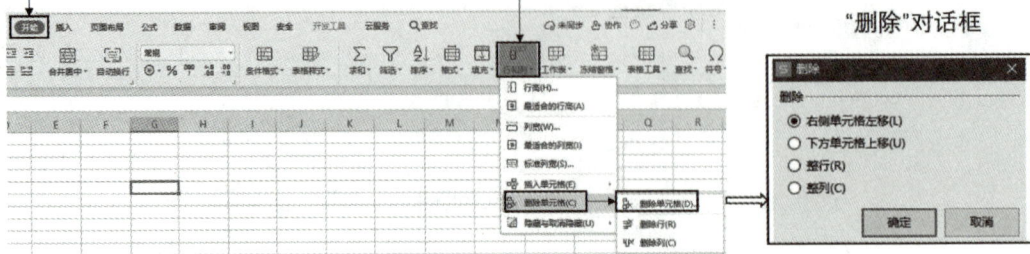

图 6-25　"删除"对话框

3. 复制、粘贴单元格

在操作工作表时，对于工作表中重复出现的内容可以通过复制单元格的内容到指定的地方进行粘贴来实现。在 WPS 2019 表格中复制、粘贴单元格可以通过快捷键实现，也可以通过鼠标拖动实现。

(1) 使用快捷键实现复制、粘贴单元格：选中待复制的单元格，按键盘上的"Ctrl + C"键进行复制，到待粘贴单元格处按键盘上的"Ctrl + V"键进行粘贴。

(2) 使用鼠拖动实现复制、粘贴单元格：选中待复制的单元格，按住"Ctrl"键，同时用鼠标单击单元格的绿色边框，当鼠标指针变成带有 4 个方向的箭头时，拖动鼠标到待粘贴处，释放鼠标后松开"Ctrl"键。

4. 选中单元格

在操作单元格之前需要先选中单元格，在 WPS 2019 表格中选中单元格的方式有以下几种。

(1) 选中一个单元格：直接使用鼠标点击单元格即可选中，或者在名称框中输入单元格的地址之后按回车键，如图 6-26 所示。

(2) 选择不连续的单元格：鼠标点击一个待选择的单元格之后，按住键盘上的"Ctrl"键，点击其他待选中的单元格，直到所有待选择的单元格全部选择结束之后，释放"Ctrl"键。被选中的单元格默认呈灰色显示，被选中的最后一个单元格底色不变，如图 6-27 所示。

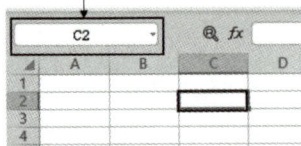

图 6-26　输入单元格地址选中单元格

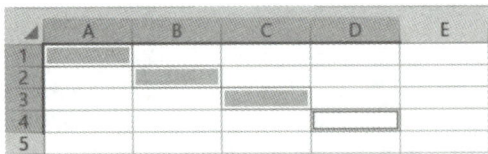

图 6-27　选择不连续的单元格

(3) 选择连续的单元格：鼠标点击待选中区域的第一个单元格，拖动鼠标到待选中区域的最后一个单元格后释放鼠标，或者在选中第一个单元格之后，按住键盘上的"Shift"键，在待选中区域的最后一个单元格点击之后，释放"Shift"键。

(4) 选择整行：用鼠标点击待选定行的行号即可选中一整行。如果要选择不连续的多行，则可以按住"Ctrl"键，单击需要选择行的行号；如果要选择连续的多行，则可以按住"Shift"键，点击待选中行的最后一行的行号。

(5) 选择整列：用鼠标点击待选定行的列号即可选中一整列。如要选择不连续的多列，则可以按住"Ctrl"键，单击需要选择列的列号；如果要选择连续的多列，则可以按住"Shift"键，点击待选中列的最后一列。

(6) 选择所有单元格：单击行号与列表左上角交叉点的"三角形"，即可选中整个 sheet 表中的所有单元格，如图 6-28 所示。也可以使用快捷键"Ctrl＋A"选中整个 sheet 表中的所有单元格。

图 6-28　行号与列标左上角的交叉点

5. 合并单元格

合并单元格是指将多个单元格合并为一个单元格。在 WPS 2019 表格中常用的合并单元格的方式有两种。

(1) 选中待合并的单元格，在"开始"选项卡下，点击"合并居中"下拉按钮，在弹出的列表中选择相应的选项，即可合并单元格，如图 6-29 所示。

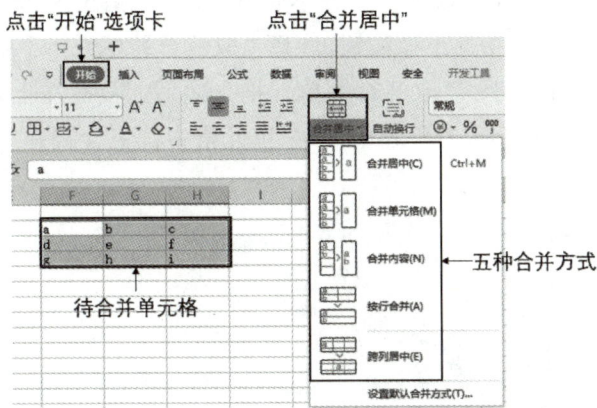

图 6-29　合并单元格

在合并单元格时有五种合并方式可供选择。其中，"合并居中"与"合并单元格"的区别是："合并单元格"只合并单元格，合并之后的内容不居中。对于图 6-29 中待合并的单元格，在选择"合并居中"或"合并单元格"合并之后，单元格中的内容保留第一个值"a"。如果选择的是"合并内容"，那么不仅合并了单元格，内容也被全部保留；"按行合并"后，每行仅保留最左侧单元格的内容；"跨列居中"并不会真正合并单元格，只是让内容在视觉上跨多列并居中对齐。合并内容、按行合并以及跨列居中的效果分别如图 6-30(a)、(b)、(c)所示。

(2) 选择待合并的单元格，单击右键，在弹出的快捷菜单中点击"合并"的下拉按钮，可以选择"合并居中""跨列合并""合并单元格"以及"跨列居中"四种合并方式。如图 6-31 所示。

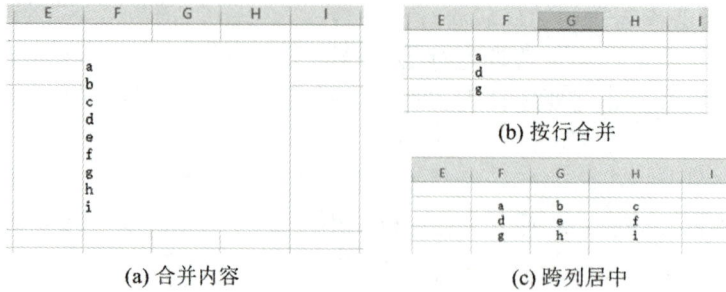

(a) 合并内容　　　(b) 按行合并　　　(c) 跨列居中

图 6-30　合并内容、按行合并、跨列居中的效果

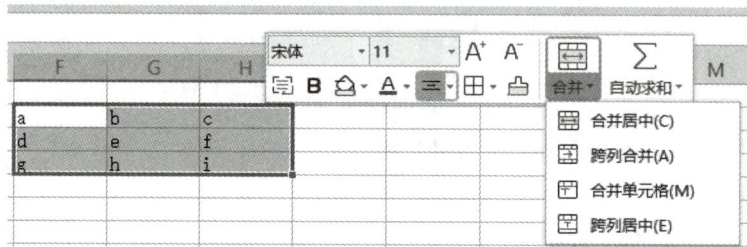

图 6-31　四种单元格的合并方式

6. 拆分单元格

只有经过合并的单元格才可以执行拆分单元格操作。点击选中待拆分的单元格,在"开始"选项卡下,点击"合并居中"下拉按钮,选择"取消合并单元格"或"拆分并填充内容"选项。这两个选项的区别在于:"取消合并单元格"之后,只有左上角的单元格含有合并单元格的值;而"拆分并填充内容"之后,每个单元格中都包含合并单元格的值,如图 6-32 所示。

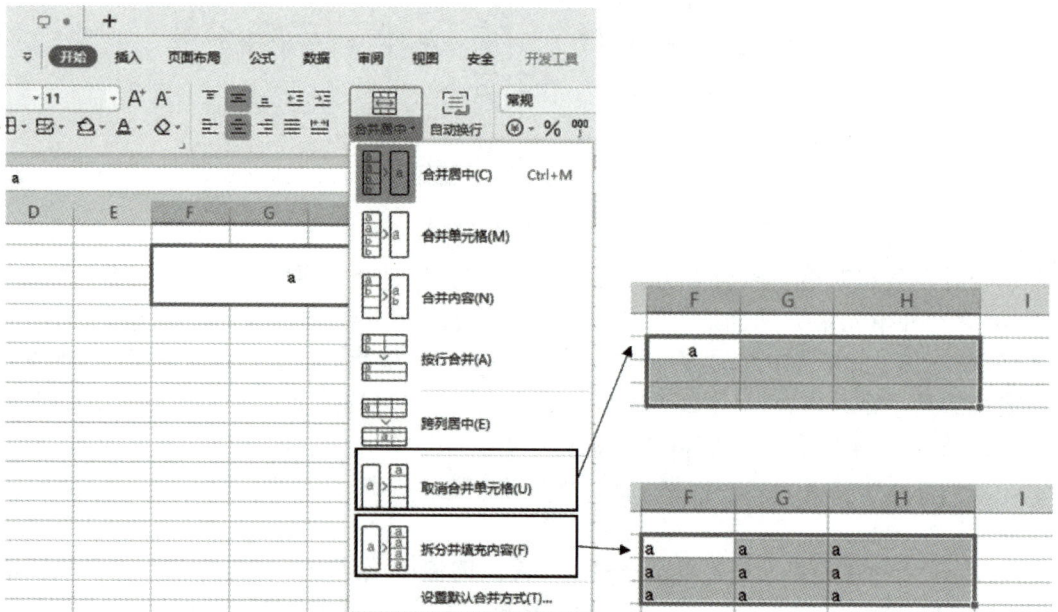

图 6-32　拆分单元格

7. 单元格格式设置

在 WPS 2019 中，允许用户自定义单元格的显示方式，以满足不同的数据处理和展示需求。首先，右键单击待设置格式的单元格，在弹出的右键菜单中选择"设置单元格格式"，打开"单元格格式"对话框，如图 6-33 所示。单元格的格式包括数字、对齐、字体、边框、图案、保护。

图 6-33 "单元格格式"对话框

(1) 设置数字格式。图 6-33 中常用的数字格式有常规、数值、货币、会计专用、日期、时间、百分比、分数、科学记数、文本、特殊、自定义。默认情况下是常规。

(2) 设置对齐方式。点击图 6-33 中的"对齐"选项卡，可以设置单元格内容的对齐方式。文本的水平对齐方式提供了常规、靠左（缩进）、居中、靠右（缩进）、填充、两端对齐、跨列居中、分散对齐（缩进），共 8 种水平对齐方式，如图 6-34(a) 所示。文本的垂直对齐方式有靠上、居中、靠下、两端对齐、分散对齐，共 5 种垂直对齐方式，默认为居中对齐，如图 6-34(b) 所示。

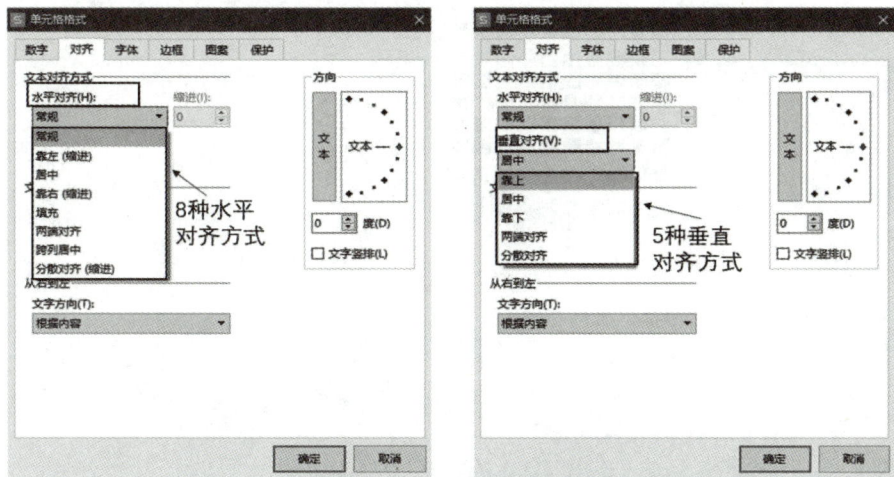

(a)   (b)

图 6-34 "对齐"选项卡

（3）设置字体格式。点击图 6-34 中的"字体"选项卡，如图 6-35 所示，可以对单元格中的文本进行字体、颜色、字形、字号等进行设置。

（4）设置边框：点击图 6-35 中的"边框"选项卡，如图 6-36 所示，可以对单元格的外框线和内框线进行线条样式和颜色的设置。

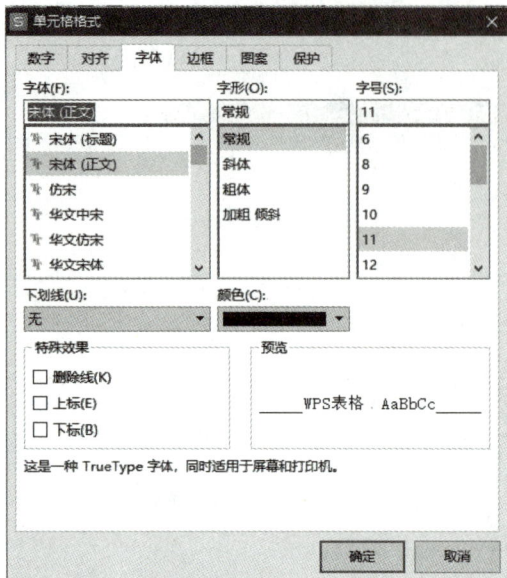

图 6-35 "字体"选项卡

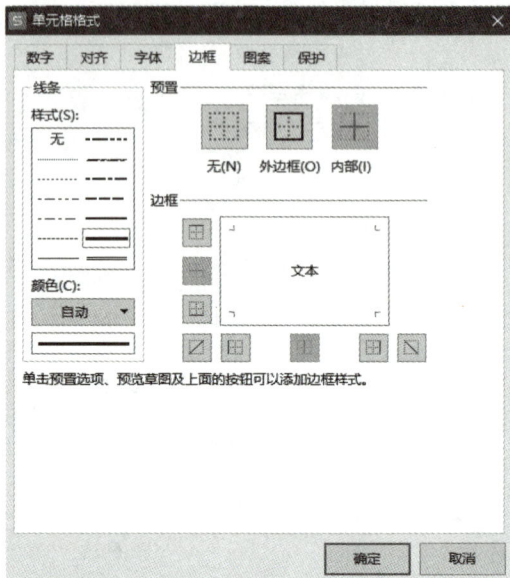

图 6-36 "边框"选项卡

（5）设置图案。点击图 6-36 中的"图案"选项卡，可以对单元格的底纹进行设置，如图 6-37 所示。

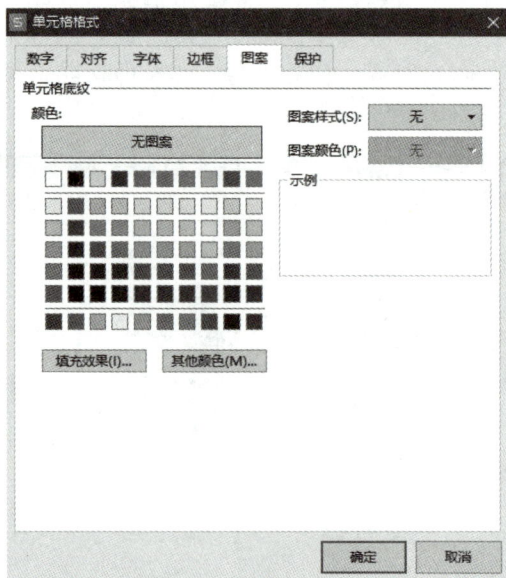

图 6-37 "图案"选项卡

8. 行 / 列操作

在 WPS 2019 表格中可以在 Sheet 表中进行插入行 / 列、删除行 / 列以及设置行高和列宽的操作。

(1) 插入行操作。选中行，单击鼠标右键，在弹出的快捷菜单中选择"插入"选项，在右侧的"行数"数值框中输入需要插入的行数，最后按回车键进行确认，即可在选中行的上方插入新行，如图 6-38 所示。

(2) 插入列操作。选中列，点击鼠标右键，在弹出的右键菜单中选择"插入"选项，在右侧的"列数"数值框中输入需要插入的列数，最后按回车键进行确认，即可在所选列的左侧插入新列，如图 6-39 所示。

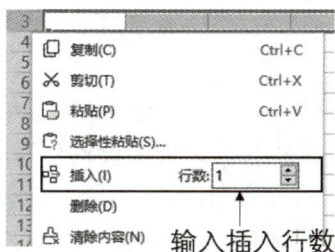

图 6-38　插入行操作　　　　　　　图 6-39　插入列操作

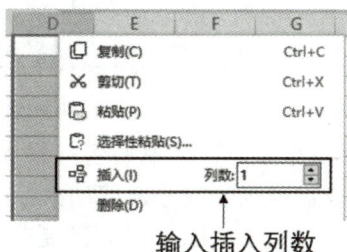

(3) 删除行 / 列。删除行 / 列常用的方式有两种：

① 选择待删除的行 / 列，点击鼠标右键，在弹出的右键菜单中选择"删除"选项，即可将待删除的行 / 列删除。

② 选择待删除的行 / 列，在"开始"选项卡中点击"行和列"下拉按钮，在弹出的下拉列表中选择"删除单元格"选项，在级联菜单中选择"删除行"或"删除列"。图 6-40 中演示的是删除列。

图 6-40　删除行 / 列操作

(4) 设置行高。设置行高有直接设置和定量设置两种方式。直接设置行高的操作方法是：将鼠标移动到需要设置行高的行号处，当光标变成带有上下箭头符号的时候按住鼠标拖动光标，即可调整任意高度的行高。定量设置行高的操作方法是：选择要调整行高的行，单击鼠标右键，在弹出的右键菜单中选择"行高"选项，打开"行高"对话框，在"行高"数值框中输入行高，最后点击"确定"按钮即可实现定量行高的设置，如图 6-41 所示。

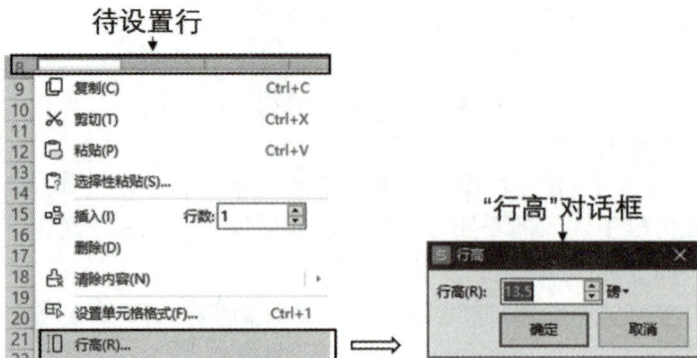

图 6-41　"行高"对话框

(5) 设置列宽。设置列宽有直接设置和足量设置两种方式。直接设置列宽的操作方法是：点击待设置列宽的列号，移动鼠标到待设置列宽的列号右侧，当光标变成带有左右黑色箭头的符号时拖动鼠标，即可直接设置列宽。定量设置列宽的方式与定量设置行高的方式相同：选择待调整列宽的列，单击鼠标右键，在弹出的快捷菜单中选择"列宽"选项，打开"列宽"对话框，在"列宽"数值框中输入列宽，最后点击"确定"按钮即可实现定量列宽的设置，如图 6-42 所示。

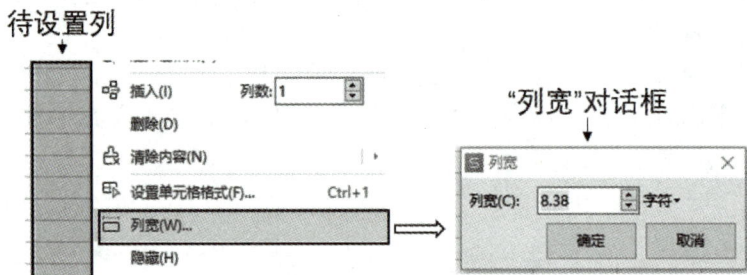

图 6-42　"列宽"对话框

在进行行高和列宽设置的时候需要注意，行高的单位是"磅"，列宽的单位是"字符"。

6.2.4　输入和编辑数据

新的工作表是没有数据的，用户需要将使用的数据录入工作表中，在单元格中输入的数据可以是文本型数据、数值型数据、日期和时间型数据、有序数据等。

1. 文本型数据输入

WPS 2019 表格中的文本框数据包括中文汉字、英文字母、空格、标点符号、特殊符号等。文本型数据在 WPS 2019 表格中默认是单元格左对齐的，直接在单元格中单击即可输入文本数据。如果单元格中已有数据，则单击将覆盖原单元格中的数据；双击单元格，如果没有数据则录入数据，如果有数据则对原数据进行修改。

如果希望将数值型数据 6 作为文本型数据输入单元格，则可以通过以下三种方式：

(1) 在数值型数字之前先输入一个英文的单引号，即 "'6"。

(2) 在待输入数据的单元格上单击右键，在弹出的右键菜单中选择"设置单元格格式"，打开"单元格格式"对话框，在"数字"选项卡下选择"文本"，将单元格设置为"文本"

格式，再输入数字。

(3) 在"开始"选项卡下，点击"数字格式"的下拉列表，如图 6-43 所示，选择"文本"选项，将单元格格式设置为"文本"格式，再输入数字。

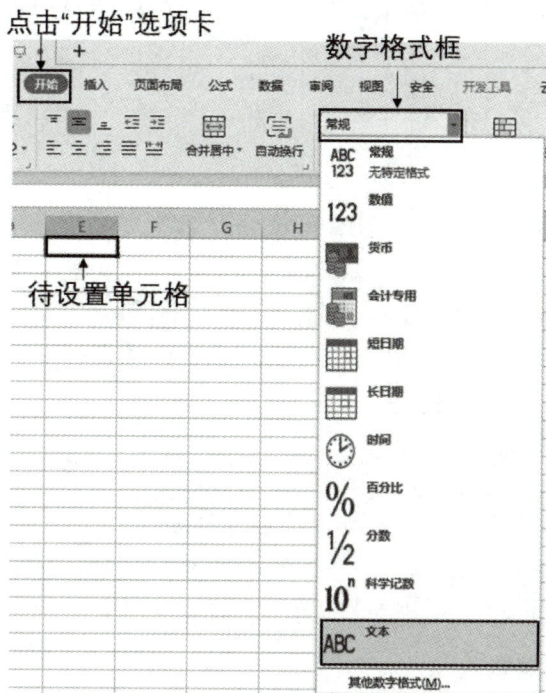

图 6-43 "数字格式"下拉列表

2. 数值型数据输入

在 WPS 2019 表格中数值型数据除了常见的数字之外，还有百分数、分数、会计专用等，数值型数据在单元格中默认右对齐。

(1) 输入负数：如果单元格中需要输入负数，则可以在数字前输入符号"-"，如"-98"；使用英文小括号将数字括起来也表示负数，如"(98)"。

(2) 输入分数：如果单元格中的数值型数据是一个分数，则需要先输入一个 0 和空格，再输入分数，例如，要输入"1/3"，应在单元格中输入"0 1/3"；或者将单元格的格式设置为"分数"之后再输入"1/3"。

(3) 输入百分数：在单元格中输入一个数字，然后在数字后面加上"%"，如"30%"；或者将单元格格式设置为"百分数"之后再输入数字，默认带有两位小数点，如"80.00%"。

(4) 输入小数：直接在单元格中输入带小数点的数字即可。如果对小数位数有要求，则可以对需要保留的小数位数进行设置，常用的方式有两种：

① 通过设置单元格格式来实现，在单元格上单击右键，在弹出的右键菜单中选择"设置单元格格式"，打开"单元格格式"对话框，在"分类"中选择"数值"，在右侧数值框中输入小数位数，最后点击"确定"按钮完成设置，如图 6-44 所示。

② 通过"开始"选项卡中"数字"中的"增加小数位数"或"减少小数位数"命令实现，如图 6-45 所示。

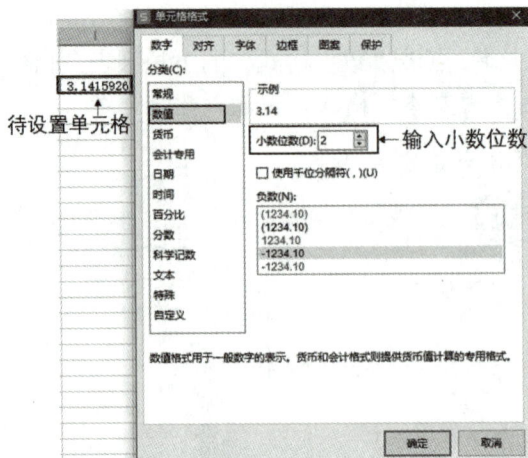

待设置单元格

输入小数位数

图 6-44　设置小数位数

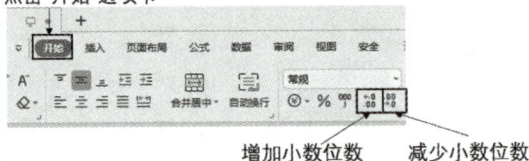

点击"开始"选项卡

增加小数位数　　　减少小数位数

图 6-45　"增加小数位数"和"减少小数位数"命令

3. 日期和时间型数据输入

WPS 2019 表格中内置了一些日期和时间格式，如果输入的数据与这些格式相匹配，则 WPS 就会将其识别为日期和时间型。例如，在单元格中直接输入"1/3"，则被识别为"1月 3 日"，而非分数。

(1) 日期型数据。在 WPS 2019 表格中，日期格式分为长日期和短日期两种类型。长日期显示为"2025 年 3 月 18 日"；短日期显示为"2025/3/18"。如果在单元格中输入"2025-3-18"，则回车之后单元格中显示为"2025/3/18"；如果输入时省略了年份，只输入"3/18"，则将当前年份作为默认年份。在单元格中输入日期后，可以通过"开始"选项卡下的"数字"格式框的下拉列表中选择"长日期"或"短日期"来设置单元格格式，如图 6-46 所示。

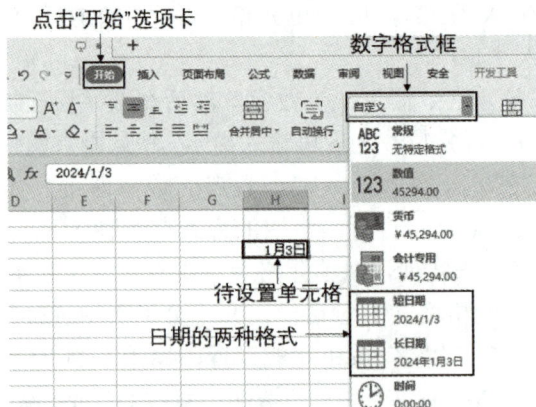

点击"开始"选项卡

数字格式框

待设置单元格

日期的两种格式

图 6-46　设置单元格格式

(2) 时间型数据。时间型数据以 ":" 作为时、分、秒的分隔符。例如，"9 时 35 分 22 秒"在单元格中输入 "9:35:22" 即可；如果在单元格中输入 "9:9:9"，则最终单元格显示的内容为 "9:09:09"。

4. 自动填充

在向 WPS 2019 单元格录入数据的时候，如果输入的数据重复，那么可以使用自动填充功能。在需要录入数据的第一个单元格中输入数据，然后将鼠标移动到单元格的右下角，当鼠标变成黑色 "+" 字符号时，按住鼠标左键向上、下、左、右拖动鼠标至需要录入数据的最后一个单元格，释放鼠标，即可实现重复内容的填充，此时在最后一个单元格的右下角还会出现 "自动填充选项" 按钮，点击 "自动填充选项" 按钮，会弹出四种填充方式，默认为 "复制单元格"，如图 6-47 所示。

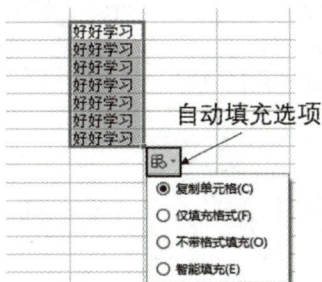

图 6-47   自动填充

如果第一个单元格中录入的是数字或者日期，那么在拖动鼠标的时候将会对第一个单元格中的数据进行增量或减量填充，如图 6-48 所示。不同类型数据的 "自动填充选项" 按钮下的选项也不相同，日期和数字默认是 "以序列方式填充"。

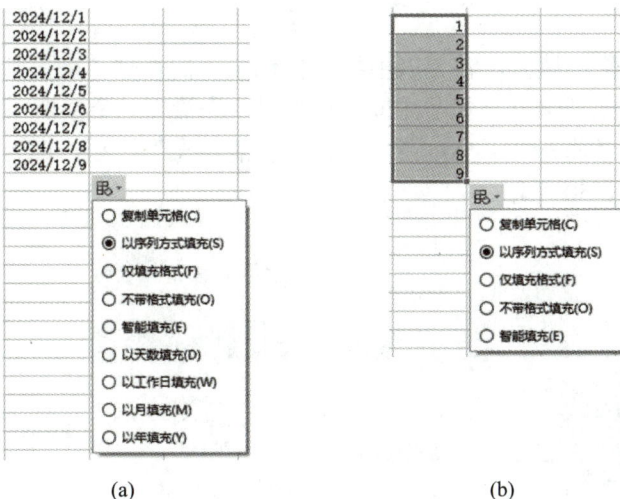

(a)   (b)

图 6-48   日期或数字的增量填充

5. 序列填充

图 6-48 中日期和数字的填充实际上就是以序列的方式进行填充，如果填充的数据有规律则可以自定义序列填充，如等差数列 1，3，5，7，9，等比数列 1，2，4，8，16 等。

(1) 等差数列。先在第一个单元格中填入等差数列中的第一个值，例如 1，在下一个单元格中输入 3，步长则为 "3 - 1 = 2"，同时选中这两个单元格，把鼠标放到第二个单元格的右下角，当鼠标变成黑色 "+" 符号时，按住鼠标左键拖动鼠标至目的地单元格，即可实现等差数列的填充。

(2) 等比数列。如果需要输入的数列为等比数列，则在第一个单元格中输入等比数列的第一个数据，把鼠标放到该单元格的右下角，当鼠标变成黑色 "+" 符号时，按住鼠标左键拖动鼠标至目的地单元格，然后在 "开始" 选项卡下，点击 "填充" 按钮，在下拉列表中选择 "序列" 选项，打开 "序列" 对话框，在 "类型" 里选择 "等比序列"，在 "步长值" 文本框中输入步长值 "2"，单击 "确定" 按钮即可实现等比数列的填充，如图 6-49 所示。

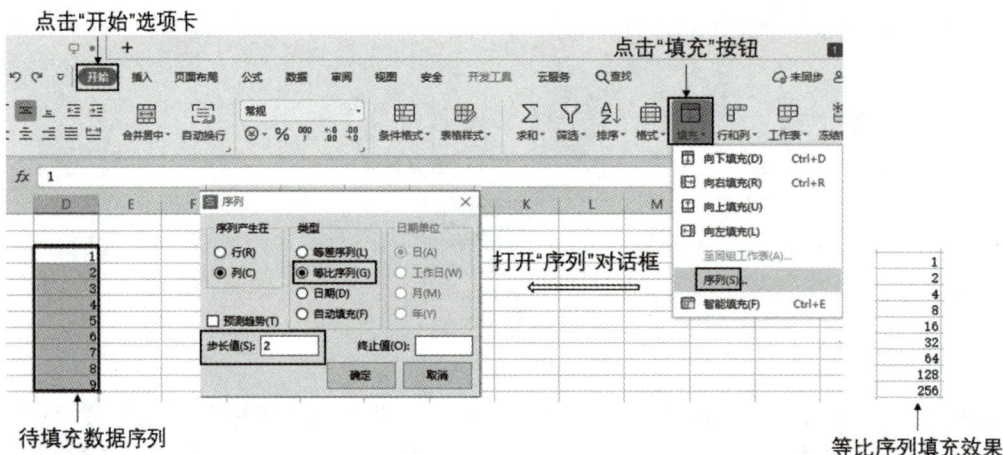

图 6-49 "序列" 对话框

6. 智能填充

智能填充又称为快速填充，它可以根据表格已录入的数据自动判断还需要录入的数据并进行一键填充。例如，需要将手机号中间四位隐藏。先给定一个模板 "186****5736"，在 "开始" 选项卡下，点击 "填充" 下拉按钮，选择 "智能填充" 选项，即可对所有手机号实现中间四位隐藏，如图 6-50 所示。

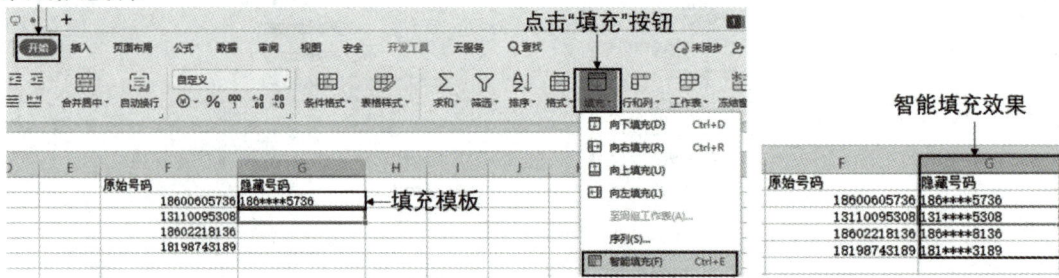

图 6-50 智能填充

7. 数据有效性

WPS 2019 表格中数据的有效性功能允许用户为单元格或单元格区域设置输入条件，确保输入到表格中的数据符合特定的规则或范围。当用户在设置了数据有效性的单元格中输入不符合条件的数据时，WPS 2019 表格会弹出错误提示，要求用户重新输入。

设置数据有效性的操作步骤如下：

(1) 选中待设置有效数据的单元格或单元格区域，在"数据"选项卡下，单击"有效性"下拉按钮，选择"有效性"，打开"数据有效性"对话框，如图 6-51 所示。单元格或单元格区域默认是允许"任何值"，在 WPS 2019 中可以设置数据有效性的验证条件的有整数、小数、序列、日期、时间、文本长度、自定义等。图 6-51 中选择的是"整数"，"数据"下拉列表中操作符选择"介于"，"最小值"设置为"1"，"最大值"设置为"100"。

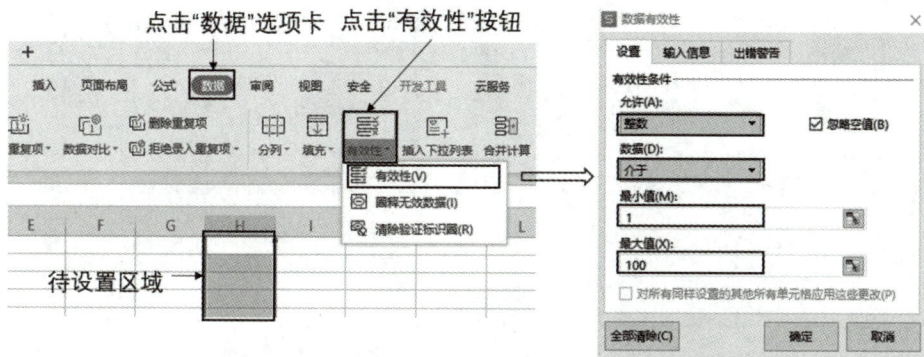

图 6-51 "数据有效性"对话框

(2) 点击图 6-51 中的"出错警告"选项卡，如图 6-52 所示。在"标题"处写上"错误提示"，在"错误信息"中可以输入"您输入的内容，不符合限制条件"，"样式"中有"停止""警告""信息"三个选项可供选择，默认为"停止"，图标为红色的圆圈中间有个白色的叉，"警告"的图标为黄色的三角形中间有个黑色的叹号，"信息"的图标为蓝色的圆圈中间有个白色的字符"i"。图 6-52 中选择"警告"样式，设置完成后点击"确定"按钮。

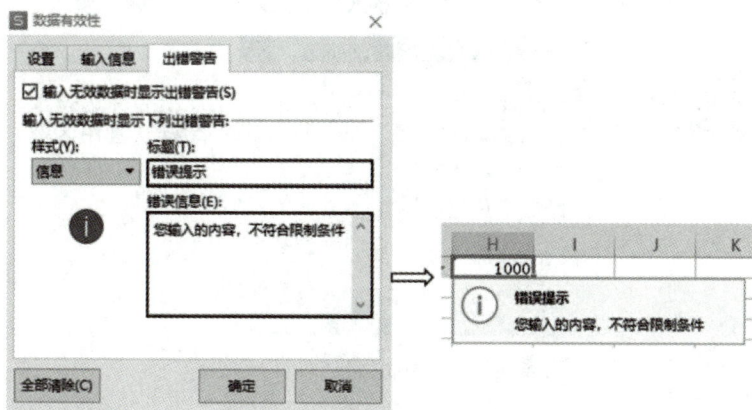

图 6-52 "出错警告"选项卡

6.2.5 套用表格样式

表格填写完数据之后，可以为表格设置样式。例如，设置表格中单元格的边框、填充颜色等，进行自定义样式的设置。除了自定义样式的设置外，也可以使用 WPS 2019 提供的非常美观的样式模板，对表格进行美化。

选择需要套用样式的单元格区域，在"开始"选项卡中找到"表格样式"按钮，点击"表格样式"的下拉按钮，弹出"浅""中等""深"三种预设样式，每个种类的预设样式又提供了多种选择，如图 6-53 所示。点击一种预设样式，打开"套用表格样式"对话框，如图 6-54 所示。在"表数据的来源"文本框中显示了选择的单元格区域，也可以点击文本框最右侧的"按钮"重新选择需要设置预定义样式的区域，最后点击"确定"按钮，即套用了预定义样式。

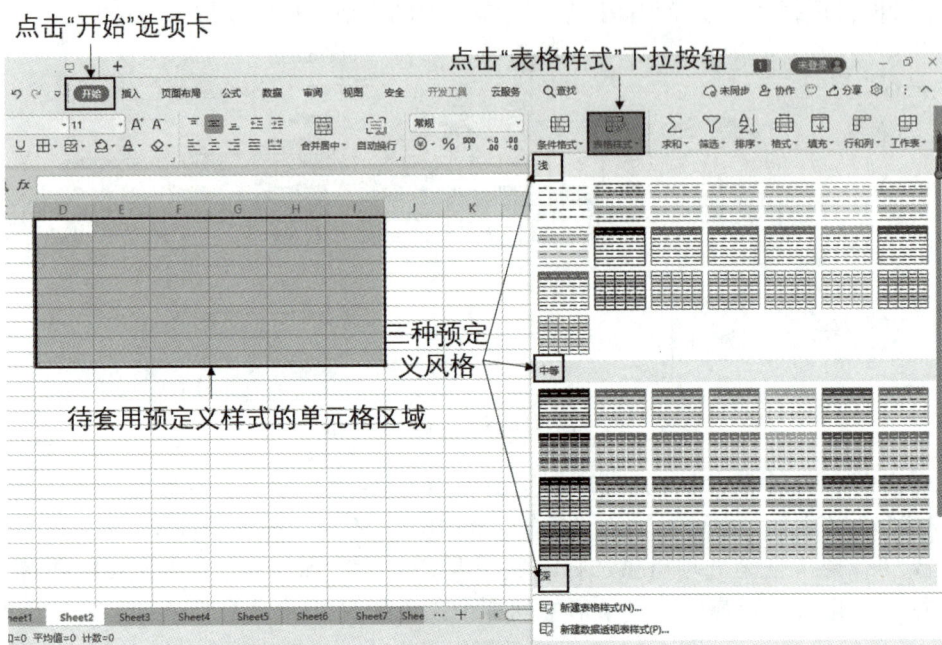

图 6-53 "表格样式"下拉列表

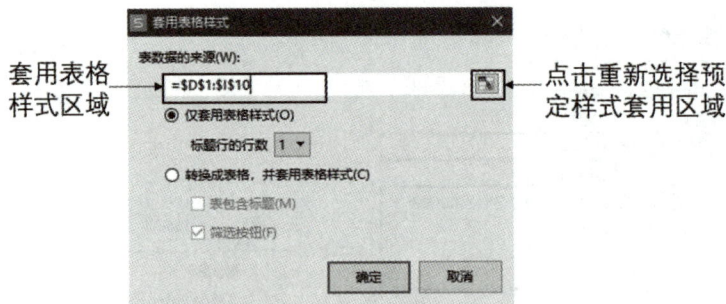

图 6-54 "套用表格样式"对话框

6.3 公式和函数的使用

WPS 2019 表格具有强大的数据计算功能，这些功能都是通过公式或函数来实现的。公式和函数也是进行数据分析和处理的重要工具，它们可以单独使用也可以嵌套使用。

6.3.1　公式的使用

公式是由等号"="、函数名、参数以及运算符等组成的表达式，用于实现一定的功能。在 WPS 2019 表格中公式必须以"="开始，公式中的运算符必须使用英文半角字符，还要确保参与计算的单元格中的值为数字格式。

1. 运算符

WPS 2019 表格中的运算符有算术运算符、比较运算符、文本运算符和引用运算符。

(1) 算术运算符是用于数学运算的，常用的算术运算符有"+""−""*""/""%""^"，其中"^"表示幂运算。

(2) 比较运算符是用于比较两个对象的关系，常用的比较运算符有">""<"">=""<=""<>"，其中"<>"表示不等于运算。比较运算的结果为 TRUE 或 FALSE，TRUE 表示比较的条件成立，FALSE 表示比较的条件不成立。

(3) 文本运算符是用于将两个文本连接起来生成一个新的文本。

(4) 常用的引用运算符有三个：① 冒号":"表示区域运算，对两个单元格之间所有单元格进行引用，例如，"A1:A5"表示对 A1、A2、A3、A4、A5 这 5 个单元格的引用；② 逗号","表示联合运算符，可以将多个引用合并为一个引用，例如，"SUM(A1:A5,B1:B5)"表示计算 A1 到 A5 单元格的和，再加上 B1 到 B5 单元格的和；③ 空格" "表示交叉运算符，用于引用两个区域的重叠部分，直接通过空格来引用两个区域的交集，这种形式并不常见，在某些函数或 VBA 代码中可能会遇到这种情况。

2. 输入公式

用户可以在编辑栏中输入公式，也可以在单元格中输入公式。输入公式时，将光标定位到需要输入公式的单元格，输入"="，在等号之后输入公式。例如，如图 6-55 所示，将光标定位到 F2 单元格，输入"=C2+D2+E2"，输入完成之后按"Enter"回车键或点击编辑栏上的"✓"按钮，即可得到运算结果。

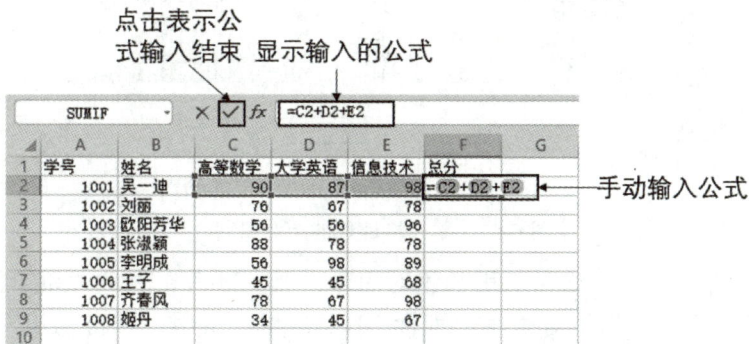

图 6-55　用公式计算总分

3. 填充公式

WPS 2019 表格中同一列或同一行使用相同公式时，可以使用公式的填充功能。图 6-55 中计算完第一个学员的成绩，从第 2 个学员到第 8 个学员总分的计算需要使用第一个学员相同的计算公式，因此将光标定位到"F2"单元格，当光标变成黑色的"+"字加号时，按住鼠标左键向下拖动鼠标到 "F9" 单元格，释放鼠标，即可自动填充其他学员的成绩，如图 6-56 所示，"F9" 单元格的公式为 "=C9+D9+E9"。

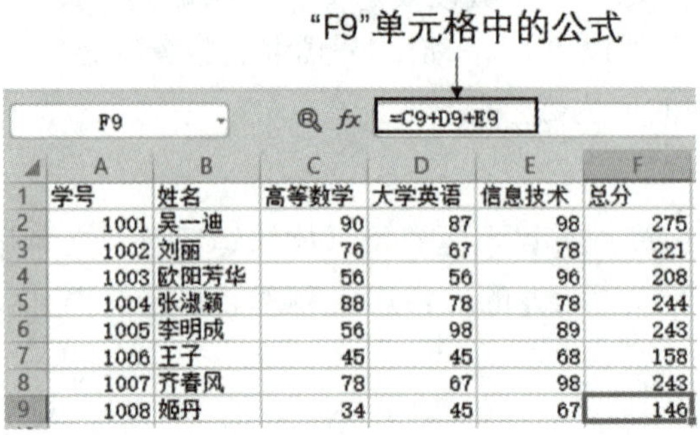

图 6-56　用填充公式填充其他学员的成绩

4. 单元格地址的引用方式

图 6-55 中 "F2" 单元格的公式为 "=C2+D2+E2"，当使用填充公式自动填充其他学员的成绩时，"F9" 单元格中的公式为 "=C9+D9+E9"，说明在鼠标拖动的过程中，公式所引用的单元格地址相应地发生了改变，这种单元格地址的引用方式称为 "相对引用"。

如果希望公式所引用的单元格地址在自动填充时不发生改变，则可以在不需要变的行号或列标前加上 "$" 符号。例如，将每个学生的总分都乘以 0.8，那么 0.8 所在的单元格的行号和列标在引用时不需要发生更改，"G2" 单元格的公式可写为 "=F2*$E$12"，如图 6-57 所示，自动填充后 "G9" 单元格的公式为 "=F9*$E$12"。

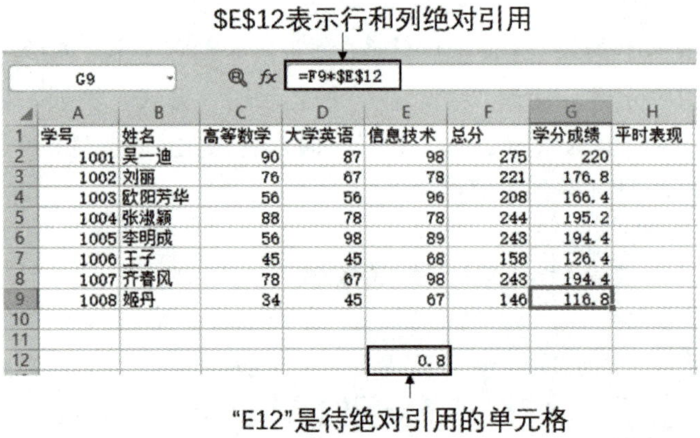

图 6-57　单元格地址的绝对引用

单元格地址的引用除了相对引用和绝对引用之外，还有一种叫 "混合引用"。例如，"B$12" 表示行号 "12" 为绝对引用，列标 "B" 为相对引用，在自动填充值的过程中，列号 "B" 是可变的，但行号始终为 "12"；再例如，"$B12" 表示列标 "B" 为绝对引用，行号 "12" 为相对引用，在自动填充值的过程中，列标 "B" 始终保持不变，行号 "12" 可能变大或变小。

不同的工作表之间也可以进行单元格地址的引用。例如，在成绩工作表中的 "H2" 引用 Sheet1 工作表中的 "C2" 单元格，"H2" 单元格中的公式为 "=$F$12*Sheet1!C2"，最后使用自动填充值填充其他学员的平时成绩，如图 6-58 所示。

"H2"单元格的公式

A	B	C
学号	姓名	平时成绩
1001	吴一迪	89
1002	刘丽	87
1003	欧阳芳华	78
1004	张淑颖	98
1005	李明成	67
1006	王子	98
1007	齐春风	90
1008	姬丹	76

↑
Sheet1工作表

| H2 | | fx | =$F$12*Sheet1!C2 |

	A	B	C	D	E	F	G	H
1	学号	姓名	高等数学	大学英语	信息技术	总分	学分成绩	平时表现
2	1001	吴一迪	90	87	98	275	220	17.8
3	1002	刘丽	76	67	78	221	176.8	17.4
4	1003	欧阳芳华	56	56	96	208	166.4	15.6
5	1004	张淑颖	88	78	78	244	195.2	19.6
6	1005	李明成	56	98	89	243	194.4	13.4
7	1006	王子	45	45	68	158	126.4	19.6
8	1007	齐春风	78	67	98	243	194.4	18
9	1008	姬丹	34	45	67	146	116.8	15.2
10								
11								
12					0.8	0.2		

↑
成绩表

图 6-58 跨工作表的单元格地址引用

6.3.2 函数的使用

WPS 2019 表格中的函数是一些预先定义好的用于实现一定功能的公式,用户可以直接调用这些函数对所选数据进行处理,从而简化手动编写公式的过程。

函数的定义格式为:函数名([参数1],[参数2],…)。在使用函数时需要使用"函数名"去调用函数,"[]"中的参数为可选参数,在函数调用时可以不进行参数传递,但是没有"[]"的参数在函数调用时必须进行参数传递。

1. 函数的输入

在 WPS 2019 表格中常用的函数输入有 4 种方式:直接输入函数、插入函数、使用函数列表以及快速插入函数。

(1) 直接输入函数:如果用户对所需要使用的函数的名称非常熟悉,则可以直接在单元格或编辑栏中输入函数,函数本身也是一种公式,在输入函数时需要使用"="。例如,使用求和函数 SUM() 计算学生的总分,在"F2"单元格中输入"=SUM(C2:E2)",按"Enter"回车键即可实现对 C2 到 E2 之间所有单元格中的值进行累加求和,如图 6-59 所示。

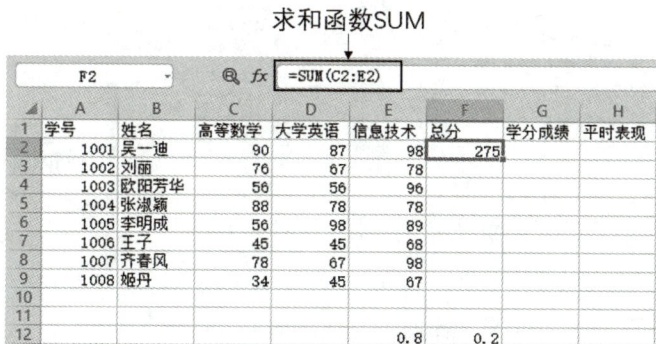

求和函数SUM

| F2 | | fx | =SUM(C2:E2) |

	A	B	C	D	E	F	G	H
1	学号	姓名	高等数学	大学英语	信息技术	总分	学分成绩	平时表现
2	1001	吴一迪	90	87	98	275		
3	1002	刘丽	76	67	78			
4	1003	欧阳芳华	56	56	96			
5	1004	张淑颖	88	78	78			
6	1005	李明成	56	98	89			
7	1006	王子	45	45	68			
8	1007	齐春风	78	67	98			
9	1008	姬丹	34	45	67			
10								
11								
12					0.8	0.2		

图 6-59 在单元格中直接输入函数

(2) 插入函数:对于一些复杂的函数,用户可能一时想不起来函数的名称,这个时候可以使用函数向导来完成函数的输入。将光标定位到"F3"单元格,在"公式"选项卡下,点击"插入函数"按钮,打开"插入函数"对话框,在"查找函数"的文本框中可以输入函数的名称或函数名称的几个字母,如果函数名称全然忘记,也可以通过"或选择类别"的下拉列表框中通过函数的类别进行函数的选择,"或选择类别"默认的是"常用函数",如图 6-60 所示。

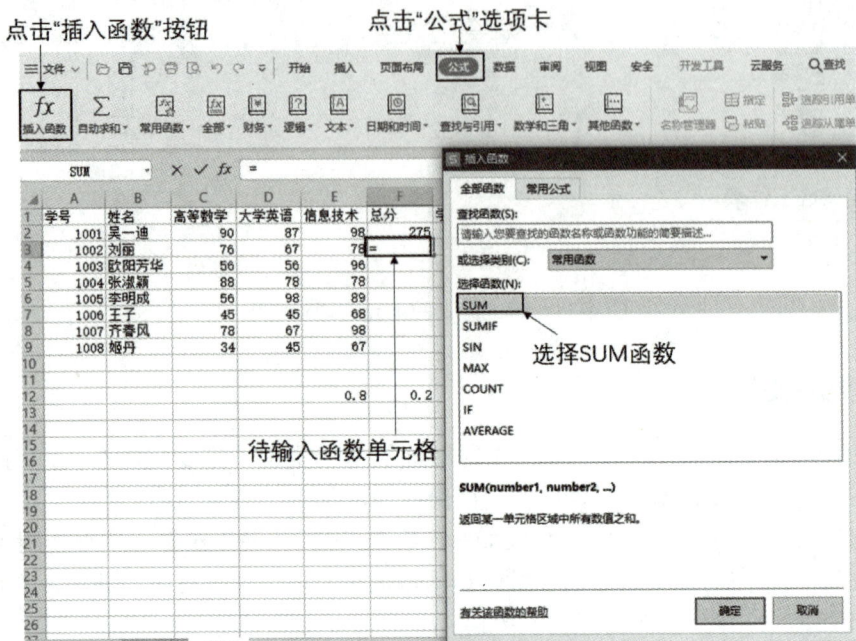

图 6-60 "插入函数"对话框

(3) 使用函数列表:如图 6-61 所示,在"F4"单元格中输出一个"=",再输入函数的第一个字母"s",系统会自动在该单元格下方弹出以"s"开头的函数列表,在列表中双击选中"SUM"函数,再输入"SUM"函数的参数即可。

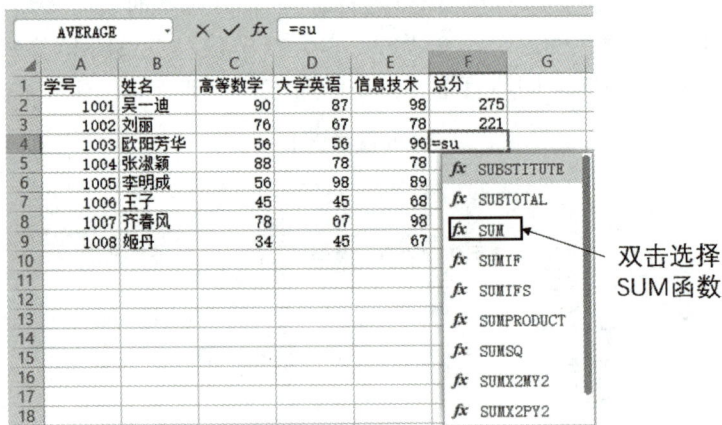

图 6-61 使用函数列表

(4) 快速插入函数:如图 6-62 所示,将光标定位到"F5"单元格,在编辑栏中输入"=",这时在名称框中出现函数名,点击右侧的"三角"打开下拉列表,在下拉列表中选择要使用的函数"SUM",打开"函数参数"对话框,如图 6-63 所示,在"数值 1"中输入"C5:E5",点击"确定"按钮,即可计算出总分。

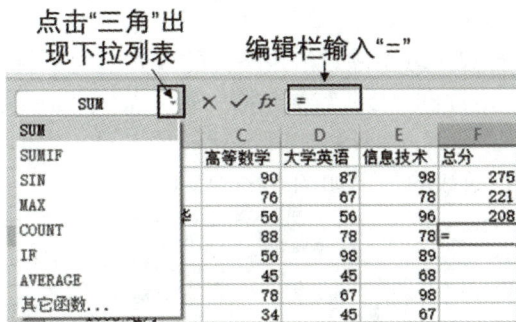

图 6-62　名称框中函数下拉列表

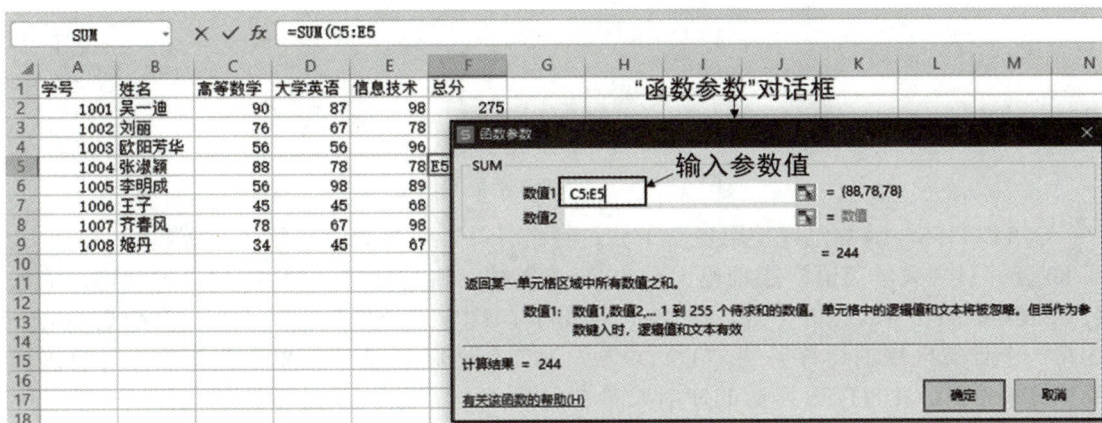

图 6-63　"函数参数"对话框

2. 函数的运用

WPS 2019 表格的函数库非常丰富和强大，它提供了包括计算、条件计算、求和、查找和引用、文本处理、日期与时间、逻辑判断等多种类别的函数。下面介绍 WPS 2019 表格中的常用函数。

1）计算函数

COUNT() 函数用于计算单元格区域中数字项的个数，包括数字、日期以及文本代表的数字 (字符文本不参与公式计算)。例如，计算"成绩表"中学生的总人数。将光标定位到"D10"单元格，输入公式"=COUNT(D1:D9)"，计算结果为 8 人，因为"D1"单元格中"大学英语"是字符文本不参与公式计算，如图 6-64 所示。

图 6-64　使用 COUNT 函数统计学生总人数

2) 条件计算函数

COUNTIF() 函数用于计算区域中满足给定条件的单元格的个数。例如，计算“大学英语”80 分以上的人数。将光标定位到“D11”单元格，输入公式“=COUNT(D2:D9,">=80")”，其中“D2:D9”表示待计算的区域，“>=80”表示计算的条件，条件处的双引号均为英文状态下的双引号。COUNTIF 函数的使用如图 6-65 所示。

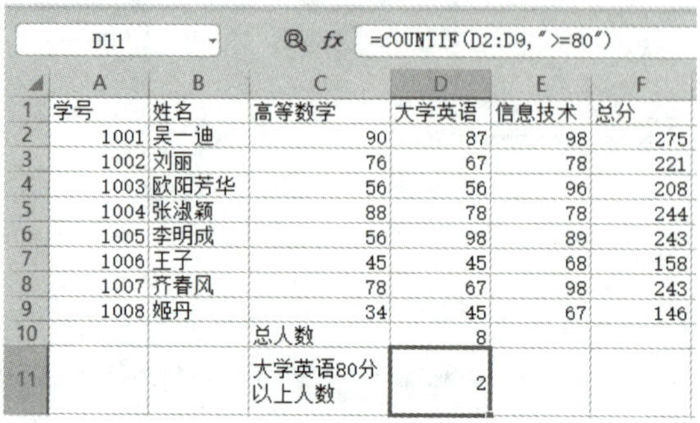

D11　=COUNTIF(D2:D9,">=80")

	A	B	C	D	E	F
1	学号	姓名	高等数学	大学英语	信息技术	总分
2	1001	吴一迪	90	87	98	275
3	1002	刘丽	76	67	78	221
4	1003	欧阳芳华	56	56	96	208
5	1004	张淑颖	88	78	78	244
6	1005	李明成	56	98	89	243
7	1006	王子	45	45	68	158
8	1007	齐春风	78	67	98	243
9	1008	姬丹	34	45	67	146
10			总人数	8		
11			大学英语80分以上人数	2		

图 6-65　COUNTIF 函数的使用

COUNTIFS() 函数允许使用多个条件进行统计计数。例如，计算“高等数学”成绩大于 80 分并且“大学英语”成绩也大于 80 分的人数。将光标定位到“D12”单元格，输入公式“COUNTIFS(C2:C9,">=80",D2:D9,">=80")”，其中“C2:C9”为第一个计算区域，“>=80”为第一个计算区域的计算条件，“D2:D9”为第二个计算区域，“>=80”为第二个计算区域的计算条件。COUNTIFS 函数的使用如图 6-66 所示。

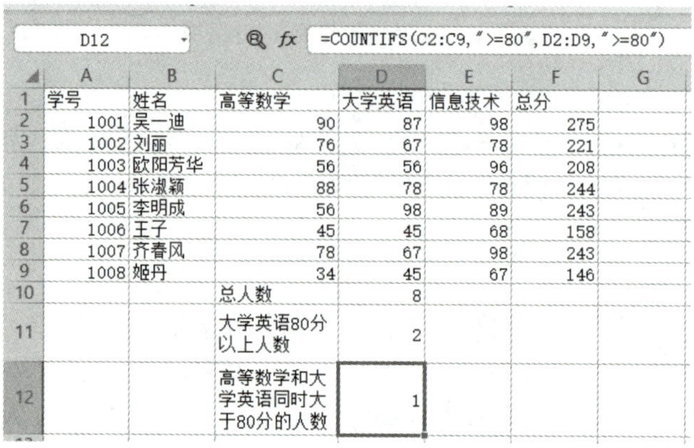

D12　=COUNTIFS(C2:C9,">=80",D2:D9,">=80")

	A	B	C	D	E	F	G
1	学号	姓名	高等数学	大学英语	信息技术	总分	
2	1001	吴一迪	90	87	98	275	
3	1002	刘丽	76	67	78	221	
4	1003	欧阳芳华	56	56	96	208	
5	1004	张淑颖	88	78	78	244	
6	1005	李明成	56	98	89	243	
7	1006	王子	45	45	68	158	
8	1007	齐春风	78	67	98	243	
9	1008	姬丹	34	45	67	146	
10			总人数	8			
11			大学英语80分以上人数	2			
12			高等数学和大学英语同时大于80分的人数	1			

图 6-66　COUNTIFS 函数的使用

3) 求和函数

SUM() 函数用于计算单元格区域中所有数字的总和。

SUMIF() 函数用于计算单元格区域中满足条件的数字的总和。例如，在“销售表”中统计销售人员是“杨文兴”的销售数量的总数。将光标定位到“G2”单元格，输入公式“SUMIF(C2:C13," 杨文兴 ",D2:D13)”，其中“C2:C13”是条件区域，“杨文兴”是条件，“D2:D13”是求和区域。SUMIF 函数的使用如图 6-67 所示。

SUMIFS() 函数允许应用多个条件进行求和。例如，在“销售表”中统计销售人员是“杨文兴”并且“商品编码”是“EH058496”的销售总数量。将光标定位到“G3”单元格，输入公式“=SUMIFS(D2:D13,C2:C13," 杨文兴 ",B2:B13,"EH058496")”，其中“D2:D13”为求和区域;“C2:C13”为条件区域1;“杨文兴”为条件1;“B2:B13”为条件区域2;“EH058496”为条件2。SUMIFS函数的使用如图6-68所示。

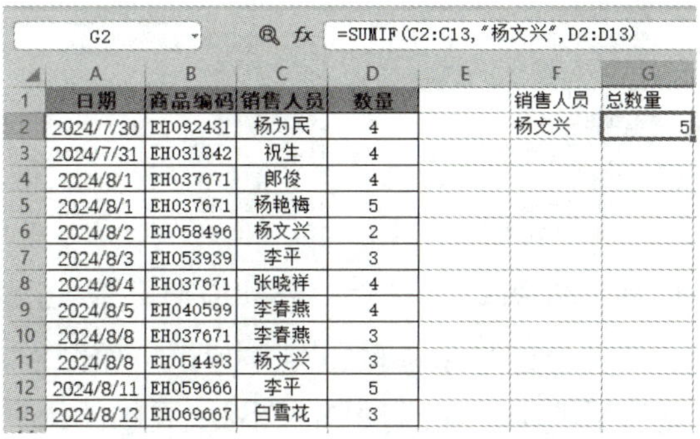

G2 =SUMIF(C2:C13,"杨文兴",D2:D13)

	A	B	C	D	E	F	G
1	日期	商品编码	销售人员	数量		销售人员	总数量
2	2024/7/30	EH092431	杨为民	4		杨文兴	5
3	2024/7/31	EH031842	祝生	4			
4	2024/8/1	EH037671	郎俊	4			
5	2024/8/1	EH037671	杨艳梅	5			
6	2024/8/2	EH058496	杨文兴	2			
7	2024/8/3	EH053939	李平	3			
8	2024/8/4	EH037671	张晓祥	4			
9	2024/8/5	EH040599	李春燕	4			
10	2024/8/8	EH037671	李春燕	3			
11	2024/8/8	EH054493	杨文兴	3			
12	2024/8/11	EH059666	李平	5			
13	2024/8/12	EH069667	白雪花	3			

图6-67 SUMIF函数的使用

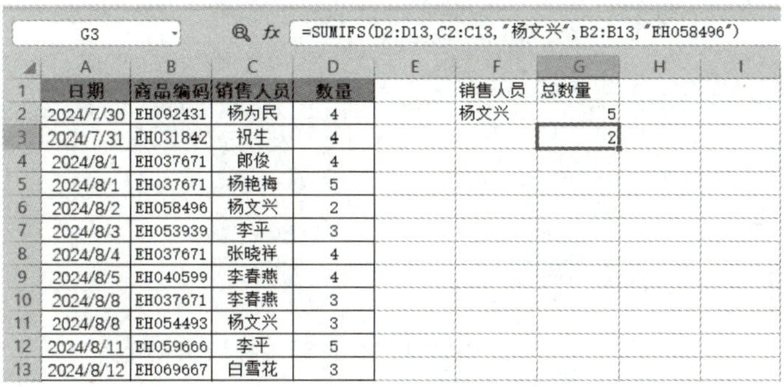

G3 =SUMIFS(D2:D13,C2:C13,"杨文兴",B2:B13,"EH058496")

	A	B	C	D	E	F	G	H	I
1	日期	商品编码	销售人员	数量		销售人员	总数量		
2	2024/7/30	EH092431	杨为民	4		杨文兴	5		
3	2024/7/31	EH031842	祝生	4			2		
4	2024/8/1	EH037671	郎俊	4					
5	2024/8/1	EH037671	杨艳梅	5					
6	2024/8/2	EH058496	杨文兴	2					
7	2024/8/3	EH053939	李平	3					
8	2024/8/4	EH037671	张晓祥	4					
9	2024/8/5	EH040599	李春燕	4					
10	2024/8/8	EH037671	李春燕	3					
11	2024/8/8	EH054493	杨文兴	3					
12	2024/8/11	EH059666	李平	5					
13	2024/8/12	EH069667	白雪花	3					

图6-68 SUMIFS函数的使用

4) 查找与引用函数

使用VLOOKUP()函数在表格或区域中查找特定值，并返回该值所有行的指定列中的值。例如，在成绩表中查找“欧阳芳华”的“信息技术”成绩。将光标定位到“I2”单元格，输入公式“VLOOKUP(H2,B1:E9,4,0)”，其中“H2”的查找值是“欧阳芳华”，“B1:E9”为查找区域，“4”表示查找列数，从左到右数第4列，0或False表示精确查找，1或True表示模糊查找。VLOOKUP函数的使用如图6-69所示。

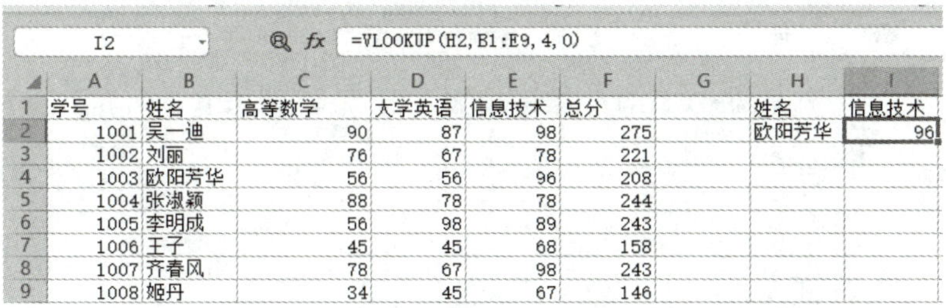

I2 =VLOOKUP(H2,B1:E9,4,0)

	A	B	C	D	E	F	G	H	I
1	学号	姓名	高等数学	大学英语	信息技术	总分		姓名	信息技术
2	1001	吴一迪	90	87	98	275		欧阳芳华	96
3	1002	刘丽	76	67	78	221			
4	1003	欧阳芳华	56	56	96	208			
5	1004	张淑颖	88	78	78	244			
6	1005	李明成	56	98	89	243			
7	1006	王子	45	45	68	158			
8	1007	齐春风	78	67	98	243			
9	1008	姬丹	34	45	67	146			

图6-69 VLOOKUP函数的使用

5) 文本处理函数

LEFT()函数、RIGHT()函数和MID()函数分别用于从文本字符串的左侧、右侧或中间提取指定数量的字符。例如，使用LEFT()函数提取手机号的前三位；使用RIGTH()函数提取手机号的后四位，中间四位使用“*”号替换，对手机号进行加密；使用CONCAT()函数对手机号前三位、中间四个“*”和手机号后四位进行拼接，如图6-70所示。

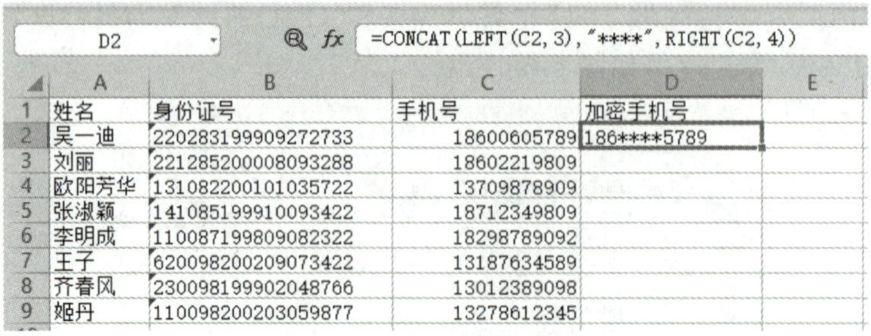

D2 =CONCAT(LEFT(C2,3),"****",RIGHT(C2,4))

	A	B	C	D	E
1	姓名	身份证号	手机号	加密手机号	
2	吴一迪	220283199909272733	18600605789	186****5789	
3	刘丽	221285200008093288	18602219809		
4	欧阳芳华	131082200101035722	13709878909		
5	张淑颖	141085199910093422	18712349809		
6	李明成	110087199809082322	18298789092		
7	王子	620098200209073422	13187634589		
8	齐春风	230098199902048766	13012389098		
9	姬丹	110098200203059877	13278612345		

图 6-70　使用 CONCAT 函数、LEFT 函数和 RIGHT 函数对手机号进行加密

使用 MID() 函数可以从身份证号中提取出生年月日，如图 6-71 所示。将光标定位到“E2”单元格，输入公式“=MID(B2,7,8)”，其中“B2”表示待提取字符串，“7”表示开始提取位置，“8”表示提取的个数。

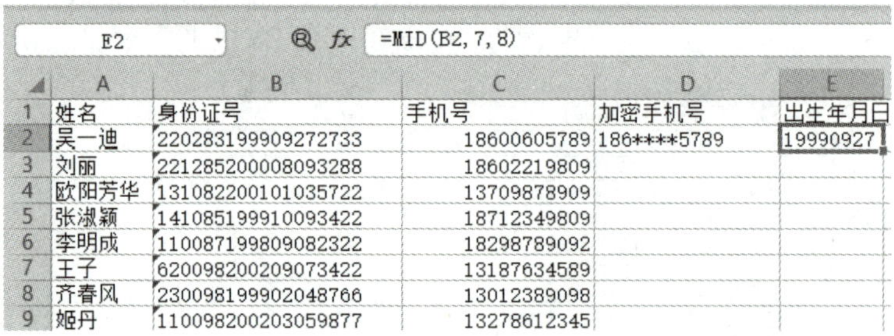

E2 =MID(B2,7,8)

	A	B	C	D	E
1	姓名	身份证号	手机号	加密手机号	出生年月日
2	吴一迪	220283199909272733	18600605789	186****5789	19990927
3	刘丽	221285200008093288	18602219809		
4	欧阳芳华	131082200101035722	13709878909		
5	张淑颖	141085199910093422	18712349809		
6	李明成	110087199809082322	18298789092		
7	王子	620098200209073422	13187634589		
8	齐春风	230098199902048766	13012389098		
9	姬丹	110098200203059877	13278612345		

图 6-71　使用 MID 函数从身份证号中提取出生年月日

6) 日期与时间函数

日期函数 DATE() 用于根据给定的年、月、日返回日期。例如，“=DATE(2025,1,28)”返回值为“2025/1/28”。

NOW() 函数用于返回当前日期和时间。例如，“=NOW()”返回值为“年 / 月 / 日 时 : 分”，如“2025/1/28 12:05”。

YEAR() 函数用于返回日期中的年份，MONTH() 函数用于返回日期中的月份。例如，使用 CONCAT 函数将提取的年份和月份使用“-”进行拼接，如图 6-72 所示。

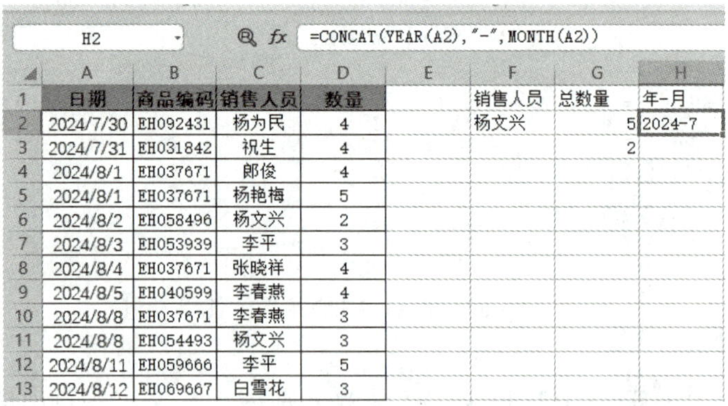

H2 =CONCAT(YEAR(A2),"-",MONTH(A2))

	A	B	C	D	E	F	G	H
1	日期	商品编码	销售人员	数量		销售人员	总数量	年-月
2	2024/7/30	EH092431	杨为民	4		杨文兴	5	2024-7
3	2024/7/31	EH031842	祝生	4			2	
4	2024/8/1	EH037671	郎俊	4				
5	2024/8/1	EH037671	杨艳梅	5				
6	2024/8/2	EH058496	杨文兴	2				
7	2024/8/3	EH053939	李平	3				
8	2024/8/4	EH037671	张晓祥	4				
9	2024/8/5	EH040599	李春燕	4				
10	2024/8/8	EH037671	李春燕	3				
11	2024/8/8	EH054493	杨文兴	3				
12	2024/8/11	EH059666	李平	5				
13	2024/8/12	EH069667	白雪花	3				

图 6-72　CONCAT 函数、YEAR 函数和 MONTH 函数的使用

7) 逻辑判断函数

IF() 函数根据条件返回不同的结果。例如，查看“大学英语”的及格情况，成绩大于

等于 60 的为及格，否则为不及格。将光标定位到 G2 单元格，输入公式“=IF(D2>=60,"及格","不及格")”。把鼠标放到 G2 单元格，当出现“黑色十字”加号时，向下拖动鼠标到 G9 单元格，实现公式的复制，IF 函数的使用如图 6-73 所示。

G2 =IF(D2>=60,"及格","不及格")

	A	B	C	D	E	F	G	H	I
1	学号	姓名	高等数学	大学英语	信息技术	总分	大学英语	姓名	信息技术
2	1001	吴一迪	90	87	98	275	及格	欧阳芳华	96
3	1002	刘丽	76	67	78	221	及格		
4	1003	欧阳芳华	56	56	96	208	不及格		
5	1004	张淑颖	88	78	78	244	及格		
6	1005	李明成	56	98	89	243	及格		
7	1006	王子	45	45	68	158	不及格		
8	1007	齐春风	78	67	98	243	及格		
9	1008	姬丹	34	45	67	146	不及格		

图 6-73　IF 函数的使用

8) 其他函数

MAX() 函数用于计算一组数据中的最大值，逻辑值和文本不参与计算。例如，计算“总分”的最高分。将光标定位到“J2”单元格，输入公式“=MAX(F2:F9)”，如图 6-74 所示。

J2 =MAX(F2:F9)

	A	B	C	D	E	F	G	H	I	J
1	学号	姓名	高等数学	大学英语	信息技术	总分	大学英语	姓名	信息技术	总分最高
2	1001	吴一迪	90	87	98	275	及格	欧阳芳华	96	275
3	1002	刘丽	76	67	78	221	及格			
4	1003	欧阳芳华	56	56	96	208	不及格			
5	1004	张淑颖	88	78	78	244	及格			
6	1005	李明成	56	98	89	243	及格			
7	1006	王子	45	45	68	158	不及格			
8	1007	齐春风	78	67	98	243	及格			
9	1008	姬丹	34	45	67	146	不及格			

图 6-74　MAX 函数的使用

MIN() 函数用于计算一组数据中的最小值，逻辑值或文本不参与计算。例如，计算“总分”的最低分。将光标定位到“K2”单元格，输入公式“=MIN(F2:F9)”，如图 6-75 所示。

K2 =MIN(F2:F9)

	A	B	C	D	E	F	G	H	I	J	K
1	学号	姓名	高等数学	大学英语	信息技术	总分	大学英语	姓名	信息技术	总分最高	总分最低
2	1001	吴一迪	90	87	98	275	及格	欧阳芳华	96	275	146
3	1002	刘丽	76	67	78	221	及格				
4	1003	欧阳芳华	56	56	96	208	不及格				
5	1004	张淑颖	88	78	78	244	及格				
6	1005	李明成	56	98	89	243	及格				
7	1006	王子	45	45	68	158	不及格				
8	1007	齐春风	78	67	98	243	及格				
9	1008	姬丹	34	45	67	146	不及格				

图 6-75　MIN 函数的使用

6.4 数据分析处理

WPS 2019 表格具有强大的数据分析处理功能，数据分析处理包括对数据表的排序、筛选和分类统计等操作。

6.4.1　数据排序

将一组数据按照一定的规律进行重新排列称为数据排序，对数据进行排序也是数据分析处理中最常规的操作。WPS 2019 表格提供了简单排序和多条件排序两种排序方式。

1. 简单排序

简单排序是指按照表格中的某一列进行排序，可以按照升序排序也可以按照降序排序。例如，按照成绩表中的"高等数学"成绩进行降序排序。将光标定位到"高等数学"这列的任意单元格，在"数据"选项卡下，点击"降序"按钮，即对"高等数学"进行了降序排序，如图 6-76 所示。

图 6-76　简单排序

2. 多条件排序

如果按照某一列进行排序遇到数值相同时，可以再使用另外的列进行限制，该方法称为多条件排序。例如，在对"高等数学"降序排序时，"欧阳芳华"和"李明成"的分数相同，那么这个时候可以使用"大学英语"的成绩或"信息技术"的成绩限制两人排序的前后，即当"高等数学"成绩相同时，再按照"大学英语"的成绩降序排序，那么"高等数学"就是"主要关键字"，"大学英语"就是"次要关键字"。

将光标定位到"成绩表"中任意单元格位置，在"数据"选项卡下，点击"排序"按钮，打开"排序"对话框，点击"添加条件"按钮，添加"次要关键字"，在"主要关键字"的下拉列表中选择"高等数学"，在"次要关键字"中选择"大学英语"，"次序"均为降序，如图 6-77 所示，多条件排序结果如图 6-78 所示。

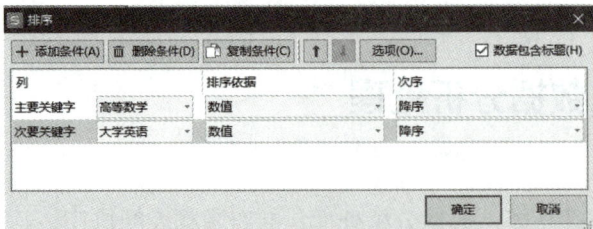

图 6-77　"排序"对话框

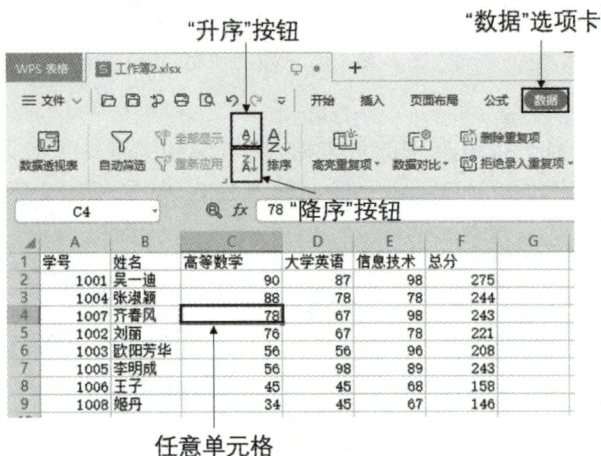

"高等数学"成绩相同，再按"大学英语"成绩降序

图 6-78　多条件排序结果

6.4.2 数据筛选

数据筛选是指按照用户设定的条件将满足条件的数据进行显示,将不满足条件的数据暂时隐藏。WPS 2019 表格提供了自动筛选、自定义筛选和高级筛选三种筛选方式。

1. 自动筛选

自动筛选是指根据用户设定的筛选条件,将表格中符合筛选条件的数据进行显示。将光标定位到"成绩表"中的任意单元格,在"数据"选项卡下,点击"自动筛选"按钮,所有列字段单元格的右侧都会显示"自动筛选"按钮,如图 6-79 所示。

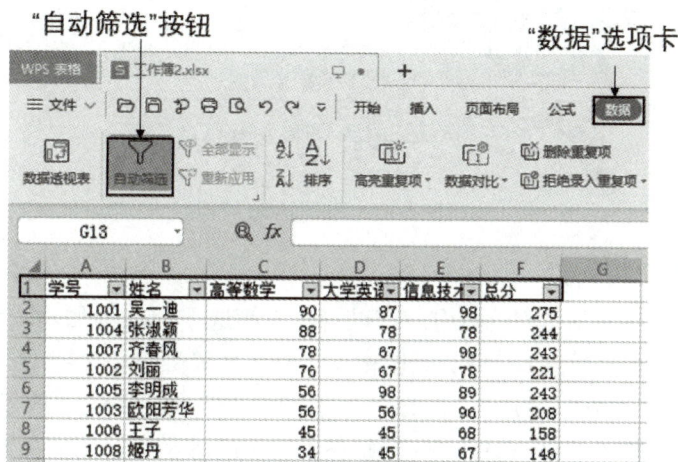

图 6-79 自动筛选

点击"姓名"列的"自动筛选"按钮,将"欧阳芳华"的数据单独显示出来,如图 6-80 和图 6-81 所示。

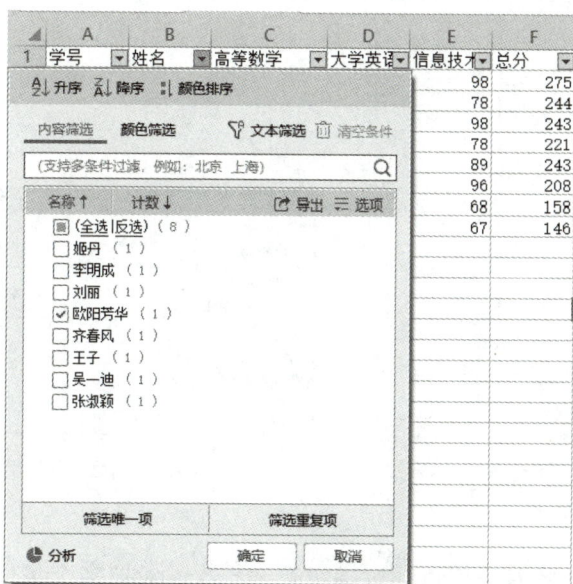

图 6-80 根据姓名筛选

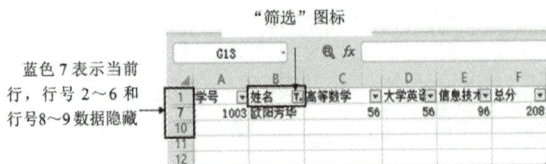

图 6-81　根据姓名筛选的结果

最后点击"数据"选项卡下的"全部显示"按钮，取消筛选，如图 6-82 所示。

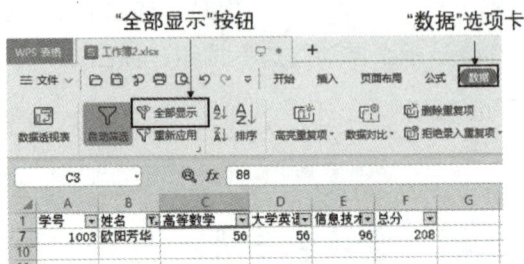

图 6-82　取消筛选

2. 自定义筛选

如果筛选的条件不是固定值，则用户可以自定义筛选条件。例如，将"成绩表"中"高等数学"大于等于 60 的学生信息筛选出来。点击"高等数学"右侧的"筛选按钮"，在弹出的对话框中点击"数字筛选"，选择"大于或等于"，如图 6-83 所示。点击"大于或等于"弹出"自定义自动筛选方式"对话框，在"大于或等于"右侧的文本框中输入"60"，如图 6-84 所示。最后点击"确定"按钮，即可将"高等数学"大于或等于 60 的学生信息筛选出来。

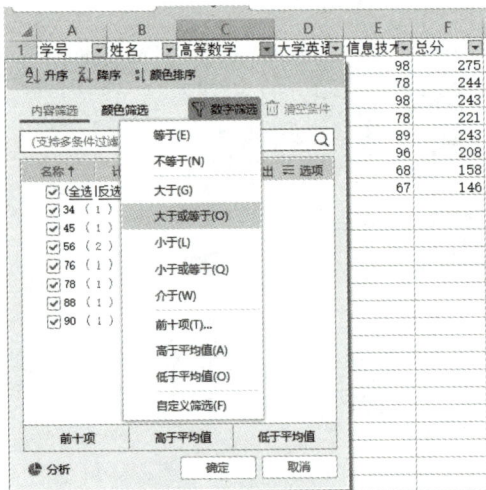

图 6-83　数字筛选

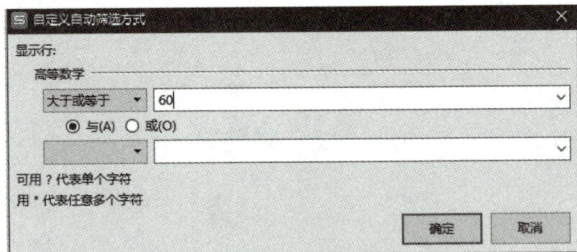

图 6-84　"自定义自动筛选方式"对话框

3. 高级筛选

当筛选条件是多个的时候可以通过高级筛选一次性设置多个条件，一次完成筛选。筛选的结果可以在原表格中显示，也可以在新的位置显示。

高级筛选首先需要在单元格中设置条件区域。例如，将光标定位到"H2"单元格，输入"高等数据"，在"I2"单元格中输入"大学英语"，在"H3"单元格中输入">=60"，在"I3"单元格中输入">=60"，如图 6-85 所示。

H	I
高等数学	大学英语
>=60	>=60

图 6-85　设置筛选条件

将光标定位到数据表中的任意单元格，在"数据"选项卡下，点击"筛选区域"最右下角的"三角"按钮，打开"高级筛选"对话框，在"方式"中可以选择"在原有区域显示筛选结果"或者"将筛选结果复制到其它位置"，默认选择"在原有区域显示筛选结果"，"列表区域"默认选中表格中的数据区域，点击"条件区域"右侧的"折叠"按钮，将"高级筛选"对话框进行折叠，用鼠标选择"H2 到 I3"区域，再点击"折叠"按钮，展示"高级筛选"对话框，最后点击"确定"按钮，完成数据的筛选，如图 6-86 和图 6-87 所示。

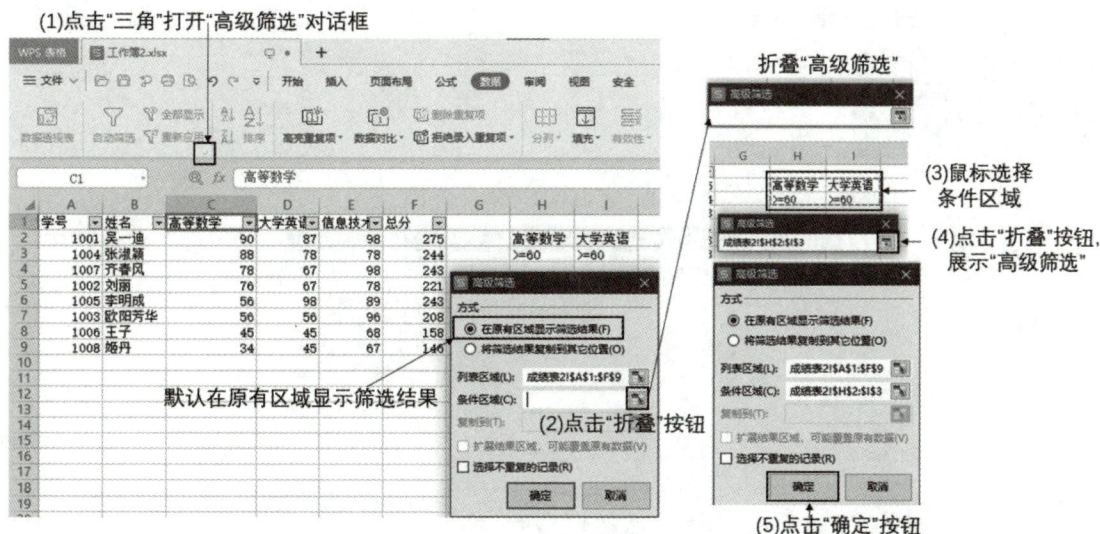

图 6-86　高级筛选

图 6-87　高级筛选的结果

6.4.3 条件格式

条件格式是 WPS 2019 表格在进行数据处理时非常实用的功能，它允许用户根据单元格中的数据值或公式结果来设置单元格的格式，从而快速识别出数据中的重要信息。

1. 突出显示单元格规则

通过条件格式中的"突出显示单元格规则"命令，可以突出显示指定数据的单元格。例如，将"高等数学"中"<60"的单元格突出显示。选中"高等数学"的数据区域，点击"开始"选项卡下的"条件格式"下拉按钮，在弹出的下拉菜单中选择"突出显示单元格规则"命令，并从级联菜单中选择"小于"，如图 6-88 所示。在打开的"小于"对话框中的文本框中输入"60"，设置为"浅红填充深红色文本"，如图 6-89 所示，设置效果如图 6-90 所示。

图 6-88　突出显示单元格规则

图 6-89　"小于"对话框

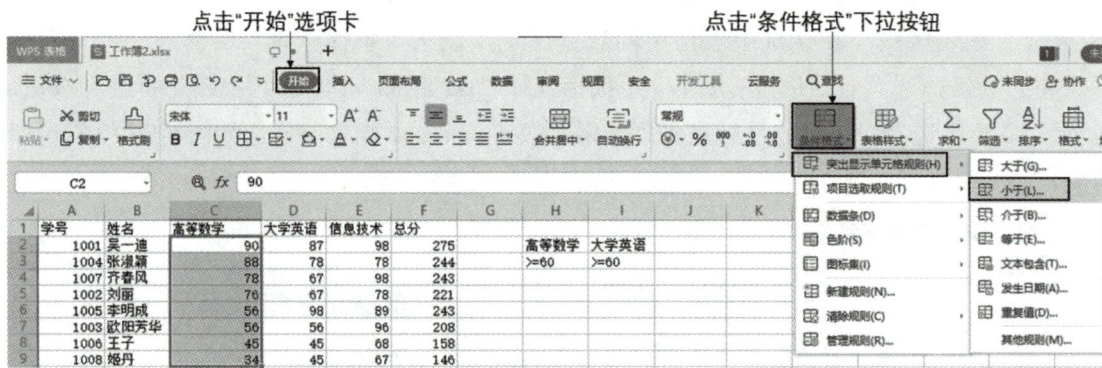

图 6-90　突出显示单元格规则效果图

2. 新建条件格式规则

如果 WPS 2019 表格提供的规则不符合用户的需求，则用户可以自定义条件规则。在"开始"选项卡下，点击"条件格式"的下拉按钮，在弹出的下拉菜单中选择"新建规则"，打开"新建格式规则"对话框，如图 6-91 所示，选择规则类型后设置编辑规则说明。

点击"条件格式"下拉按钮

点击"新建规则"按钮

打开

"新建格式规则"对话框

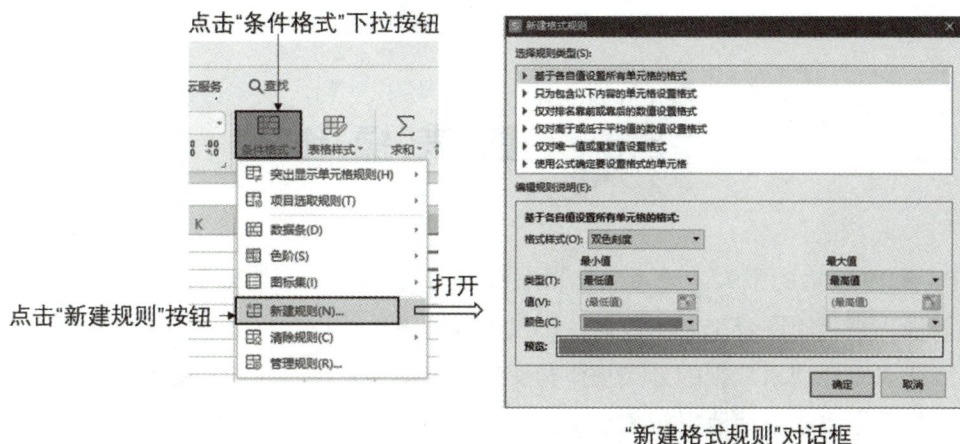

图 6-91 "新建格式规则"对话框

例如，将"大学英语"成绩前三名同学的成绩设置为黄底红字。选中成绩表中"大学英语"成绩的数据区域，打开"新建格式规则"对话框，在"选择规则类型"中选择"仅对排名靠前或靠后的数值设置格式"，在"编辑规则说明"中，"前"右侧的文本框中输入"3"；点击"格式"按钮，打开"设置单元格格式"对话框，将文字设置为"红色"，图案设置为"黄色"；在"预览"处可查看预览效果，最后点击"确定"按钮完成设置，新建格式规则如图 6-92 所示，设置效果如图 6-93 所示。

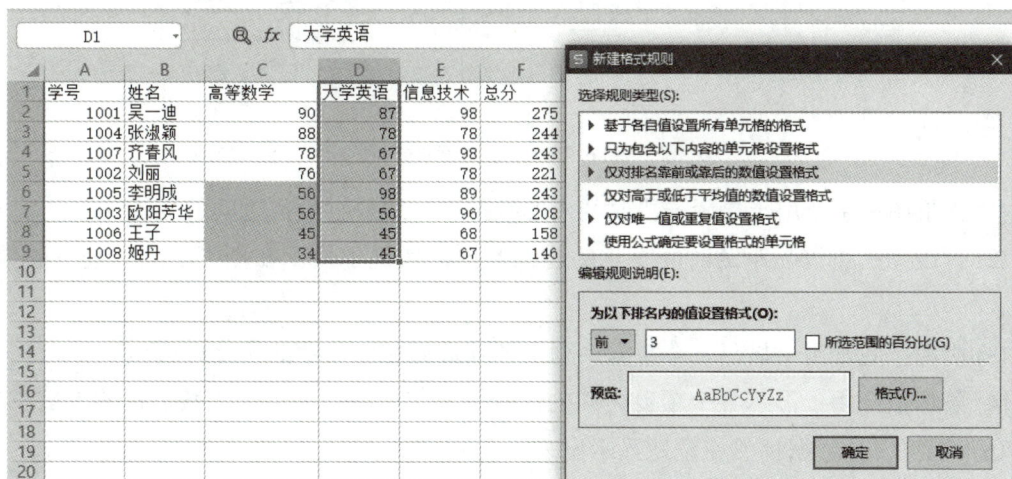

图 6-92 设置条件格式

图 6-93 新建条件格式规则效果图

6.5　图表操作

WPS 2019 表格的强大之处不仅体现在数据的处理上，还可以将工作表中的数据以图的形式表现出来。用图表来展示数据，不仅可以清晰地体现数据之间的各种对应关系，还能帮助用户直观地观察数据的分布规律和变化趋势。当工作表中的数据发生变化之后，图表中对应的数据也会自动地更新。

6.5.1　图表的类型

不同类型的图表所能表达的信息不同。例如，"折线图"更适合表示数据随时间变化的趋势，"饼图"更适合表示各成分在整体中的占比情况。WPS 2019 表格为用户提供了包括柱形图、折线图、饼图、条形图、面积图等图表类型，如图 6-94 所示。

图 6-94　图表的分类

(1) 柱形图：主要用于显示一段时间内的数据变化或各项数据之间的比较情况。

(2) 折线图：可以显示随时间变化的连续数据，适用于显示在相等时间间隔下的数据趋势。

(3) 饼图：通常用于显示一个数据系列中各项数据在整体中的占比情况。

(4) 条形图：用于显示各个项目之间的比较情况，当柱形图中的"数据标签"过长时，使用条形图可以让数据标签完整地显示出来。

(5) 面积图：用于强调数据随时间而变化的程序，也可用于引起人们对总值趋势的注意。

(6) 散点图：用于显示若干数据系列中各数值之间的关系，或者将两组数据绘制为 XY 坐标的一个系列。

6.5.2　图表的组成

一个完整的图表通常由图表区、绘图区、图表标题、坐标轴、数据系列和图例等组成，如图 6-95 所示。

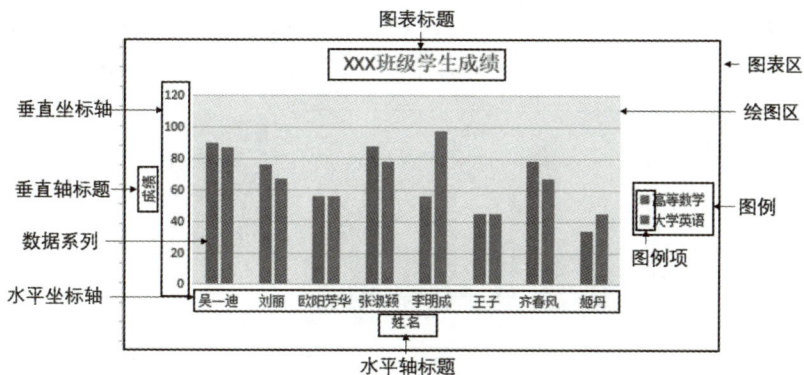

图 6-95 图表的组成

6.5.3 创建图表

为成绩表中的数据创建如图 6-95 的柱形图。首先选中"成绩表"中待绘制图表的数据区域，如图 6-96 所示。

图 6-96 选中绘制图表的数据源

然后点击"插入"选项卡下的"全部图表"按钮，打开"插入图表"对话框，从左侧的图表类型中选择"柱形图"，点击"插入"按钮，即可将柱形图插入到当前 Sheet 表，如图 6-97 所示。

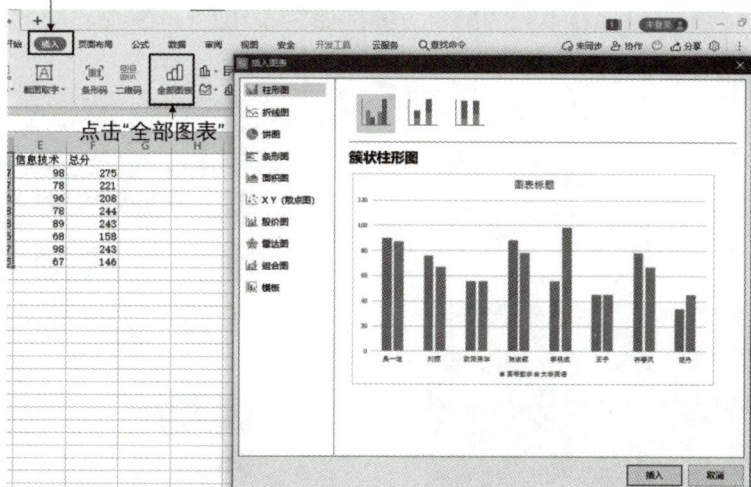

图 6-97 插入"柱形图"

创建完图表之后可以对图表进行设置，在图表的右侧有四个快捷菜单按钮，可以对图表元素、图表样式、图表筛选器和图表区域格式进行设置，快捷菜单按钮如图 6-98 所示。

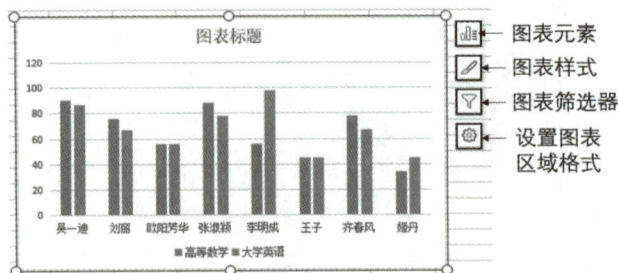

图 6-98　图表的快捷菜单按钮

(1) 图表元素。点击图表元素按钮可以对图表元素进行添加、删除或更改，如图 6-99 所示，添加图表元素只需要点击复选框，删除图表元素取消勾选即可。点击"快速布局"可以选择图表的布局模式，如图 6-100 所示。

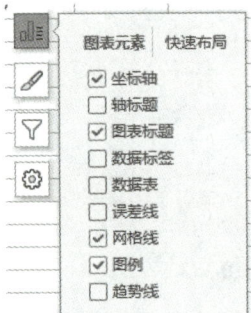

图 6-99　添加、删除图表元素

图 6-100　快速布局

(2) 图表样式。点击图表样式的快捷菜单按钮，可以在"样式"界面通过滑动滚动条查看不同的图表样式，用户可以根据自己的需求选择不同的图表样式，如图 6-101 所示。点击"颜色"选项卡可以选择不同的配色方案，如图 6-102 所示。

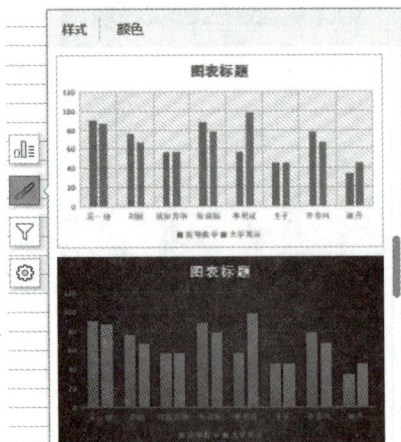

图 6-101　图表样式

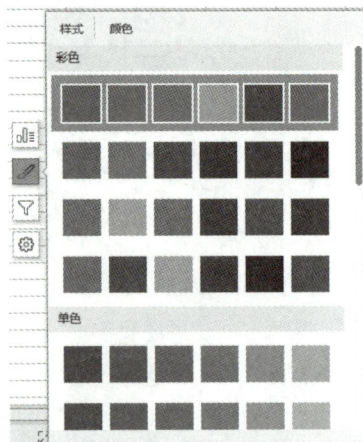

图 6-102　图表配色方案

(3) 图表筛选器。图表筛选器可以通过编辑在图表上显示哪些数据和名称。点击图表筛选器，在弹出的快捷菜单中有"系列"和"类别"两个选项，在"系列"选项中可以选择需要显示在图表中的数据，默认是"全选"，即"高等数学"和"大学英语"两个系列的数据都显示。如果将"高等数学"复选框前的对钩取消，点击"应用"按钮，那么在图表上就只会显示"大学英语"的数据。在"类别"选项中默认选中全部类别，可以跳过复选框前的对钩修改需要在图表上显示的类别，如图 6-103 所示，显示所有类别中的"大学英语"成绩。

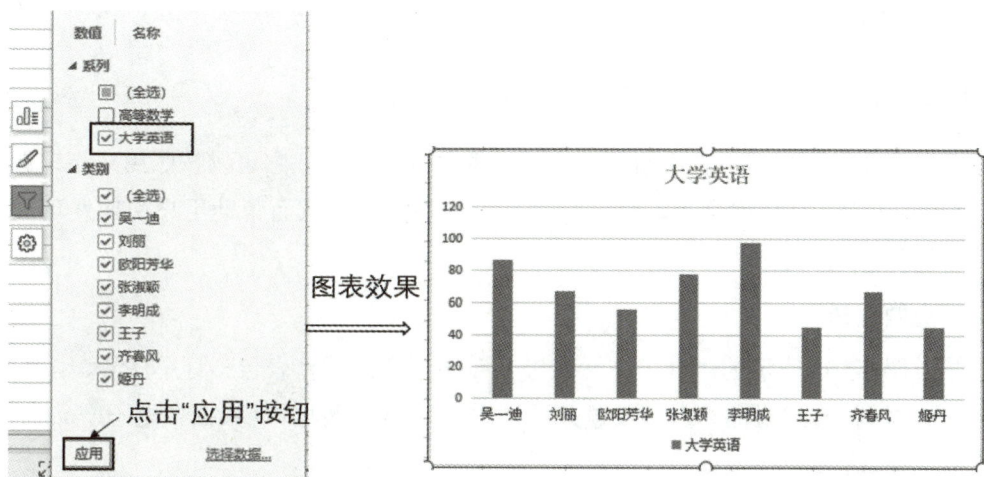

图 6-103 使用图表筛选器显示大学英语成绩

(4) 设置图表区域格式。设置图表区域格式可以微调所选图表元素的格式。例如，绘图区默认是"白色"的，图 6-95 中图表的绘图区是"淡黄色"的，可以通过设置图表区域格式进行设置。点击选中"绘图区"，点击"设置图表区域格式"快捷菜单，在打开的"属性"栏中可以对图表选项中的"填充与线条""效果"进行设置，在填充处点击"纯色填充"，在"颜色"的下拉框中选择"淡黄色"，即可设置绘图区的背景色，如图 6-104 所示。

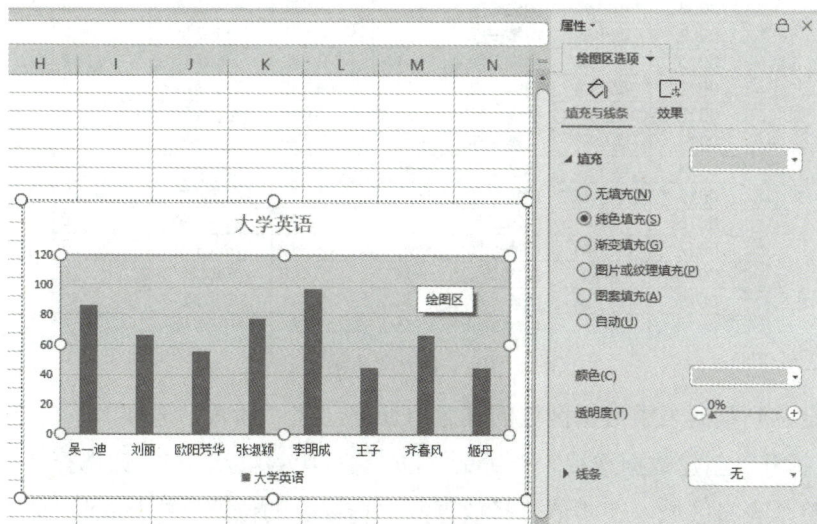

图 6-104 设置绘图区的背景色

6.6 数据透视表和数据透视图

在 WPS 2019 表格中，数据透视表和数据透视图是非常重要的数据分析工具，可以帮助用户分析、组织现有数据。

6.6.1 数据透视表

数据透视表是一种基于表格数据的交互式汇总分析工具，它可以按照用户指定的维度（如行、列、值等）对数据进行汇总、筛选、排序等操作，从而帮助用户快速发现数据中的规律和趋势。

1. 建立数据透视表

打开如图 6-105 所示的"电子产品销售表"，电子产品销售表包含订单序号、销售人员、部门、月份、销售金额、产品和产品数量共 7 个字段，176 条数据，现根据"电子产品销售表"中的数据建立数据透视表。

	A	B	C	D	E	F	G
1	订单序号	销售人员	部门	月份	销售金额	产品	产品数量
2	0001	王子	销售二部	一月	3,025	无线键盘	6
3	0002	李子峰	销售二部	一月	9,101	无线键盘	18
4	0003	王子	销售二部	一月	1,671	电动牙刷	5
5	0004	李子峰	销售二部	一月	2,653	电动牙刷	8
6	0005	张丽丽	销售一部	一月	1,543	无线耳机	1
7	0006	高小晴	销售一部	一月	1,670	无线键盘	3
8	0007	王子	销售二部	一月	9,724	无线耳机	9
9	0008	李子峰	销售二部	一月	5,579	无线耳机	5
10	0009	高小晴	销售一部	一月	8,685	无线耳机	8
11	0010	李子峰	销售二部	一月	2,433	电吹风	12
12	0011	高小晴	销售一部	一月	4,946	无线耳机	4
13	0012	王子	销售二部	一月	2,074	电动牙刷	6
14	0013	高小晴	销售一部	一月	1,174	电动牙刷	3
15	0014	李子峰	销售二部	一月	4,861	无线耳机	4
16	0015	李子峰	销售二部	一月	1,104	无线键盘	2
17	0016	李华	销售二部	一月	4,791	无线键盘	9
18	0017	高小晴	销售一部	一月	2,290	电动牙刷	7
19	0018	李华	销售二部	一月	7,860	电吹风	39
20	0019	高小晴	销售一部	一月	9,927	电吹风	49
21	0020	李华	销售二部	一月	5,689	无线耳机	5

图 6-105 电子产品销售表

将光标定位到数据表中数据区域的任意单元格，在"插入"选项卡下，点击"数据透视表"按钮，打开"创建数据透视表"对话框，如图 6-106 所示。在"请选择要分析的数据"中默认选中整个表格区域，在"请选择放置数据透视表的位置"中默认选择"新工作表"，点击"确定"按钮，创建一个空的数据透视表，如图 6-107 所示。

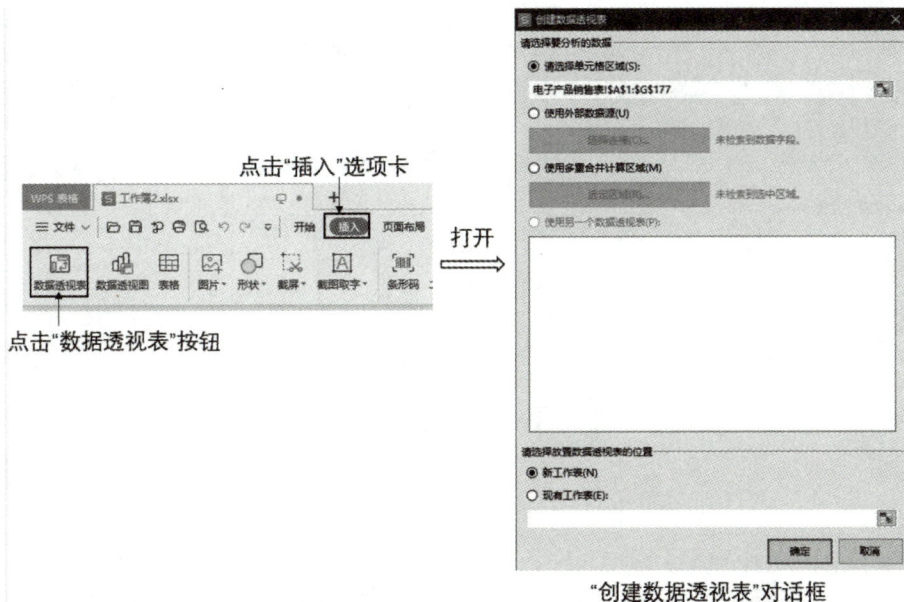

"创建数据透视表"对话框

图 6-106 "创建数据透视表"对话框

图 6-107 空数据透视表

2. 为数据透视表添加数据

数据表创建完成之后，需要为空的数据表添加数据，将图 6-107 中右侧的数据透视表字段添加到数据透视表区域的行、列、值中，通过筛选器还可以对数据透视表中的数据进行筛选。

点击"字段列表"中的"部门"和"销售人员"，将这两个字段添加到数据透视表区域中的"行"处，点击"销售金额"，此时"销售金额"将出现在数据透视表区域中的"值"处，自动对销售金额累加求和，如图 6-108 所示。在数据透视表中将按"部门"和"销售人员"进行分类统计求和。

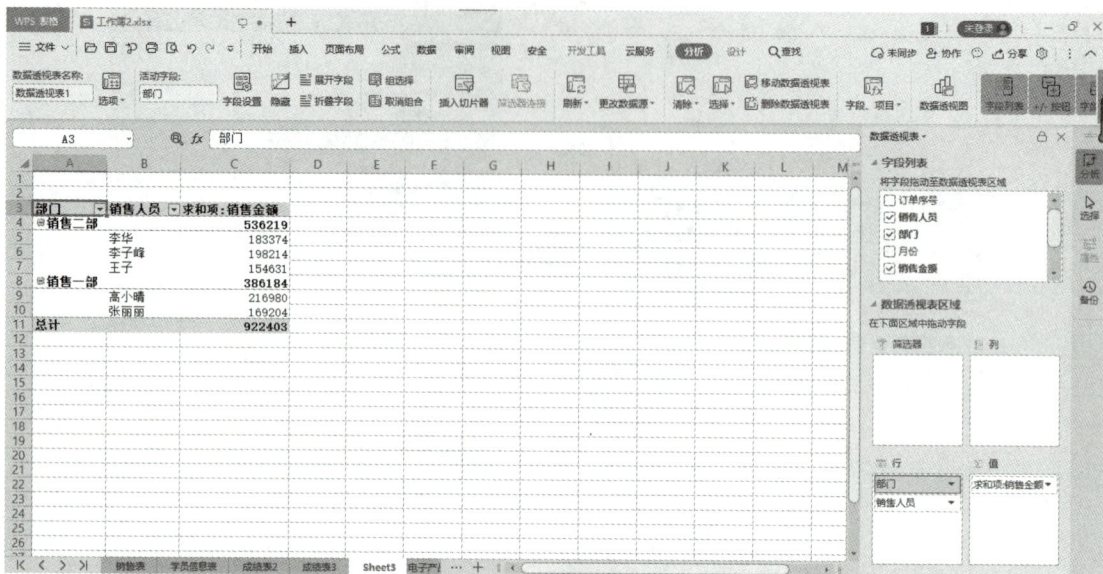

图 6-108 "销售金额"数据透视表

6.6.2 数据透视图

数据透视图是基于数据透视表创建的一种图表类型，它可以帮助用户更直观地理解数据透视表中的数据关系。

将光标定位到数据透视表中的任意单元格，点击"插入"选项卡下的"数据透视图"，打开"插入图表"对话框，在该对话框中可以选择图表的类型，默认选中"柱形图"，点击"插入"按钮插入图表，如图 6-109 所示。

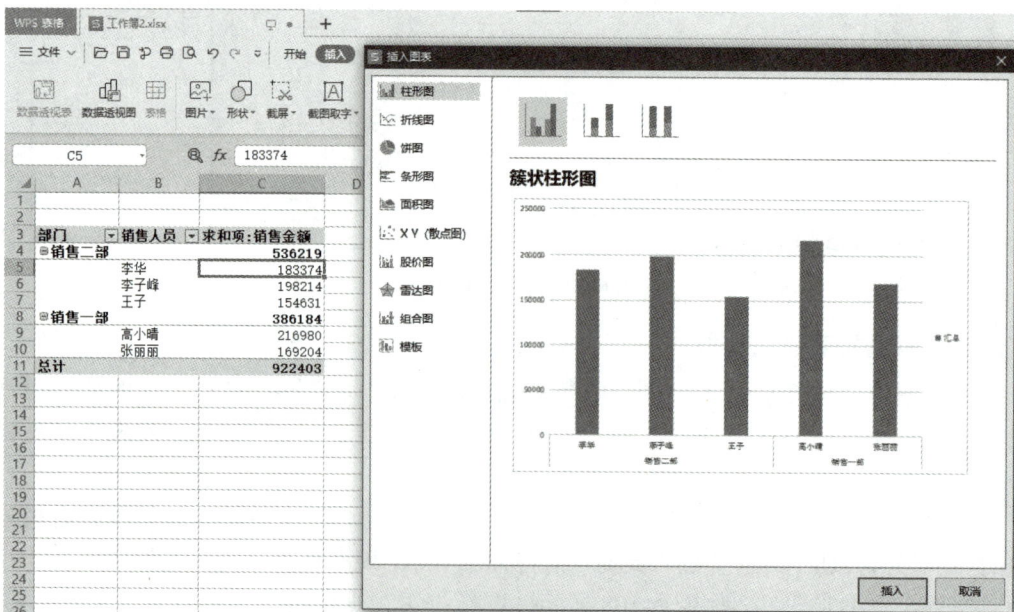

图 6-109 "销售金额"数据透视图

6.7　实践案例

【案例名称】

制作"某公司人力数据分析看板"。

【实践目的】

(1) 掌握表格的数据处理，公式和函数的应用，图表制作。

(2) 掌握数据透视图和透视表的使用方法，全面提升数据处理与分析能力。

【实践步骤】

(1) 打开"公司人力数据分析看板"(素材库 3)，该工作簿中有两个 Sheet 表，一个为"公司人力数据分析看板"表，另一个为"员工信息表"。其中"员工信息表"为"公司人力数据分析看板"表中数据的数据源。

(2) 统计公司在职总人数。选中"员工信息表"中的数据，点击"插入"选项卡下的"数据透视表"，选择放置数据透视表的位置为"新建工作表"，如图 6-110 所示。

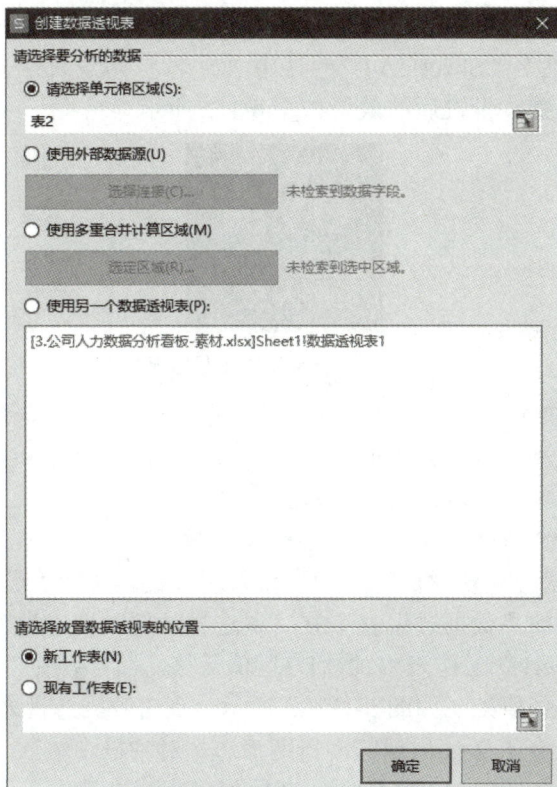

图 6-110　创建数据透视表

(3) 创建第一个数据透视表，统计公司的在职总人数。将字段列表中的"是否在职"拖到"行"处，将字段列表中的"姓名"拖到"值"处。通过筛选，选择"在职"，即可统计公司的在职总人数，如图 6-111 所示。

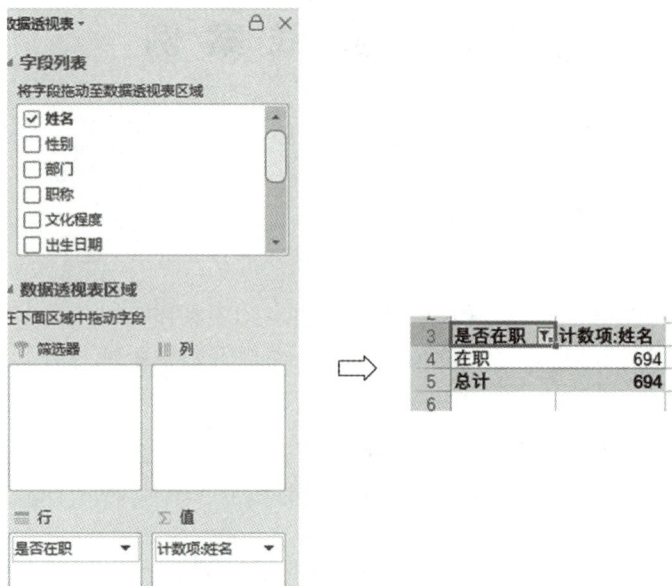

图 6-111　筛选在职人员

(4) 点击"公司人才数据分析看板"工作表中的"C6"单元格，输入公式"=GETPIVOTDATA(" 姓名 ",Sheet1!A4)"，其中"姓名"为查询字段，"Sheet1!A4"为数据透视表区域的起始位置。设置后的效果如图 6-112 所示。

图 6-112　统计公司在职总人数

提示：GETPIVOTDATA 函数是 Excel 中的一个非常有用的功能，它允许用户从数据透视表中提取特定的数据。这个函数的功能非常强大，因为它可以直接访问数据透视表内的汇总数据，而不需要手动查找或重新计算。

使用方法：=GETPIVOTDATA(查询字段 , 数据透视表区域)。

(5) 创建第二个数据透视表，统计 2021 年新入职人数。选中"员工信息表"中的数据，点击"插入"选项卡下的"数据透视表"，在"请选择放置数据透视表的位置"处选择"现有工作表"，选择"Sheet1"工作表中的"D3"单元格。将字段列表中的"入职日期"拖到行处，将"姓名"拖到值处，如图 6-113(a) 所示。点击数据透视表中的"入职日期"，选择"日期筛选"，选择"介于"，在出现的"日期筛选"对话框中输入"2021-1-1"和"2021-12-31"，点击"确定"，如图 6-113(b) 所示。在数据透视表中选中入职日期列中的任意单元格右击，选择"组合"，在弹出的"组合"对话框中选择"月"，点击"确定"按钮，设置后的效果如图 6-113(c) 所示。

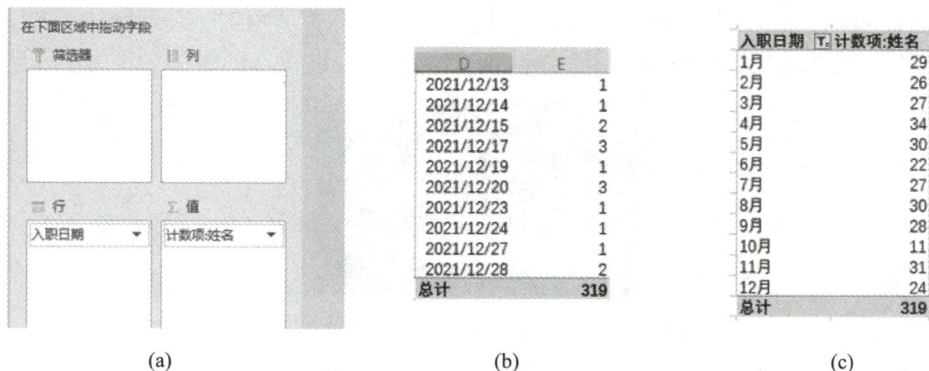

	D	E
	2021/12/13	1
	2021/12/14	1
	2021/12/15	2
	2021/12/17	3
	2021/12/19	1
	2021/12/20	3
	2021/12/23	1
	2021/12/24	1
	2021/12/27	1
	2021/12/28	2
总计		319

入职日期	计数项:姓名
1月	29
2月	26
3月	27
4月	34
5月	30
6月	22
7月	27
8月	30
9月	28
10月	11
11月	31
12月	24
总计	319

(a)　　　　　　　　　　(b)　　　　　　　　　　(c)

图 6-113　新建数据透视表统计 2021 年新入职人数

(6) 点击"公司人才数据分析看板"工作表中的"H6"单元格，输入公式"=GETPIVOTDATA(" 姓名 ",Sheet1!D3)"，其中"姓名"为查询字段，"Sheet1!D4"为数据透视表区域的起始位置。设置后的效果如图 6-114 所示。

图 6-114　在数据分析看板中显示 2021 年新入职人数

(7) 创建第三个数据透视表，统计在职人员的男女比例。将字段列表中的"姓名"拖到"值"处，将字段列表中的"性别"拖到"行"处，将字段列表中的"是否在职"拖到"筛选器"处。点击"值"处的"姓名"右侧的黑三角，选择"值字段设置"，在弹出的"值字段设置"对话框中点击"值显示方式"选项卡，在"值显示方式"的下拉列表框中选择"总计的百分比"，如图 6-115 所示。

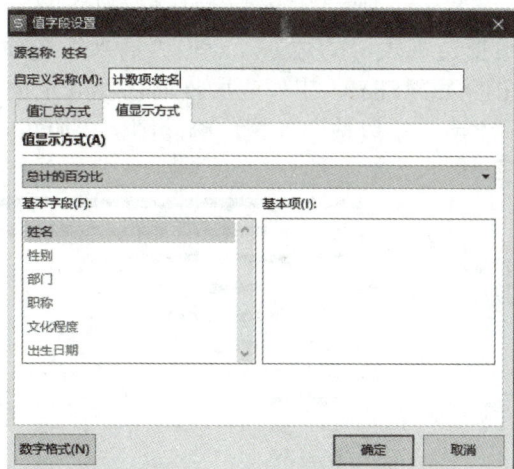

图 6-115　设置值显示方式

(8) 在"公司人力数据分析看板"工作表中的"M6"单元格中，输入公式

"=GETPIVOTDATA(" 姓名 ",Sheet1!G3," 性别 "," 男 ")"，在 "M9" 单元格中，输入公式 "=GETPIVOTDATA(" 姓名 ",Sheet1!G3," 性别 "," 女 ")"，设置后的效果如图 6-116 所示。

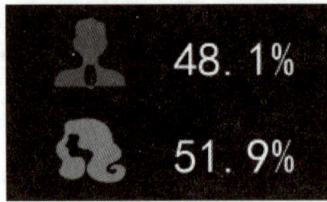

图 6-116　在数据分析看板中显示男女比例

提示：GETPIVOTDATA(" 姓名 ",Sheet1!G3," 性别 "," 男 ") 中的第三个参数为 " 字段名 "，第四个参数为 " 值 "。

(9) 创建第四个数据透视表，对部门人员进行分析。将字段列表中的 " 姓名 " 拖到 " 值 " 处，将字段列表中的 " 部门 " 拖到 " 行 " 处，将字段列表中的 " 是否在职 " 拖到 " 筛选器 " 处，如图 6-117(a) 所示。选中 " 计数项：姓名 "，点击 " 开始 " 选项卡中的 " 排序 " 按钮，选择 " 降序 "，如图 6-117(b) 所示。

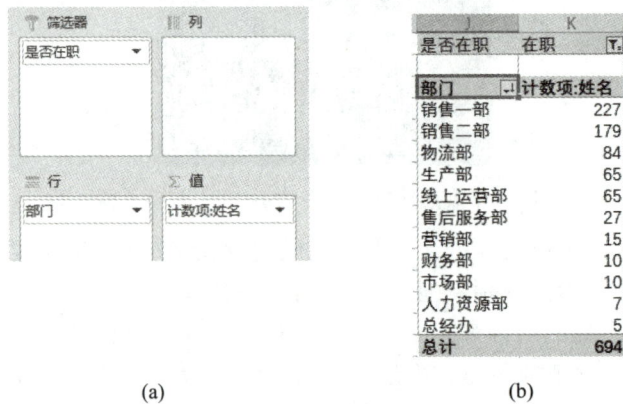

(a)　　　　　　　　　　　　(b)

图 6-117　新建数据透视表统计各部门人数

(10) 选中步骤 (9) 中数据透视表中的数据，点击 " 插入 " 选项卡下的 " 数据透视图 "，选择 " 条形图 "，将条形图插入到 Sheet1 工作表中，右击图表上的任意按钮，选择 " 隐藏图表上的所有字段按钮 "，将所有字段按钮隐藏，删除图例，如图 6-118 所示。

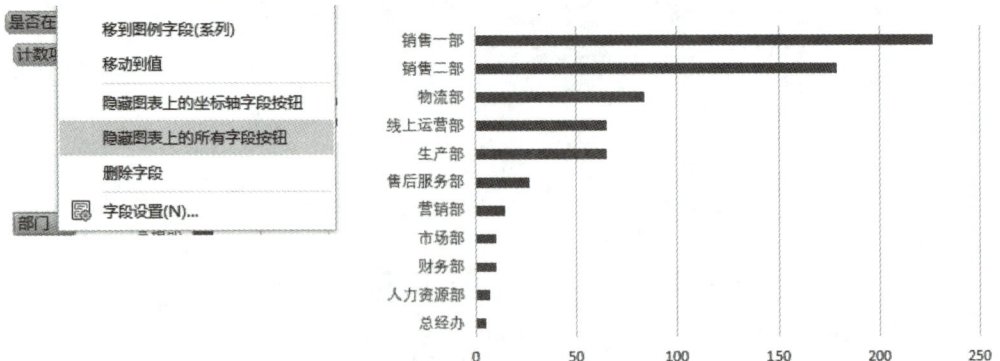

图 6-118　各部门人数数据透视表

设置图表的背景颜色 RGB 值分别为 (8，13，104)，与"公司人力数据分析看板"中单元格的背景色相同，设置轮廓为无。首先点击图表右上角的"图表元素"快捷菜单，点击"数据标签"，此时将显示每个条形对应的数值。然后点击"坐标轴"，去掉"主要横坐标轴"的对钩，横坐标轴 x 轴将不被显示。最后在"开始"选项卡下，设置数据标签和纵坐标的文字为"白色"。设置完成后将图表拖到"公司人力数据分析看板"的左下角，并调整大小，设置效果如图 6-119 所示。

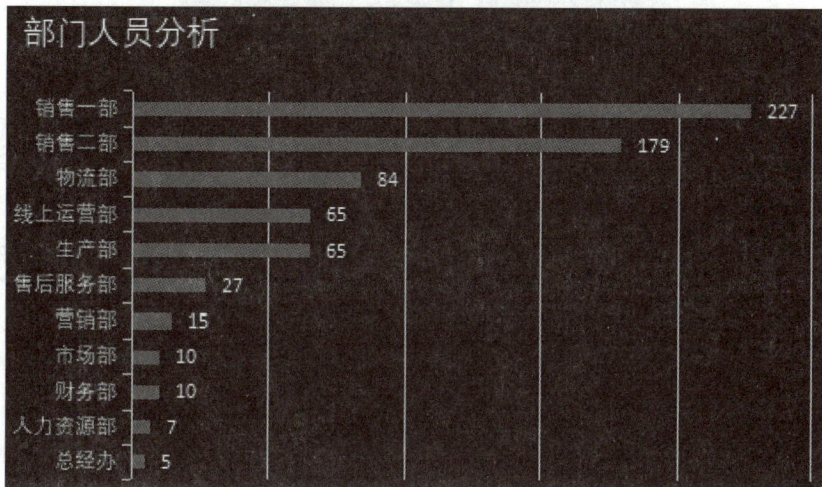

图 6-119　美化各部门人数的数据透视表

(11) 创建第五个数据透视表，对公司员工的学历占比进行分析。将字段列表中的"姓名"拖到"值"处，将字段列表中的"文化程度"拖到"行"处，将字段列表中的"是否在职"拖到"筛选器"处，值的显示方式设置为"总计的百分比"，如图 6-120 所示。

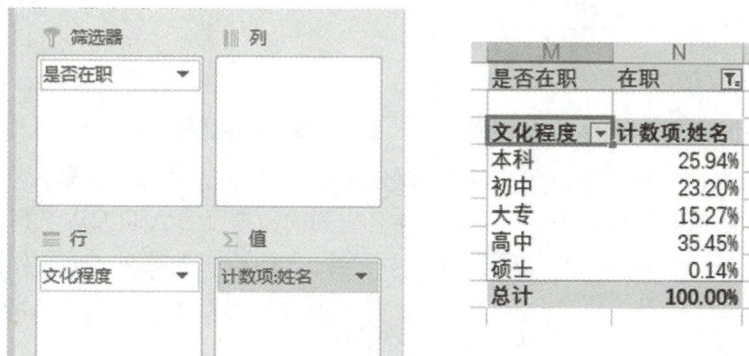

图 6-120　新建数据透视表统计学历占比情况

(12) 选中步骤 (11) 中文化程度的数据透视表，插入"数据透视图"，选择饼图，隐藏图表上的所有字段按钮，删除图例，设置图表标题为"学历占比分析"，显示"数据标签"，并将"数据标签"和图表标题的文本设置为"白色"，设置图表的背景色 RGB 值分别为 (8，13，104)，将轮廓设置为无，如图 6-121 所示，并将其拖到"公司人力数据分析看板"中的合适位置。

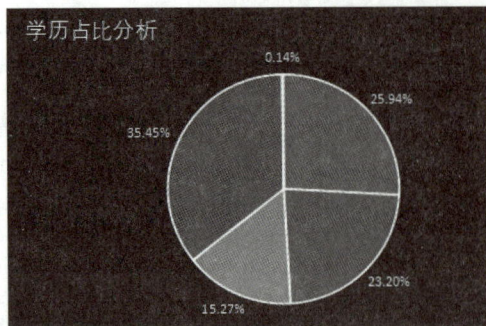

图 6-121　学历占比数据透视图

(13) 创建第六个数据透视表，对全员入职人数进行分析。将字段列表中的"姓名"拖到"值"处，将"入职日期"拖到"行"处。在创建好的数据透视表中点击"入职日期"列，选择"日期筛选"，介于"2021-1-1"至"2021-12-31"之间的数据。在入职日期列的任意单元格点击鼠标右键，选择"组合"，在弹出的"组合"对话框中选择"月"，设置后的效果如图 6-122 所示。

(14) 创建第七个数据透视表，对全员离职人数进行分析。将字段列表中的"姓名"拖到"值"处，将"离职日期"拖到"行"处。在创建好的数据透视表中点击"离职日期"列，选择"日期筛选"，介于"2021-1-1"至"2021-12-31"之间的数据。在离职日期列的任意单元格点击鼠标右键，选择"组合"，在弹出的组合对话框中选择"月"，设置后的效果如图 6-123 所示。

入职日期	计数项:姓名
1月	29
2月	26
3月	27
4月	34
5月	30
6月	22
7月	27
8月	30
9月	28
10月	11
11月	31
12月	24
总计	319

离职日期	计数项:姓名
1月	8
2月	16
3月	8
4月	24
5月	11
6月	21
7月	23
8月	29
9月	11
10月	8
11月	14
12月	8
总计	181

图 6-122　指定日期范围内入职人数数据透视表　　图 6-123　指定日期范围内离职人数数据透视表

(15) 在 Sheet1 表中的任意位置，输入标题月份、入职人数、离职人数，在"月份"下输入 1 月到 12 月，复制步骤 (13) 中"计数项：姓名"列的数据至"入职人数"列，复制步骤 (14) 中"计数项：姓名"列的数据至"离职人数"列，全员入职离职人数对比分析如图 6-124 所示。

月份	入职人数	离职人数
1月	29	8
2月	26	16
3月	27	8
4月	34	24
5月	30	11
6月	22	21
7月	27	23
8月	30	29
9月	28	11
10月	11	8
11月	31	14
12月	24	8

图 6-124　制作入职人数与离职人数数据表

(16) 选中步骤 (15) 中数据表的数据，在"插入"选项卡下，点击"折线图"，设置图表的标题为"全员入职离职人数对比"，设置"图例"的位置为"上部"，设置图表的背景色 RGB 值分别为 (8，13，104)，轮廓设置为无。设置图表标题、X 轴、Y 轴和图例的文字颜色为"白色"，如图 6-125 所示。设置完成后，将图表拖到"公司人力数据分析看板"中的合适位置。

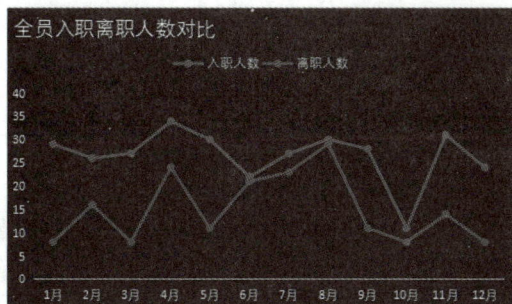

图 6-125　入职人数与离职人数折线图

(17) 创建第八个数据透视表，对公司员工的年龄分布进行分析。将字段列表中的"姓名"拖到"值"处，将字段列表中的"年龄"拖到"行"处，将"是否在职"拖到"筛选器"处。在"年龄"列中的任意单元格点击右键，选择"组合"，在弹出的"组合"对话框中"起始于"输入 20，"终止于"输入 59，"步长"输入 10，点击"确定"按钮完成设置，如图 6-126(a) 所示。设置值的显示方式为"总计的百分比"，设置后的效果如图 6-126(b) 所示。

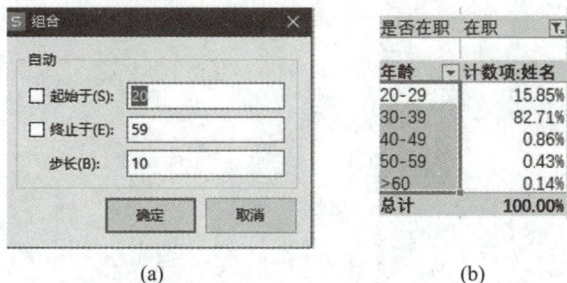

(a)　　　　(b)

图 6-126　设置年龄区间并以总计百分比显示年龄占比情况

(18) 选中步骤 (17) 中的数据透视表，点击"插入"选项卡下的"数据透视图"，隐藏图表上的所有字段按钮，删除图例，设置图表标题为"年龄分布"，显示"数据标签"；并将"数据标签"和图表标题的文本设置为"白色"，设置图表的背景色 RGB 值分别为 (8，13，104)，将轮廓设置为无。设置完成后，复制图表到"公司人力数据分析看板"，将其放置到合适的位置，如图 6-127 所示。

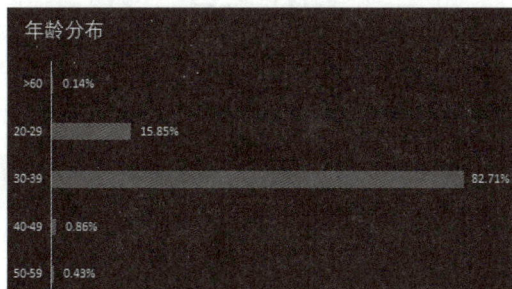

图 6-127　创建年龄占比情况数据透视图

(19) 在"公司人力数据分析看板"工作表中，将部门人员分析、学历占比分析、年龄分布、全员入职离职人数对比 4 张图表的背景设置为"无填充"，将右侧的透明背景图拖到左侧区域，调整图表的大小及位置。

(20) 操作完成后，以"3. 公司人力数据分析看板 - 效果 .xlsx"为题，存储到 D 盘的根目录。

【实践效果】

(1) 完成专业的"公司人力数据分析看板"，如图 6-128 所示。

(2) 掌握 Excel 的实用功能。

(3) 极大提升数据处理效率。

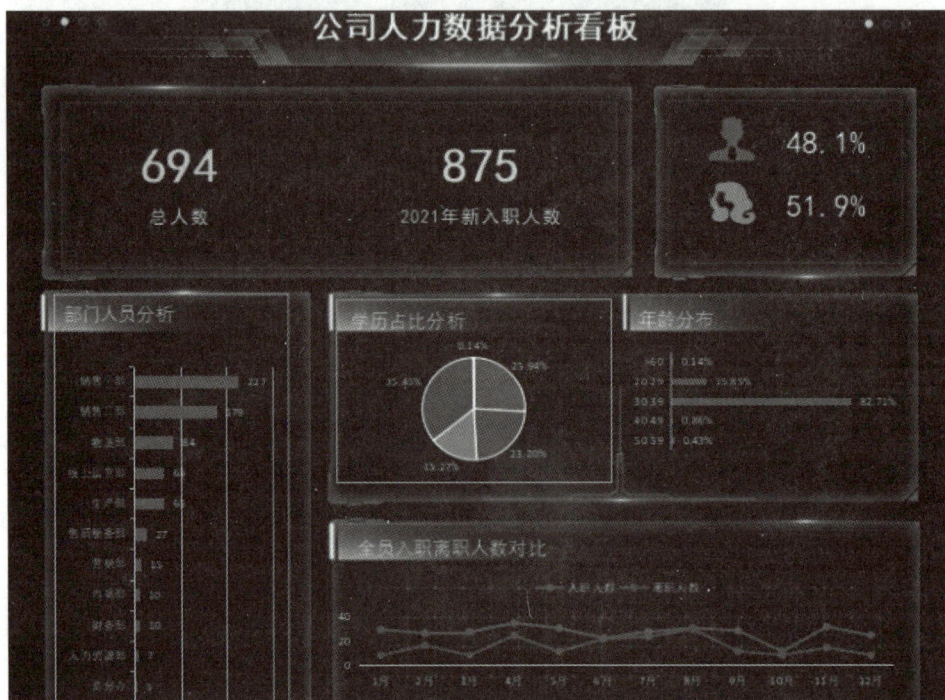

图 6-128　公司人力数据分析看板最终显示效果

课后习题 6

单元 7　演示文稿制作

通过学习演示文稿的制作技巧，学生不仅能掌握文字排版、图片插入、动画设计等技能，还能深刻理解信息传播的重要性。在课程学习中，学生应注意制作内容真实、准确，避免虚假信息的传播，树立正确的价值观。同时，通过团队协作完成演示文稿项目，培养合作精神和创新意识。另外，结合案例，学生可探讨信息技术在推动社会进步中的作用，并探讨如何将所学技能应用于实际，服务社会，为实现中华民族伟大复兴贡献自己的力量。

WPS 2019 演示文稿是一款功能全面且易于使用的演示软件，它提供了丰富的工具和选项来帮助用户创建、编辑和展示专业的演示文稿。无论是在日常工作、学术报告还是宣传推广等领域，都可以使用 WPS 2019 演示文稿制作高质量的演示内容。

7.1 WPS 2019 演示的简介

7.1.1　WPS 2019 演示的启动和退出

1. WPS 2019 演示的启动

安装完 WPS 软件,在桌面上生成 WPS 2019 演示的快捷方式,如图 7-1 所示。双击 WPS 2019 演示的快捷图标,启动 WPS 程序。在 WPS 2019 演示的首页点击"新建"项,创建新的演示文稿,默认名称为"演示文稿 1",如图 7-2 所示。

图 7-1　WPS 2019 演示的快捷图标

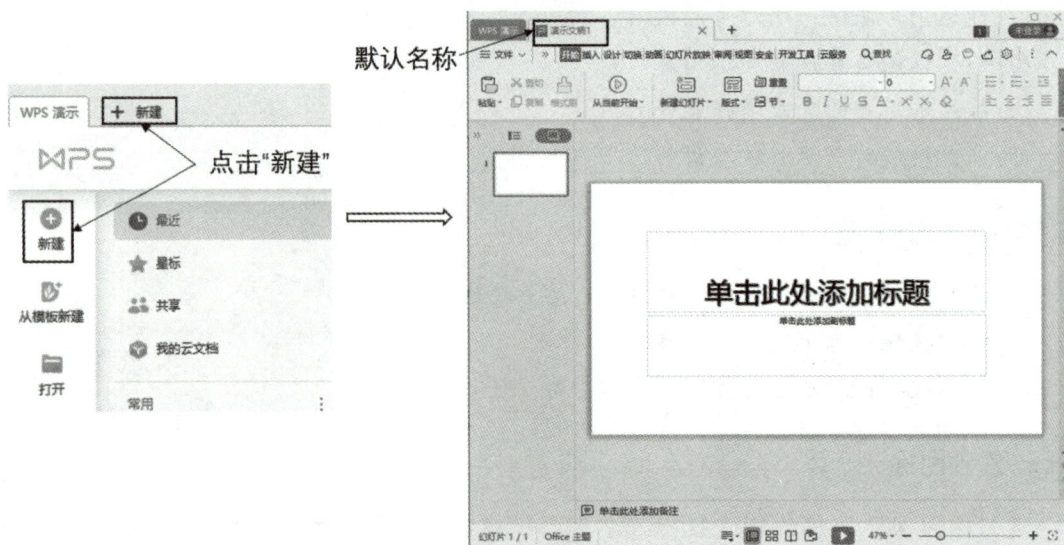

图 7-2　新建 WPS 2019 演示文稿

2. WPS 2019 演示的退出

点击 WPS 窗口右上角的"X"关闭按钮,即可退出 WPS 2019 演示,如果该演示文稿尚未保存,则提示是否保存该演示,选择"是"保存该文档,选择"否"直接退出该演示。

7.1.2　WPS 2019 演示的窗口组成

WPS 2019 演示的工作窗口主要包括标题栏、功能区、幻灯片\大纲窗格、编辑区、状态栏和视图工具等,如图 7-3 所示。

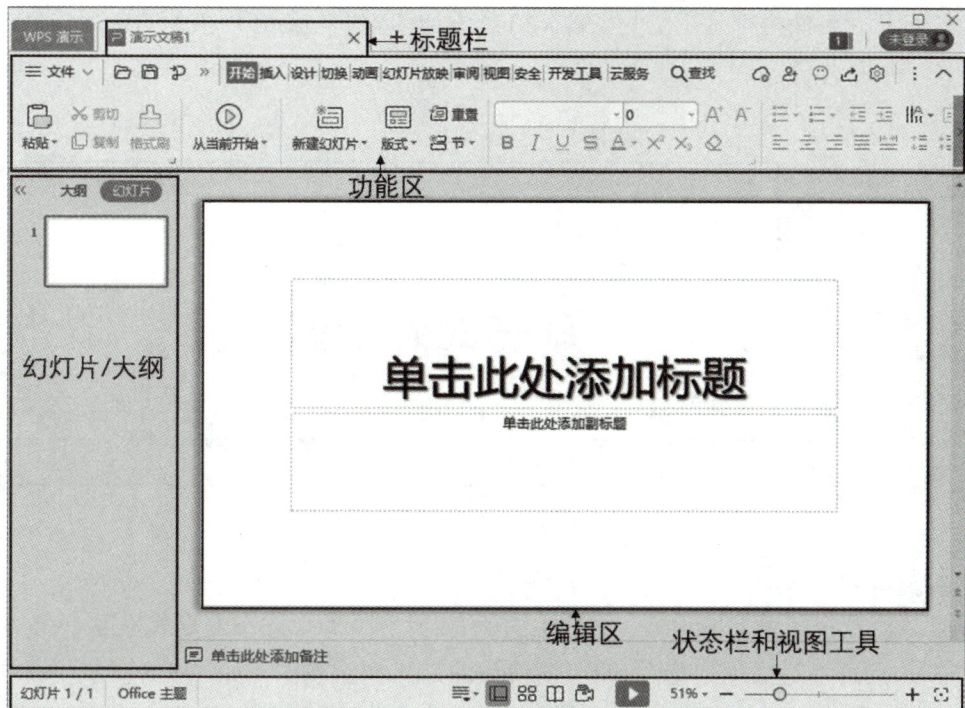

图 7-3 WPS 2019 演示窗口

(1) 标题栏：位于窗口的左上角，用于显示当前正在操作的演示文稿的名称。

(2) 功能区：功能区的上半部分是选项卡，如"开始""插入""设计"等选项卡，不同的选项卡对应的功能区也不相同。功能区左上角的"打开""保存"等小图标组成的是快速访问工具栏，可以对演示文稿进行一些基础操作。

(3) 幻灯片/大纲：位于功能区的左下方，在该窗口中显示的是幻灯片的缩略图，点击幻灯片缩略图可以对幻灯片进行切换。

(4) 编辑区：编辑区位于幻灯片/大纲的右侧，是窗口中占比最大的一部分，显示正在编辑的演示文稿。编辑区下方是备注窗口，点击"单击此处添加备注"可为当前演示文稿添加备注。

(5) 状态栏和视图工具：状态栏和视图工具位于整个窗口的最下方。状态栏的最左侧显示幻灯片的总数及当前幻灯片所处的页数；中间的视图工具可以在不同的视图之间进行切换；最右侧的滑块是幻灯片的显示比例滑块，通过拖动滑块可以更改幻灯片的显示比例。

7.1.3 演示文稿的常用视图

WPS 2019 演示文稿为用户提供了多种视图模式，用于适应不同的编辑和查看需求，常用的视图模式有普通视图、幻灯片浏览视图、备注页视图、阅读视图等。

1. 普通视图

普通视图是 WPS 2019 演示文稿的默认视图，主要由缩略图、幻灯片和备注栏组成。在该视图下，用户可以方便地编辑幻灯片的内容、样式和效果。缩略图即演示文稿窗口左侧的"大纲/幻灯片"，默认显示的是幻灯片的缩略图，用户通过缩略图可以快速地定位和切换幻灯片。备注栏则是用于为当前幻灯片添加和查看与幻灯片相关的备注信息。普通视图如图 7-4 所示。

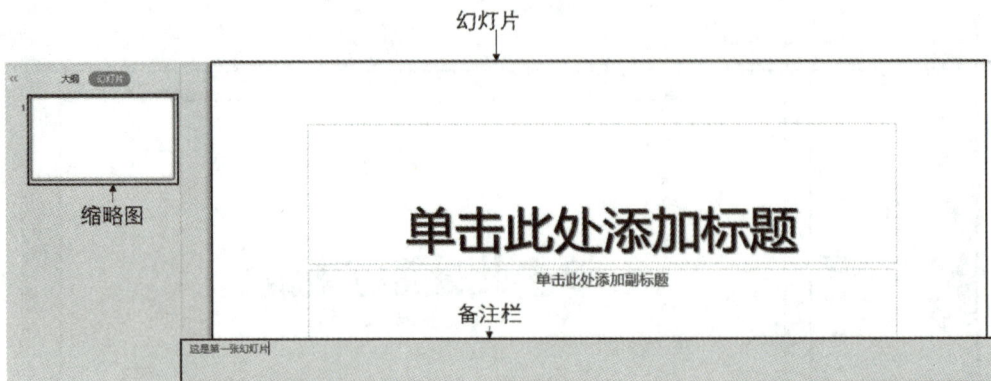

图 7-4　普通视图

2. 幻灯片浏览视图

幻灯片浏览视图用于显示演示文稿中的所有幻灯片，并以缩小的形式呈现。在"视图"选项卡下，点击"幻灯片浏览"，即可切换到幻灯片浏览视图，如图 7-5 所示。该视图方便用户对幻灯片进行查看、重新排列和快速设置、修改切换动画等操作。

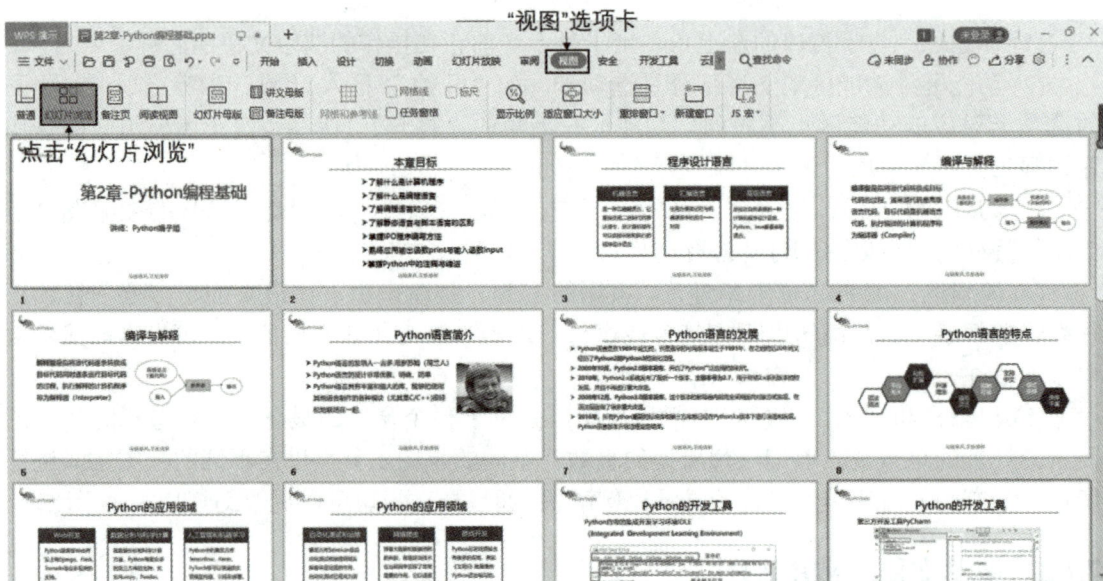

图 7-5　幻灯片浏览视图

3. 备注页视图

备注页视图用于查看和编辑演讲者的备注信息。在"视图"选项下，点击"备注页"，即可切换到备注页视图，如图 7-6 所示。在该视图中将幻灯片以较大的图片形式显示，并在下方提供正文编辑框用于输入和编辑备注信息，同时备注页视图还可以用于检查演示文稿和备注页一起打印时的外观。

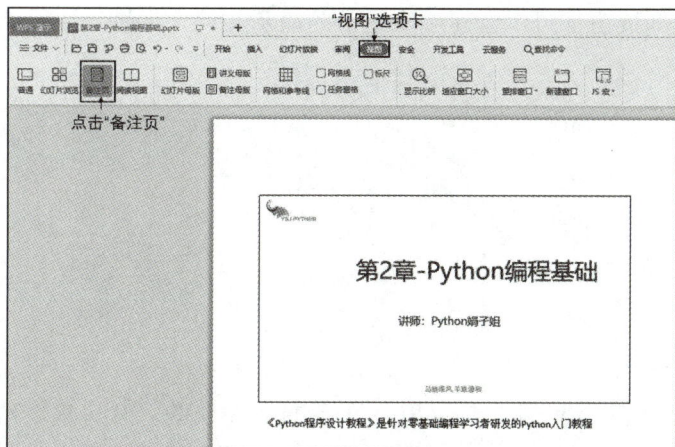

图 7-6　备注页视图

4. 阅读视图

阅读视图用于预览已制作的幻灯片，在该视图中只显示标题栏、阅读区和状态栏。在"视图"选项卡下，点击"阅读视图"，即可切换到阅读视图，如图 7-7 所示。该视图可以在 WPS 演示窗口中播放幻灯片，并查看动画和切换效果，而无须切换到全屏幻灯片放映模式。按键盘上的 Esc 键可以退出阅读视图。

图 7-7　阅读视图

7.2　WPS 2019 演示的基本操作

7.2.1　创建和保存演示文稿

1. 创建演示文稿

(1) 创建空白演示文稿。启动 WPS 2019 演示，点击"标题栏"上的"+ 新建"或点击首页左侧的"新建"按钮都可以创建一个空白的演示文稿，如图 7-8 所示。

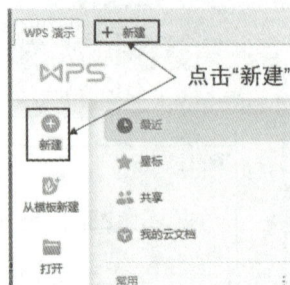

图 7-8　创建空白演示文稿

　　(2) 根据模板创建演示文稿。点击 WPS 演示首页左侧的"从模板新建"，如图 7-9 所示，在"本地模板"中有"通用模板 - 翠绿""党政党建 - 红色""企业宣传"等各种模板，用户可根据实际需求选择合适的模式，如本书中点击"党政党建 - 红色"模板，即可创建"党政党建"通用模板的演示文稿，如图 7-10 所示。

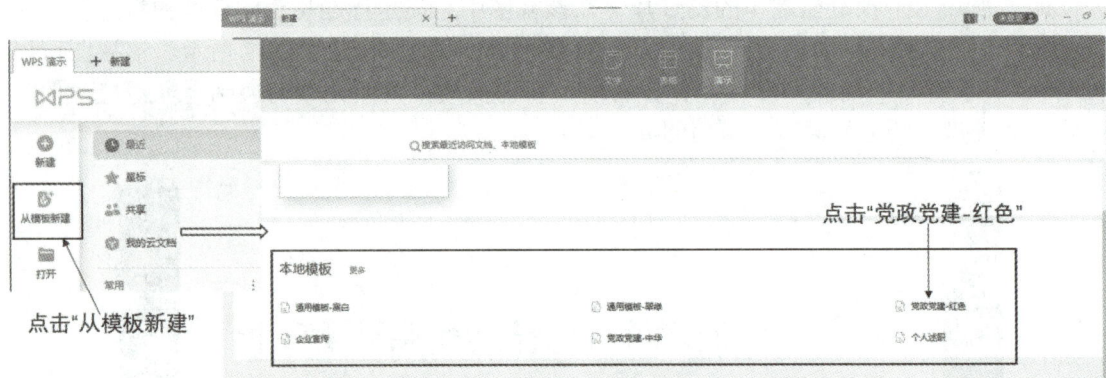

图 7-9　根据模板创建演示文稿

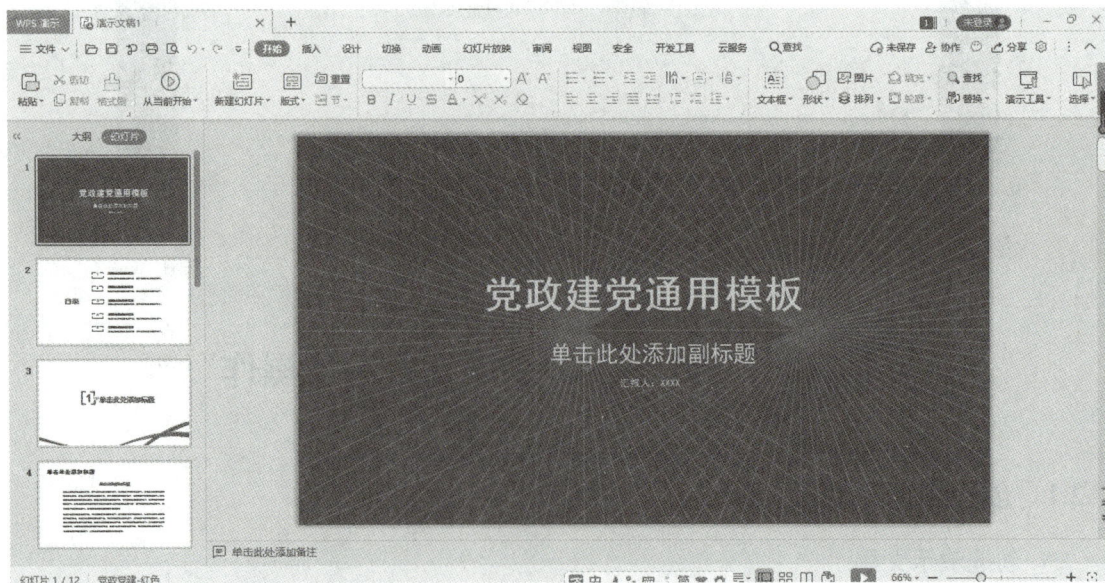

图 7-10　党政党建 - 红色通用模板

2. 打开演示文稿

对于已存在的演示文稿，用户在下次编辑或查看时，需要先打开该演示文稿。常用打开演示文稿的方式有以下几种：

(1) 双击演示文稿文件即可打开演示文稿。

(2) 点击当前演示文稿"功能区"左上角的快速工具栏中的"打开"图标，弹出"打开文件"对话框，选择要打开的演示文稿，点击"打开"按钮，即可打开演示文稿，如图 7-11 所示。

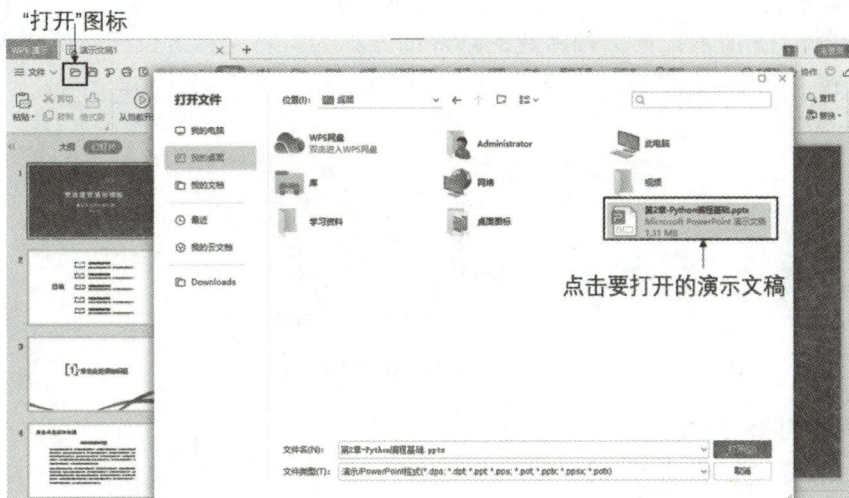

图 7-11　"打开文件"对话框

3. 保存演示文稿

在制作演示文稿的过程中要养成保存文件的好习惯，防止因为断电或其他原因导致文件丢失。点击快速工具栏中的"保存"图标，即可对当前的演示文稿进行保存，如果是第一次保存，则将弹出"另存文件"对话框，选择演示文稿的保存位置，点击"保存"按钮即可，如图 7-12 所示。还可以使用快捷键"Ctrl + S"对演示文稿进行保存。

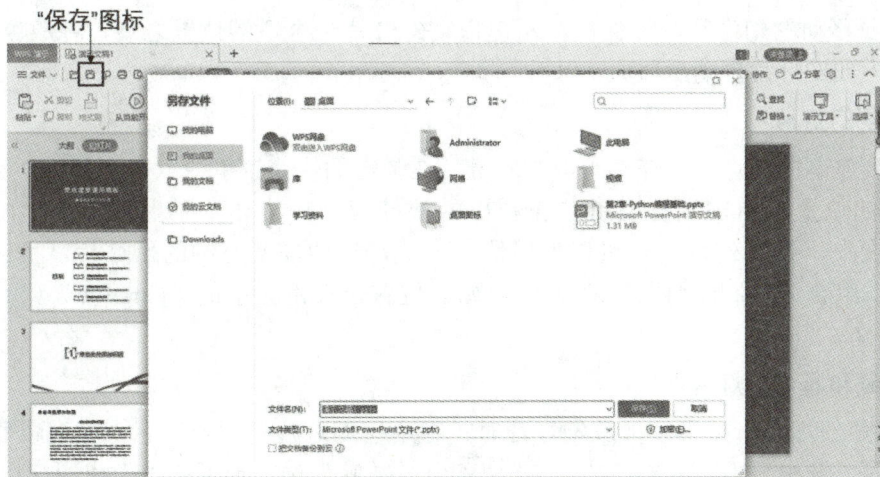

图 7-12　"另存文件"对话框

7.2.2　编辑幻灯片

在 WPS 2019 演示文稿中，所有文本、图片、动画的操作都是在幻灯片中进行处理的，幻灯片的编辑是制作演示文稿的基础。编辑幻灯片包括新建幻灯片、选择和删除幻灯片、复制和移动幻灯片、隐藏和显示幻灯片等。

1. 新建幻灯片

新建的演示文稿默认只有一张幻灯片。第一种新建幻灯片的方式为：点击"开始"选项卡下的"新建幻灯片"按钮，即可创建一张新的幻灯片，每点击一次都将创建一张新的幻灯片，如图 7-13 所示；第二种新建幻灯片的方式为：将光标定位到左侧"大纲 / 幻灯片"窗格，按下键盘上的"Enter"键，也可以创建出一张新的幻灯片。

图 7-13　"新建幻灯片"按钮

2. 选择和删除幻灯片

在 WPS 演示文稿窗口左侧的"大纲 / 幻灯片"窗格中，当前选中的幻灯片带有"橘黄色"的边框。如果需要选择多张连续的幻灯片，则先点击选中一张幻灯片，再按住键盘上的"Shift"键，在需要选择的最后一张幻灯片上单击左键，即可将两张幻灯片之间的所有幻灯片选中；如果需要选择的多张幻灯片不连续，则先点击一张需要选择的幻灯片，再按住键盘上的"Ctrl"键，点击需要选择的其他幻灯片即可将所有被点击的幻灯片选中。

选中幻灯片之后，按下键盘上的"Del"键，即可将选中的幻灯片删除。

3. 移动幻灯片

选中要移动的幻灯片，按住鼠标左键拖动幻灯片到合适的位置之后，释放鼠标左键，原来位置上的幻灯片自动后移。

4. 复制幻灯片

选中要复制的幻灯片，在其上单击右键，在弹出的快捷菜单中点击"复制"命令，在需要粘贴的位置上单击鼠标右键，在弹出的快捷菜单中点击"粘贴"命令，即可实现幻灯片的复制。复制幻灯片也可以使用快捷方式，选中需要复制的幻灯片，按键盘上的"Ctrl + C"组合键复制幻灯片，在需要粘贴的位置，按键盘上的"Ctrl + V"组合键粘贴幻灯片。

5. 隐藏和显示幻灯片

(1) 隐藏幻灯片。如果在播放幻灯片时，有个别幻灯片不需要展示，则可以将该幻灯片进行隐藏。选中要隐藏的幻灯片，点击"幻灯片放映"选项卡下的"隐藏幻灯片"命令，在该幻灯片编号上就会有一根斜线，表示该幻灯片已被隐藏，如图 7-14 所示，在幻灯片放映时，将直接跳过隐藏的幻灯片。

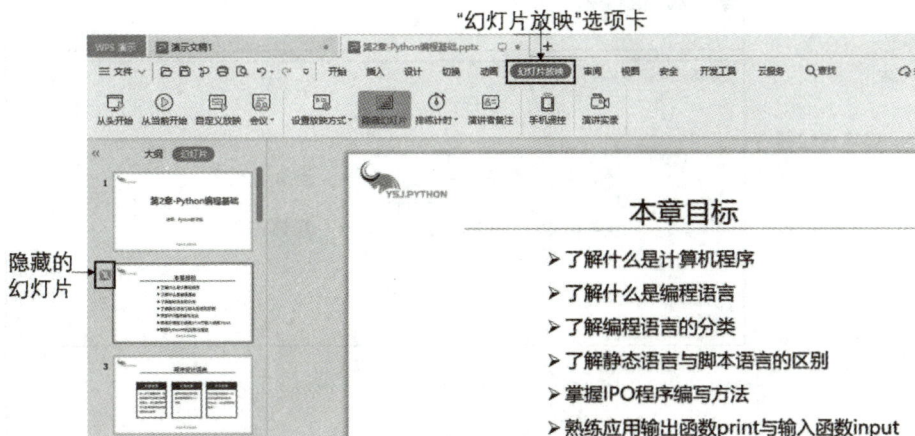

图 7-14　隐藏幻灯片

(2) 显示幻灯片。选中被隐藏的幻灯片，再次点击"幻灯片放映"选项卡下的"隐藏幻灯片"命令，此时该幻灯片编号上的斜线去除，该幻灯片在放映时将被放映。

7.2.3　幻灯片的版式

幻灯片版式是指占位文本框等在幻灯片中的默认布局方式。WPS 2019 演示文稿中内置了多种幻灯片版式，用于满足不同的演示需求。

在"开始"选项卡下，点击"版式"命令，如图 7-15 所示，新建演示文稿中的第一张幻灯片默认的是"标题幻灯片"。点击选择"标题和内容"版式，如图 7-16 所示，当前幻灯片即应用了标题和内容版式。

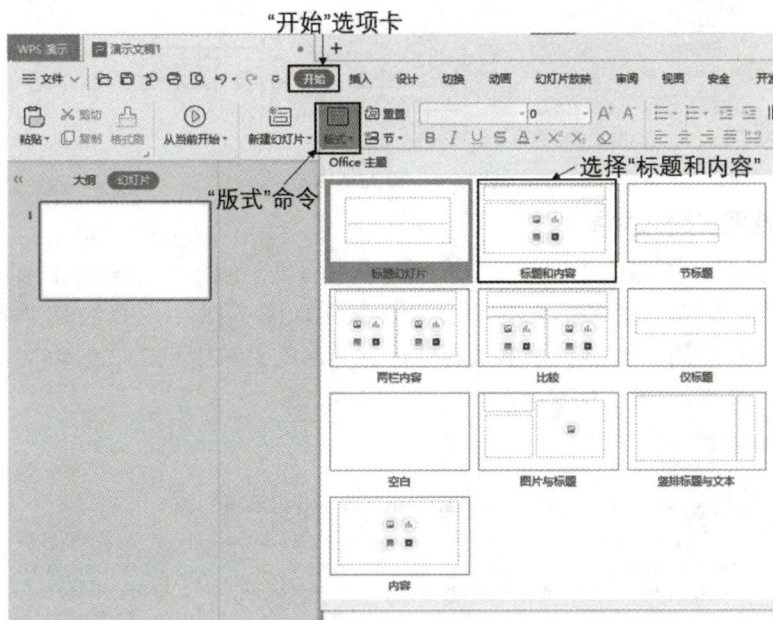

图 7-15　"版式"命令

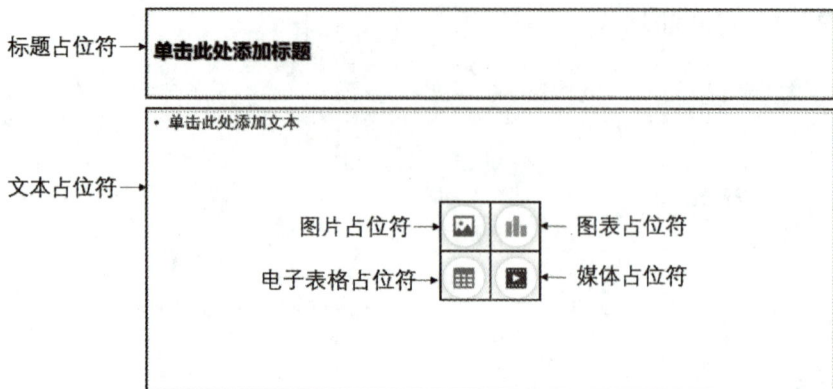

图 7-16 "标题和内容"版式

7.2.4 文本的输入与编辑

在幻灯片上编辑文本可以使用版式设置区中的文本占位符，如图 7-16 中的文本占位符，点击即可添加文本，还可以向幻灯片中插入文本框、自选图形文本以及艺术字。

1. 使用文本框输入文字

如果希望在占位符之外的地方输入文本，则可以插入文本框。将图 7-16 中的文本占位符删除，然后在"插入"选项卡下点击"文本框"，可以选择"横向文本框"或"竖向文本框"，本案例中选择"横向文本框"，在幻灯片的空白处单击，光标将在文本框中闪动。在文本框中输入"人工智能简介"，如图 7-17 所示。

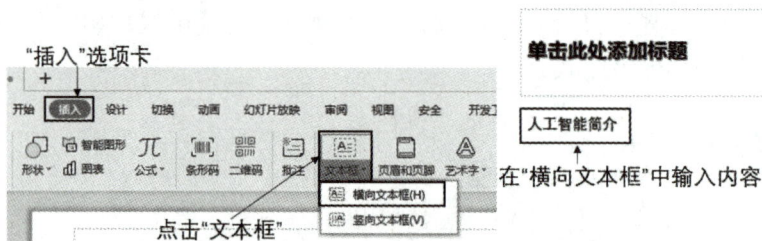

图 7-17 插入文本框

2. 使用自选图形输入文本

在"开始"选项卡下点击"形状"，其下拉列表框提供了线条、矩形、基本形状、箭头总汇、公式形状、流程图、星与旗帜、标注以及动作按钮，图 7-18 中选择的是"星与旗帜"中的形状。在幻灯片中插入的形状上单击右键，在弹出的菜单中点击"编辑文字"命令，即可在形状中输入文本，如图 7-19 所示。

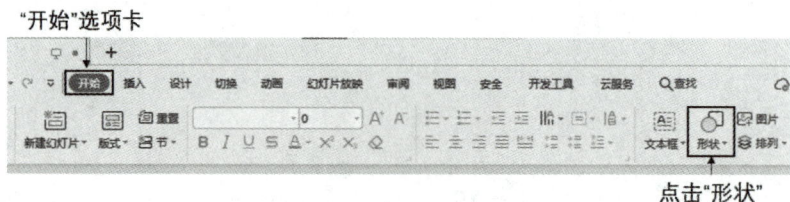

图 7-18 插入自选图形

图 7-19　自选图形编辑文本

3. 插入艺术字

在"插入"选项卡下，点击"艺术字"即可向当前幻灯片中插入文字，如图 7-20 所示，该文字具有预先定义好的颜色、边框等样式。插入的艺术字默认文字为"请在此处输入文字"。将默认文字删除并输入需要的文本即可。

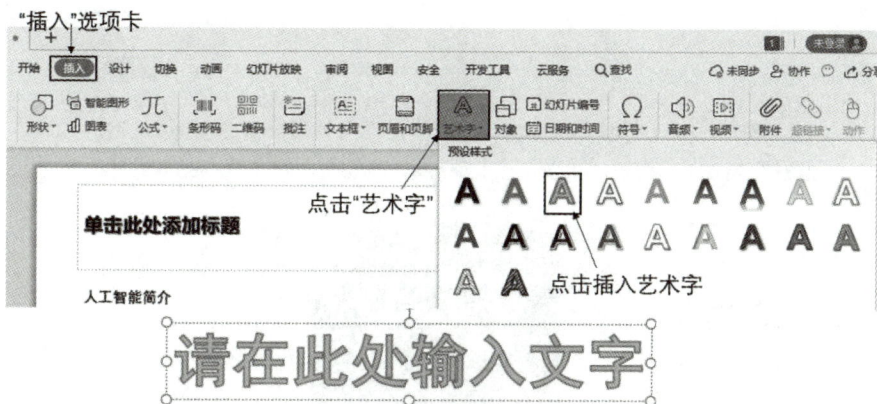

图 7-20　插入艺术字

7.2.5　图片的插入与编辑

在做演示文稿时，除了文字外通常还会插入图片、音频以及视频来丰富幻灯片的内容。

1. 插入图片

在"插入"选项卡下，点击"图片"下拉列表框，选择"本地图片"，打开"插入图片"对话框，找到待插入的图片点击选中，最后点击"打开"按钮，图片就被插入到幻灯片中，如图 7-21 所示。

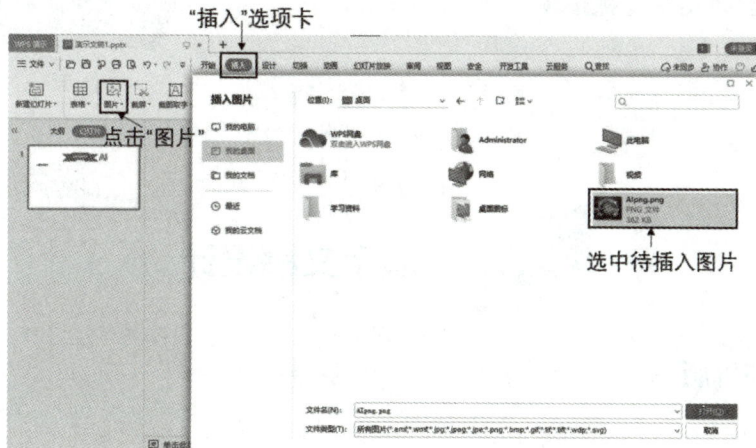

图 7-21　插入图片

2. 编辑图片

图片插入后,可以拖动调整图片的位置,也可以拖动图片四周的控制点调整图片大小,还可以拖动图片上方的旋转按钮对图片进行旋转。

除了对图片大小、位置、旋转的操作外,还可以对图片本身进行编辑,例如,对图片进行裁剪。选中图片,点击"图片工具"选项卡下的"裁剪"命令,如图 7-22 所示,图片的四角将出现四个黑色的"直角"符号,在右侧出现裁剪的方式,可以选择"按形状裁剪"或者"按比例裁剪",本例选择"按形状裁剪",在基本形状里选择一个"六边形",最后按键盘上的"Enter"键,即可完成图片的裁剪,如图 7-23 所示。

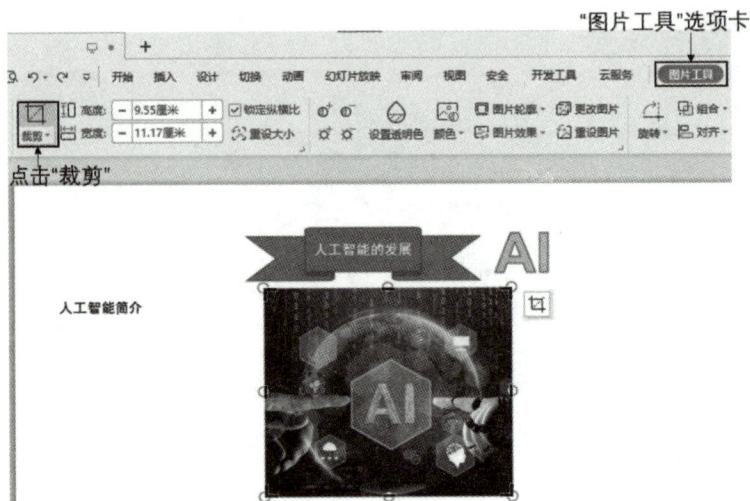

图 7-22 "裁剪"命令

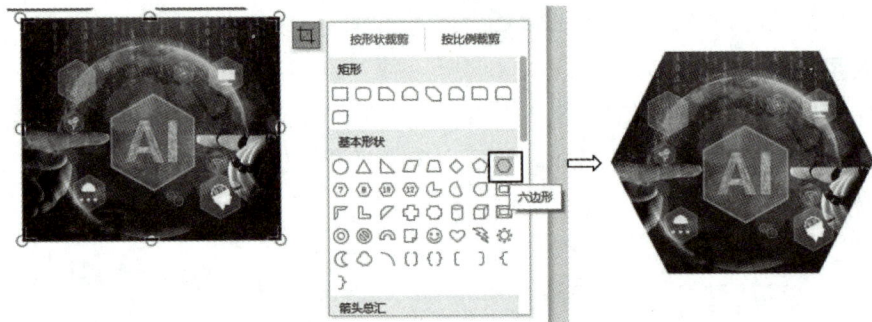

图 7-23 按照形状裁剪图片

7.3 演示文稿设计

7.3.1 模板与母版

1. 模板

模板是 WPS 2019 演示文稿中预先设计好的一系列格式和布局的集合。用户可以在创建演示文稿时选择使用指定模板进行创建，也可以在新建空白演示文稿之后套用模板。

点击"设计"选项卡，即可看到美观精致的演示文稿模板的选择窗口，如图 7-24 所示。选择合适的模板，即可将模板应用到当前演示文稿中。

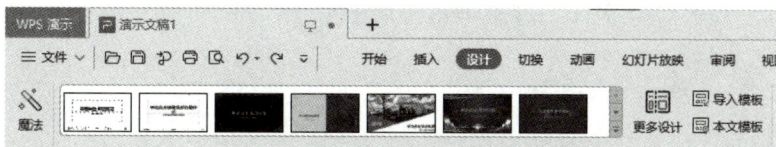

图 7-24　打开演示文稿模板选择窗口

点击演示文稿模板的选择窗口右侧的"更多设计"按钮，可以选择更多的在线设计方案，用户可以根据标签、配色方案选择合适的模板，如图 7-25 所示。

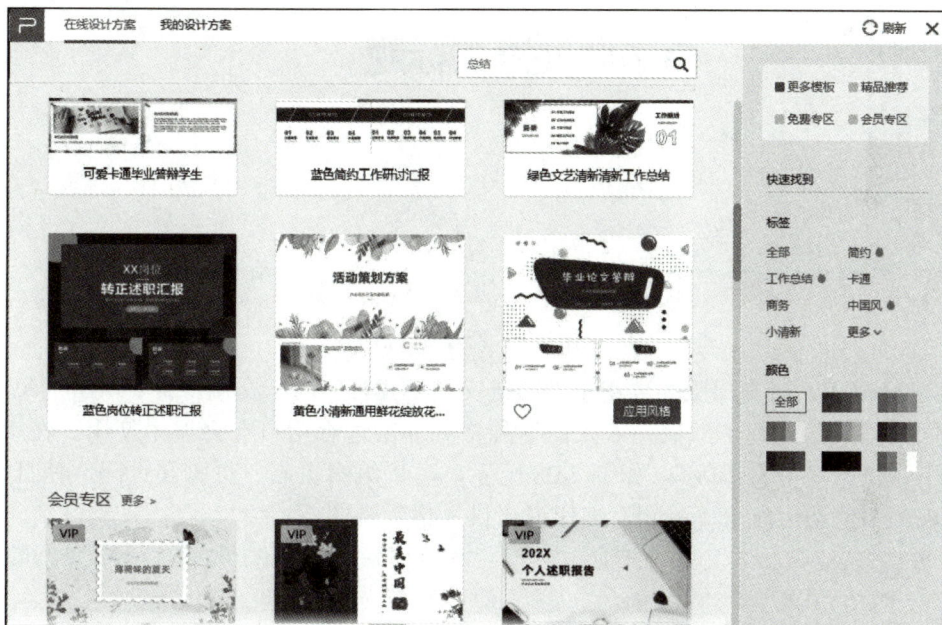

图 7-25　搜索符合主题的模板

2. 母版

母版是 WPS 2019 演示文稿中用于定义幻灯片整体风格和布局的基础模板。通过编辑母版，用户可以统一修改演示文稿中所有幻灯片的字体、颜色、背景等样式，从而实现一致的视觉效果。

在 WPS 2019 演示文稿中提供了三种母版类型，即幻灯片母版、讲义母版和备注母版，如图 7-26 所示。

图 7-26　母版的类型

(1) 幻灯片母版。修改幻灯片母版的样式,则所有应用该样式的幻灯片都发生改变。在"视图"选项卡下,点击"幻灯片母版",则进入"幻灯片母版"视图,此时在选项卡处出现"幻灯片母版"选项卡,如图 7-27 所示。在"幻灯片母版"选项卡下可以选择"插入母版""插入版式""主题""颜色""字体"等来丰富母版的效果。

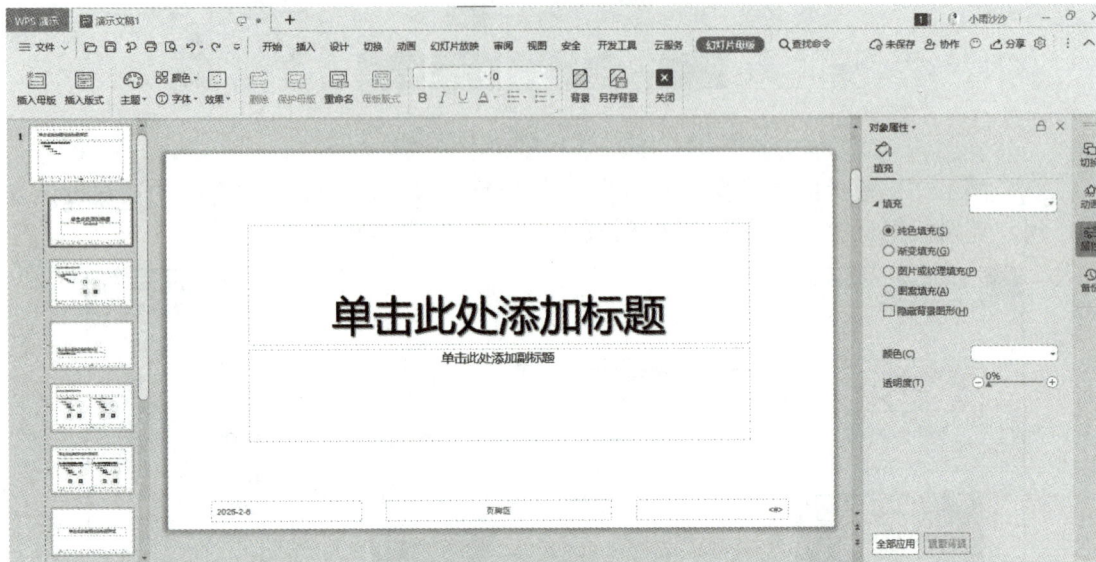

图 7-27　幻灯片母版

(2) 讲义母版。讲义母版主要用于按照讲义的格式打印演示文稿。讲义母版的每个页面包含不同数量的幻灯片,默认是 6 张,这种格式非常适合用户在会议中使用。在"视图"选项卡下,点击"讲义母版",如图 7-28 所示,可以编辑页眉、页脚和页码,使打印的讲义更加规范和整洁。点击"关闭"按钮退出讲义母版视图。

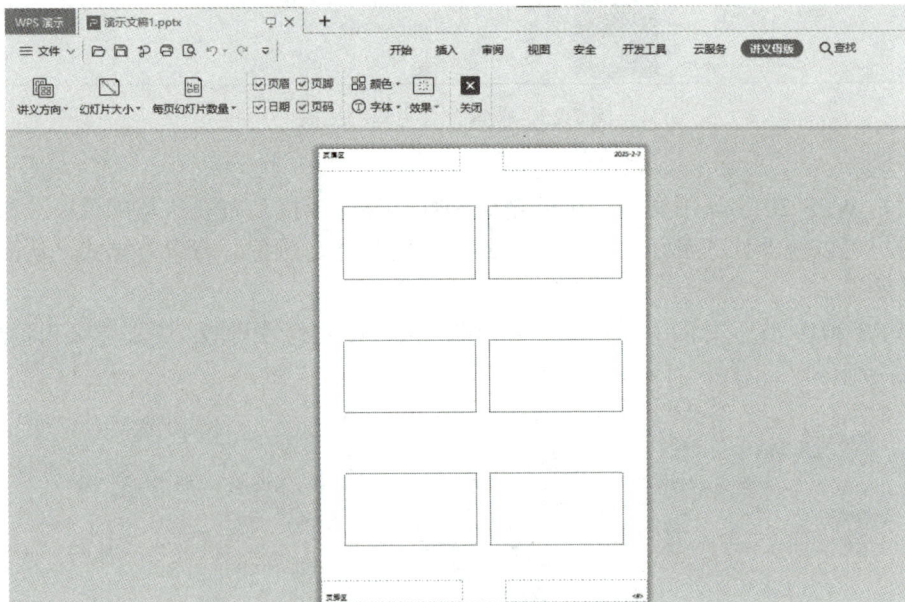

图 7-28　讲义母版

(3) 备注母版。备注母版主要用于自定义演示文稿的备注视图，在备注母版上所做的修改，会直接影响打印出来的备注页效果。点击"视图"选项卡下的"备注母版"，即可打开备注母版视图。

7.3.2　幻灯片的切换

在 WPS 2019 演示文稿中，幻灯片切换是一种动画效果，它可以使幻灯片在放映时以不同的方式进行过渡，增强演示的视觉效果和吸引力。

幻灯片切换首先选择要设置切换效果的幻灯片，点击"切换"选项卡，幻灯片默认无切换，可以选择平滑、淡出、切出、擦除等切换效果。还可以对切换的速度、声音进行设置，默认是"单击鼠标时换片"，设置的切换效果默认只应用到当前幻灯片，点击"应用到全部"按钮，则将设置的切换效果应用到该演示文稿的所有幻灯片。幻灯片的切换如图 7-29 所示。

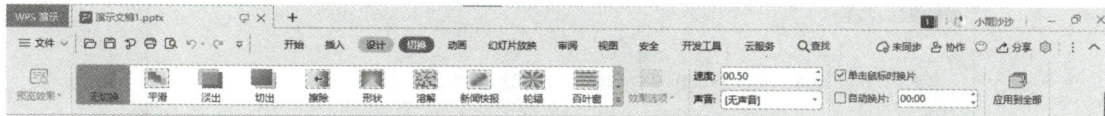

图 7-29　幻灯片的切换

7.3.3　自定义动画

在 WPS 2019 演示文稿中，自定义动画是一个非常强大的功能，它允许用户为幻灯片中的对象，如文字、图片、形状等添加个性化的动画效果，增强演示的视觉效果和吸引力。动画有进入式、强调式、退出式以及动作路径等。

1. 添加单个动画效果

自定义动画首先选中要添加动画的对象，如文字、图片或形状等，然后点击"动画"选项卡，在"动画组"中列出了常用的动画效果，如图 7-30 所示。点击"动画组"的下拉菜单，在弹出的下拉菜单中可以看到更多的动画效果，如图 7-31 所示，点击选中其中一种动画效果即可。

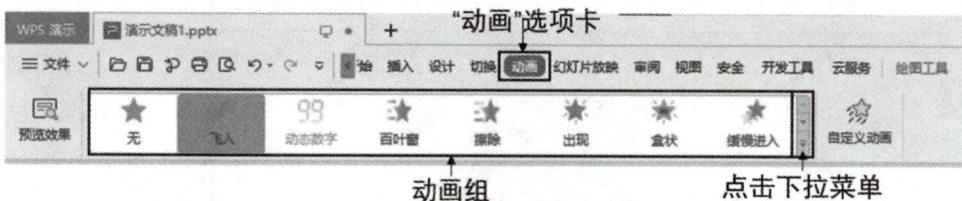

图 7-30　"动画"选项卡

本案例选择的是"进入"中的"飞入"效果，在"幻灯片 / 大纲"窗口中幻灯片序号下面多了一个"飞入"的动画图标，点击图标可预览"飞入"的效果，默认是从下向上飞入，动画图标如图 7-32 所示。

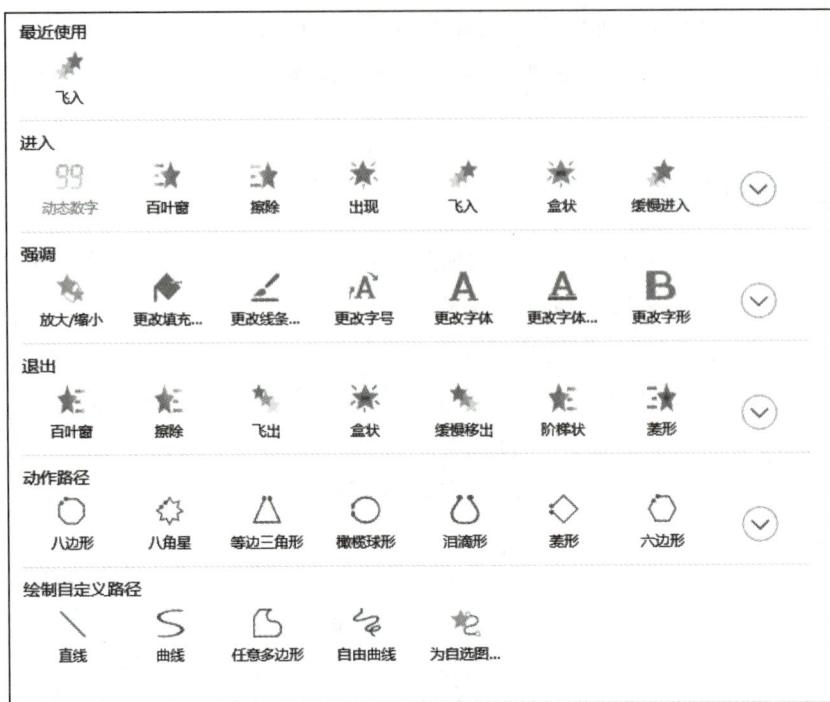

图 7-31　动画选项

图 7-32　动画图标

2. 为同一个对象添加多个动画效果

图 7-32 中为文本添加了"飞入"动画，如果希望在该文本上再添加其他的动画，则可以添加强调式动画或路径式动画，最后添加退出式动画。点击选中图 7-32 中添加动画的文本，然后点击幻灯片窗口右侧的"动画"，在自定义动画处点击"添加效果"，在弹出的下拉菜单中选择强调式动画中的"放大／缩小"。为一个对象添加多个动画效果之后，则该对象的左侧会出现编号，"自定义动画"窗口中也会有相应的顺序编号，如图 7-33 所示。

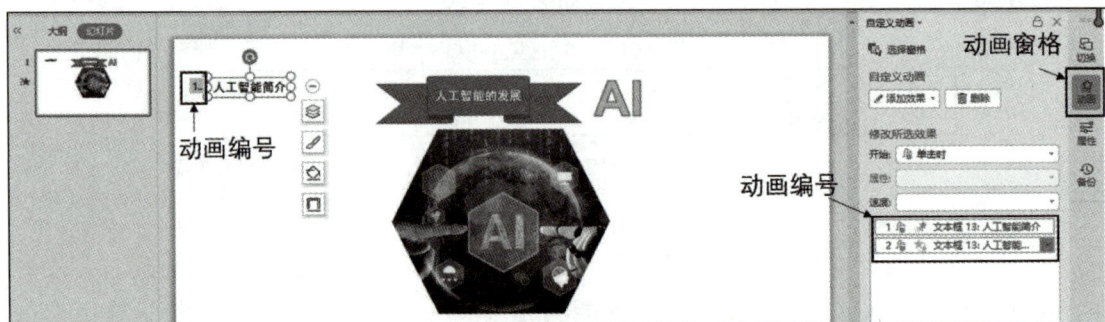

图 7-33　为同一个对象添加多个动画效果

3. 编辑动画效果

为对象添加动画效果之后，还可以对动画的开始时间、速度、顺序等进行调整，对于不再需要的动画还可以将其删除。

在"自定义动画"窗口中，每个动画都由开始、方向和速度组成。例如，"飞入"动画默认是"单击时"开始，方向默认是"自底部"，速度默认是"非常快"，如图 7-34 所示。点击开始、方向、速度右侧的下拉列表可以对开始、方向、速度进行重新设置。

通过"自定义动画"窗口下方的"重新排列"的向上、向下箭头可以对动画的出现顺序进行调整，如图 7-35 所示。

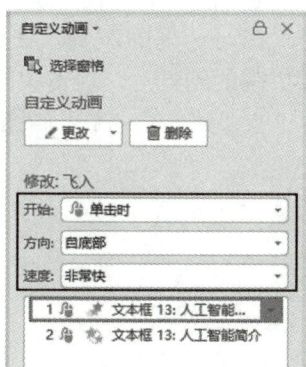

图 7-34　默认动画效果　　　　　　图 7-35　调整动画顺序

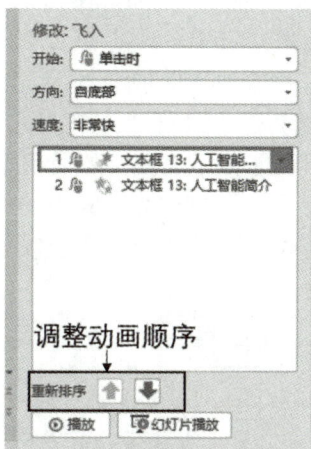

对于不需要的动画进行删除，在"自定义动画"窗口中选中要删除的动画，点击"删除"按钮，即可删除选中的动画，如图 7-36 所示。

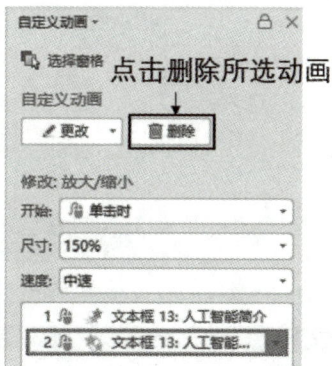

图 7-36　删除动画

7.3.4　幻灯片放映

在 WPS 2019 演示文稿中，幻灯片放映是一个非常重要的功能，它允许用户以全屏模式展示幻灯片并演示动画。

幻灯片的放映可以选择从头开始放映也可以选择从当前幻灯片开始放映，还可以自定义放映，如图 7-37 所示。

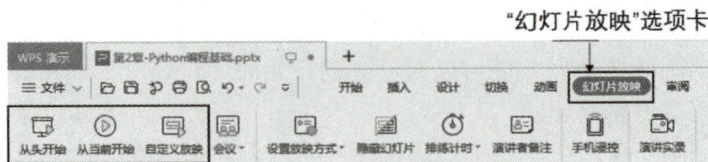

图 7-37 "幻灯片放映"选项卡

在"幻灯片放映"选项卡下，点击"从头开始"按钮即可从第一张幻灯片开始放映，或者按键盘上的"F5"快捷键从头开始放映。单击鼠标或滑动滚轮可以切换幻灯片。

在"幻灯片放映"选项卡下，点击"从当前开始"按钮即可从当前幻灯片开始放映，或者按键盘上的"Shift＋F5"组合键从当前幻灯片开始顺序放映。

在"幻灯片放映"选项卡下，点击"自定义放映"打开"自定义放映"窗口，如图 7-38 所示，点击"新建"打开"定义自定义放映"对话框，在对话框的左侧"在演示文稿中的幻灯片"列出了演示文稿中的所有幻灯片，选中需要放映的幻灯片，点击中间的"添加"按钮即可添加到"在自定义放映中的幻灯片"中，最后点击"确定"按钮，如图 7-39 所示，点击"放映"按钮播放"自定义放映 1"中的幻灯片。

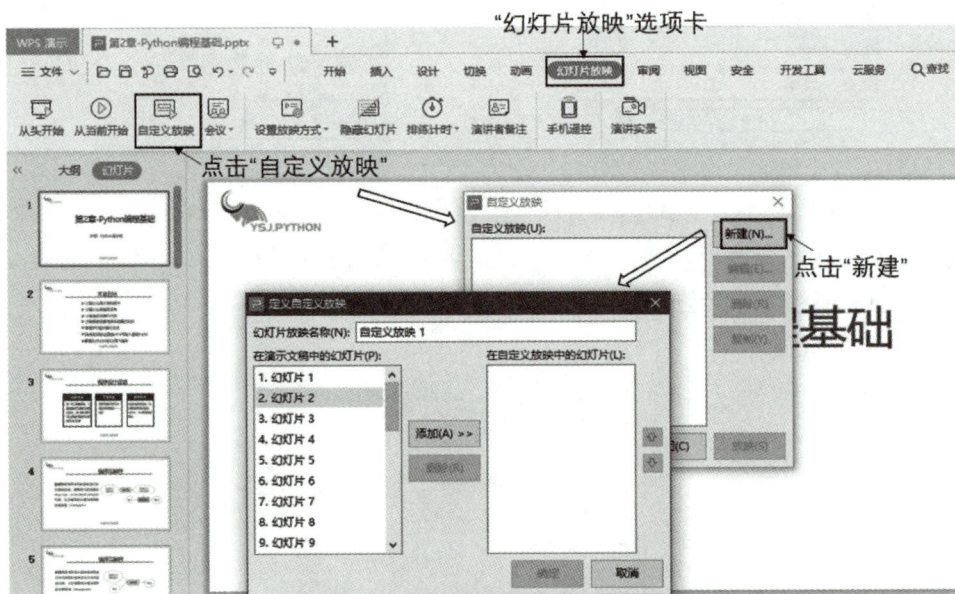

图 7-38 "定义自定义放映"对话框

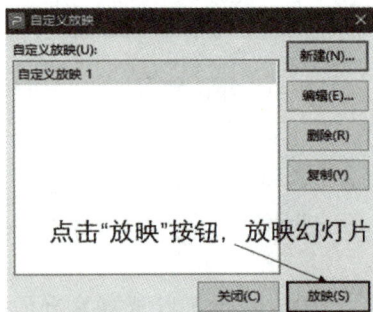

图 7-39 自定义放映幻灯片

通常在幻灯片放映前还需要设置一下幻灯片的放映方式。在"幻灯片放映"选项卡下，点击"设置放映方式"打开"设置放映方式"对话框，如图 7-40 所示。放映类型默认为"演讲者放映 (全屏幕)"，即演讲者亲自播放演示文稿，演讲者可以根据需求自行切换幻灯片或暂停播放。"展台自动循环放映 (全屏幕)"是一种自动运行的全屏放映方式，放映结束后将自动重新播放，观众不能自行切换幻灯片。

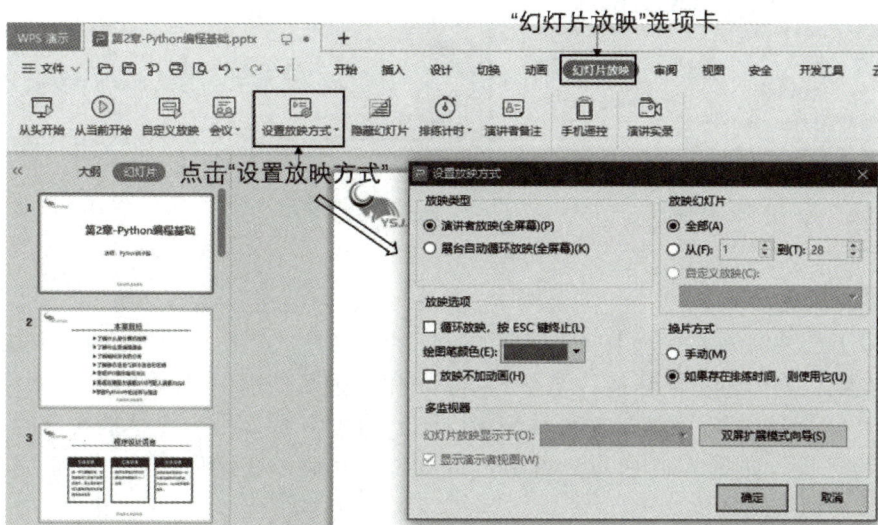

图 7-40　设置幻灯片放映方式

当采用"演讲者放映 (全屏幕)"方式放映幻灯片时，演讲者可以通过右键快捷菜单控制幻灯片的播放。在幻灯片放映过程中，右键单击屏幕的任意位置，弹出的右键快捷菜单如图 7-41 所示。通过"上一页"命令可以切换到上一页幻灯片 (如果当前幻灯片是第一页幻灯片，则上一页按钮禁用)，"下一页"命令切换到下一页幻灯片；如果点击的是"定位"，则可以根据"幻灯片漫游"或"按标题"定位到任意的幻灯片，如图 7-42 所示；点击"结束放映"可提前结束幻灯片的放映。

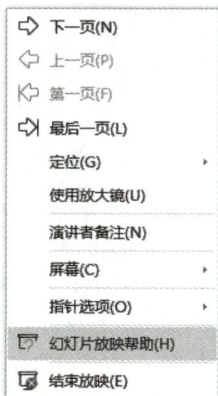

图 7-41　幻灯片放映时的右键快捷菜单

如果用户选择的是"展台自动循环放映 (全屏幕)"，则可以通过人工设置放映时间或排练计时两种方式设置幻灯片切换的时长。

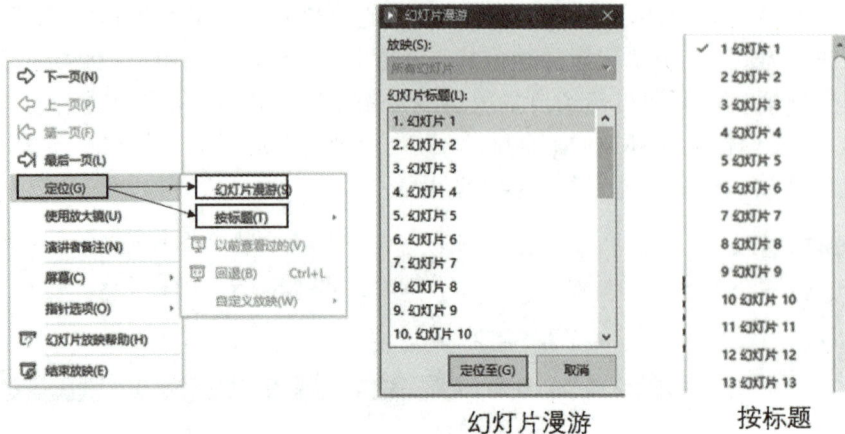

幻灯片漫游　　　　　　　按标题

图 7-42 "定位"命令

1. 人工设置放映时间

人工设置放映时间首先选中要设置放映时间的幻灯片，点击右侧"切换"窗格，在"换片方式"中默认为"单击鼠标换片"，点击"单击鼠标换片"前的复选框，将"对钩"取消，再次点击"自动换片"，默认是 3 秒钟切换到下一页幻灯片，用户可根据实际时长设置幻灯片切换的时长，如图 7-43 所示。人工设置放映时间后，在幻灯片放映时，用户单击鼠标左键将不会切换幻灯片。

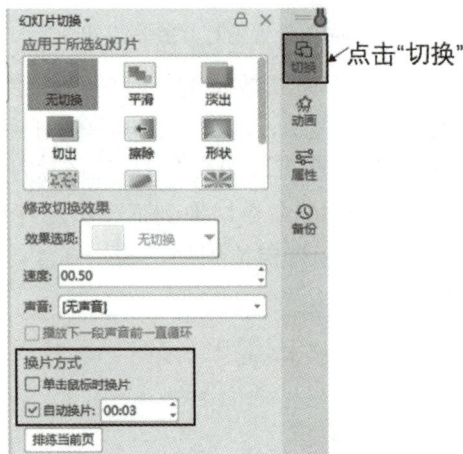

图 7-43 人工设置放映时间

2. 使用排练计时

演讲者在正式演讲之前通常都会进行多次的彩排，这个时候演讲者就可以在排练幻灯片放映过程中自动记录幻灯片之间切换的时间间隔。首先选中要设置排练时间的幻灯片，在"幻灯片放映"选项卡下，点击"排练记时"的下拉菜单，可以选择"排练全部"或"排练当前页"。当点击"排练全部"按钮时，幻灯片将进入放映视图，在放映的过程中，屏幕会出现"预演"工具栏，如图 7-44 所示。前一个时间是本张幻灯片的放映时间，后一个时间是该演示文稿放映的总时间，当切换到下一张幻灯片时，前一个时间将重新记录本张幻灯片的放映时间。

排练结束或右键点击"结束放映"时，幻灯片会弹出"是否保留幻灯片排练时间"对话框，如图 7-45 所示。如果点击"是"则接受每张幻灯片的排练时间，该放映时间将保存在该演示文稿中；如果点击"否"则放弃保存本次的排练时间。如果排练中途点击的是"结束放映"，那么剩余没有排练的幻灯片默认为 3 秒切换。

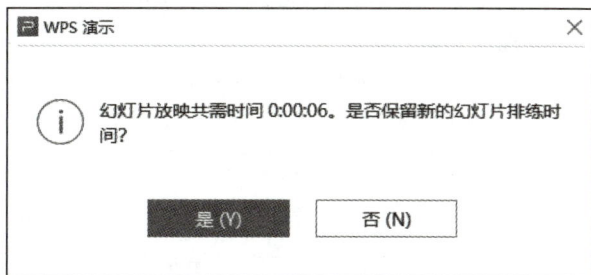

图 7-44　"预演"工具栏　　　　　　　图 7-45　"是否保留幻灯片排练时间"对话框

7.4　演示文稿的格式转换

演示文稿的默认格式为".pptx"，用户也可以根据自己的需求将其转换为不同的文件格式。例如，可以将演示文稿转换为 PDF 格式，也可以将演示文稿转换为视频格式。

7.4.1　输出为 PDF 格式

PDF 格式是一种由 Adobe Systems 开发的跨平台的文件格式，它可以在不同的设备和操作系统上进行可靠的显示和打印。无论是 Windows、MacOS 还是 Linux 系统，只要使用兼容的阅读器，PDF 文档的显示效果都是一致的。

点击"文件"按钮，在弹出的菜单中点击"输出为 PDF"，打开"输出 PDF 文件"对话框，如图 7-46 所示。点击"浏览"选择 PDF 的存储位置，输出范围默认是"全部"，也可以选择"当前幻灯片"或"选定幻灯片"，输出内容默认选择的是"幻灯片"，点击"确定"按钮，则将该演示文稿进行 PDF 导出，最后点击"关闭"按钮，完成 PDF 格式的转换。

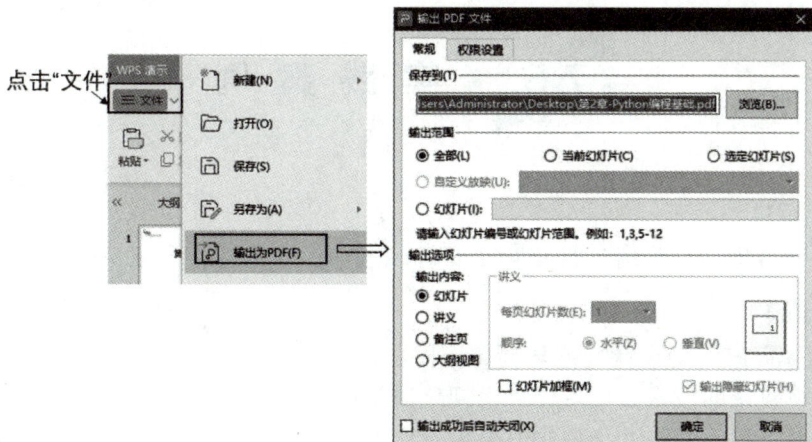

图 7-46　"输出 PDF 文件"对话框

7.4.2　输出为视频格式

在要输出的演示文稿中点击"文件"按钮，在弹出的菜单中点击"另存为"，在弹出的子菜单中选择"输出视频 (V)"，如图 7-47 所示。如果是第一次使用该功能，则会弹出"安装 WebM 视频解码器插件 (扩展)"对话框，如图 7-48 所示。将"我已阅读"复选框勾选，点击"安装"，安装完成后自动将演示文稿输出为 WebM 格式的文件，如图 7-49 所示。输出完成点击"打开视频"查看转换后的视频，如果点击"打开所有文件夹"，则打开该视频文件所在的文件夹，双击视频文件即可查看视频。

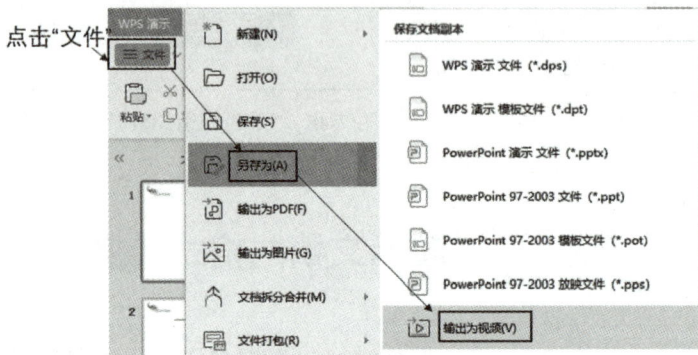

图 7-47　输出视频 (V) 选项

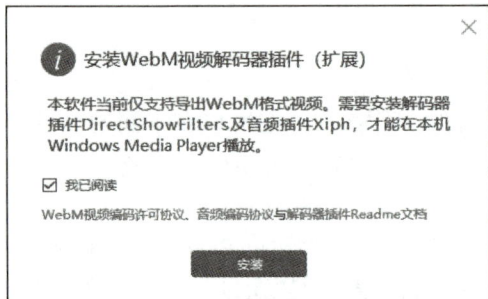

图 7-48　安装视频解码器插件 (扩展)

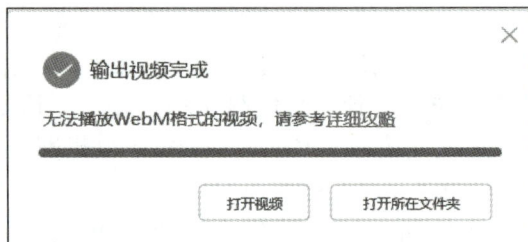

图 7-49　输出视频格式

7.5　实　践　案　例

【案例名称】

"智能垃圾分类系统"项目路演 PPT 设计与制作。

【实践目的】

(1) 掌握路演 PPT 的设计规范与制作流程。

(2) 学会将复杂的技术方案转化为可视化演示内容。

(3) 提升多媒体元素与动画效果的合理运用能力。

(4) 培养项目展示的逻辑思维与视觉表达能力。

【实践步骤】

1. 内容策划

(1) 确定演示结构：封面页→痛点分析→解决方案→技术亮点→商业模式→团队介绍→结束页。

(2) 收集素材：项目 logo、产品原型图、数据图表、团队照片。

(3) 编写演讲脚本：为每页幻灯片标注核心演讲要点。

2. 视觉设计

1) 应用设计规范

(1) 选择科技蓝为主色调。

(2) 使用"微软雅黑"字体体系。

(3) 采用 F 型视觉布局。

2) 制作母版

(1) 统一设置页眉 (项目 logo + 页码)。

(2) 设计节标题过渡页。

3) 内容排版

(1) 技术原理页：使用 SmartArt 制作流程图。

(2) 数据展示页：插入动态增长柱状图。

(3) 产品演示页：嵌入 3D 模型旋转动画。

3. 动态优化

(1) 添加过渡效果：节标题页使用"平滑擦除"切换。

(2) 设置对象动画：核心技术采用"阶梯状呈现"动画,市场数据使用"图表逐项显示"。

(3) 配置演示工具：设置演讲者视图,添加超链接目录页。

4. 模拟路演

(1) 进行计时排练。

(2) 输出备用格式：PDF 讲义版、MP4 视频版。

【实践效果】

(1) 完成符合商业路演标准的专业 PPT(15～20 页)。

(2) 掌握核心设计技巧 (母版 / 图表 / 动画等)。

(3) 提升演示内容转化效率。

(4) 获得可直接用于实际路演的完整作品。

(5) 建立规范的 PPT 制作工作流程。

课后习题 7

单元 8   程序设计基础

知识目标

(1) 掌握 Python 的基本语法。
(2) 理解程序的控制结构。
(3) 熟悉常用的数据结构。
(4) 了解函数的定义与调用方法。

能力目标

(1) 能使用 Python 解决简单的计算问题。
(2) 能调试简单程序的错误。
(3) 能运用编程思维分析实际问题。
(4) 能阅读和理解简单算法的代码。

学习重点

(1) 核心语法：变量命名规则与数据类型转换。
(2) 数据结构：列表操作与字典应用。
(3) 函数编程：参数传递与返回值处理。
(4) 调试技能：错误识别与异常处理。
(5) 编程思维：问题分解与算法设计。

◆   素养目标

通过学习 Python 语言的基本语法、程序设计和问题解决方法，学生不仅能掌握编程技能，还能深刻理解技术应用的社会价值。在课程学习中，学生应注意代码的规范性和严谨性，树立科学精神和职业道德。

8.1   初识 Python

Python 是一种跨平台的计算机编程语言，它的创始人是一位名叫吉多·范罗苏姆 (Gudio van Rossum) 的荷兰程序员 (见图 8-1)。吉多在 1989 年的时候为了打发无聊的圣诞节，决心写点什么，Python 就这样诞生了，但第一个 Python 解释器的诞生时间是在 1991 年。

Python 的图标 (见图 8-2) 是由上下两条蛇构成的，所以 Python 还有另外一个名字——"蟒蛇"。

图 8-1　吉多·范罗苏姆

图 8-2　Python 的图标

　　从 20 世纪 90 年代初至今，Python 语言经历了 3 个大的版本，即 Python 1.x、Python 2.x 和 Python 3.x 版。由于 Python 3.x 具有不兼容 Python 2.x 的特点，所以在本书中我们所采用的是 Python 3.x 的版本。

8.2　Python 编程环境的搭建

　　使用 Python 编写程序，首先需要搭建 Python 的开发环境。由于 Python 是跨平台的开发工具，所以需要根据不同的平台下载对应平台的解释器。大家可以到 Python 的官网进行 Python 解释器的下载。

　　Python 的具体下载步骤如图 8-3 所示。Python 3.11.4 的安装包如图 8-4 所示。

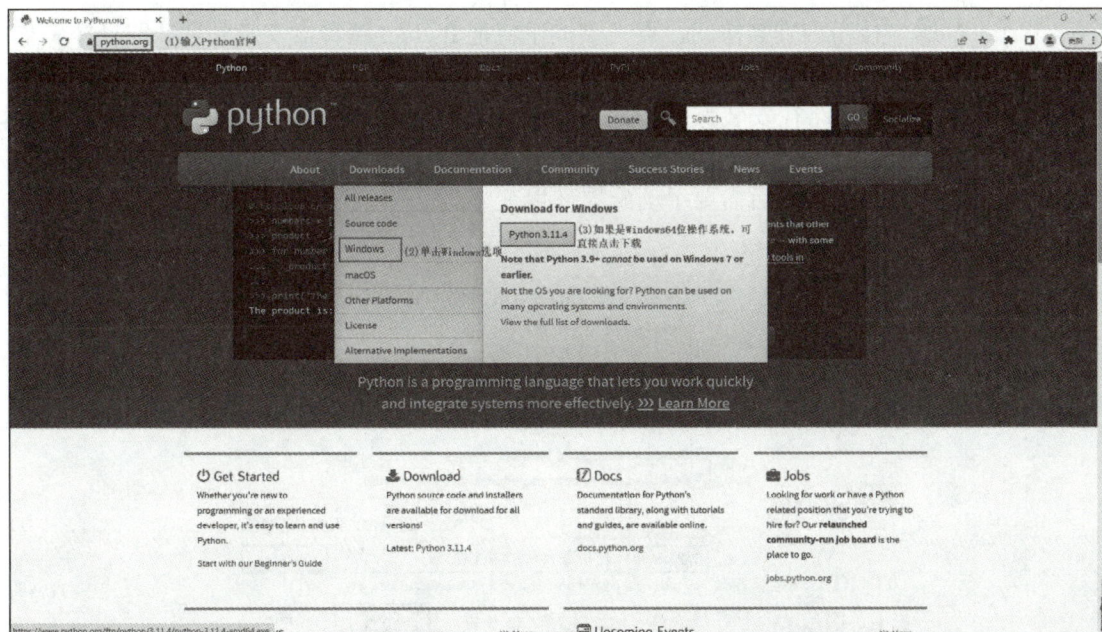

图 8-3　Python 解释器的下载

python-3.11.4-amd64.exe

图 8-4　Python3.11.4 安装包

8.2.1　安装 Python 解释器

安装 Python 解释器，首先双击已下载的 Python 解释器的安装包，如图 8-4 所示，双击之后将进入程序的安装界面，如图 8-5 所示。

图 8-5　Python 解释器的安装界面

"Install Now"按钮为安装按钮，点击该按钮将把 Python 解释器安装到默认路径中，如果希望改变程序的安装路径，则点击"Customize installation"按钮，自定义安装路径，如图 8-6 所示。无论是选择默认路径安装方式还是自定义路径安装方式，都建议将"Add python.exe to PATH"前的复选框选中，这样在安装的时候会自动将路径添加到 PATH 中。如果没有勾选也可正常安装，安装之后需要手动配置环境变量。

图 8-6　自定义安装 - 高级选项

安装过程需要等待一段时间，当看到 "Setup was successful" 的界面时，说明安装成功，单击 "Close" 按钮结束安装过程，如图 8-7 所示。

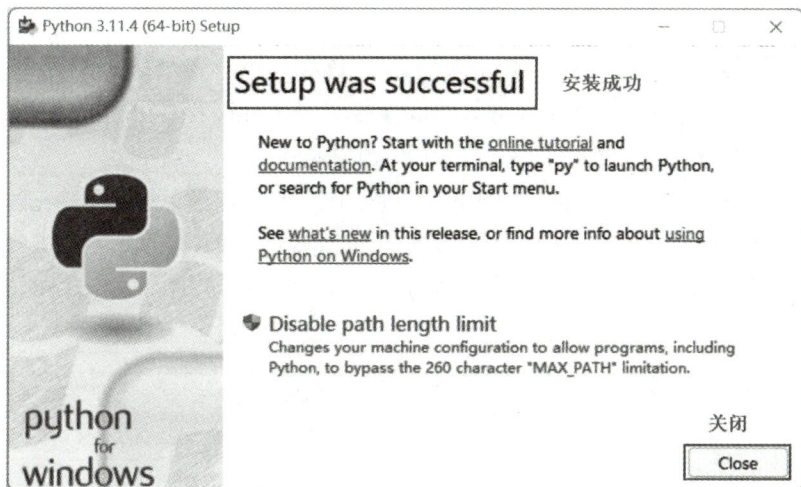

图 8-7　Python 解释器安装成功

Python 解释器安装成功之后，我们来测试一下其安装情况。在开始菜单中找到 Python 3.11，如图 8-8 所示。点击 IDLE 菜单，将启动一个 "IDLE Shell 3.11.4" 的窗口，我们可以在提示符 ">>>" 后输入一句简单的输出测试代码 print(100)(注意：print 所使用的小括号为英文状态下的小括号)，如图 8-9 所示。当看到输出蓝色的 100 时，表示测试代码成功。到此为止，Python 解释器安装完成。

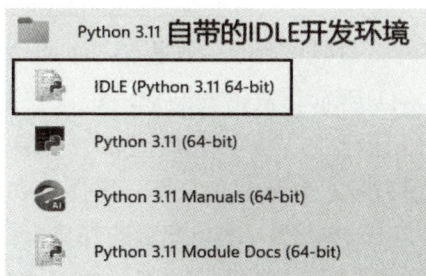

图 8-8　Python 解释器自带的 IDLE 开发环境

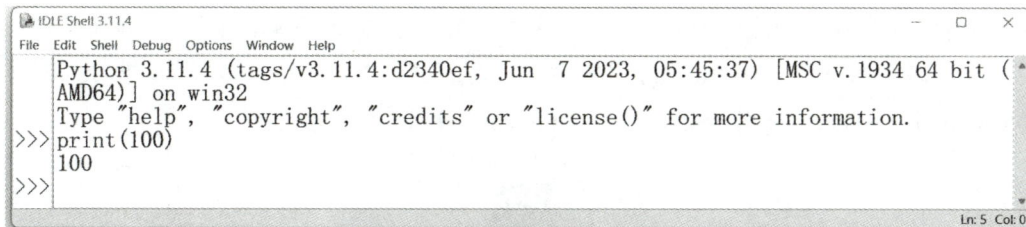

图 8-9　测试运行 Python 代码

8.2.2　第三方开发工具 PyCharm 的下载及安装

使用 Python 解释器自带的 IDLE 可以编写 Python 代码，但是它有一定的缺点，比如开发效率低，没有错误提示等，对于初学者不太友好。因此通常情况下会选择第三方集成开发环境来编写 Python 代码，目的是提高编写效率，对于零基础的小白来说可以更快地上手操作。

　　在众多的第三方开发工具中，本书采用的是 PyCharm，它是由 JetBrains 公司开发的一款 Python 集成开发工具，在 Windows、Mac OS 以及 Linux 操作系统中均可使用。

　　首先登录 PyCharm 的官网，下载 PyCharm 的安装包。

　　PyCharm 安装包分为 Professional 和 Community 两个版本。其中，Professional 为企业版，有 30 天的试用期，30 天之后需要收费；Community 为社区版，是免费版本，对于非专业开发人员，社区版即可实现办公开发所需功能。在这里我们下载社区版即可，如图 8-10 所示。

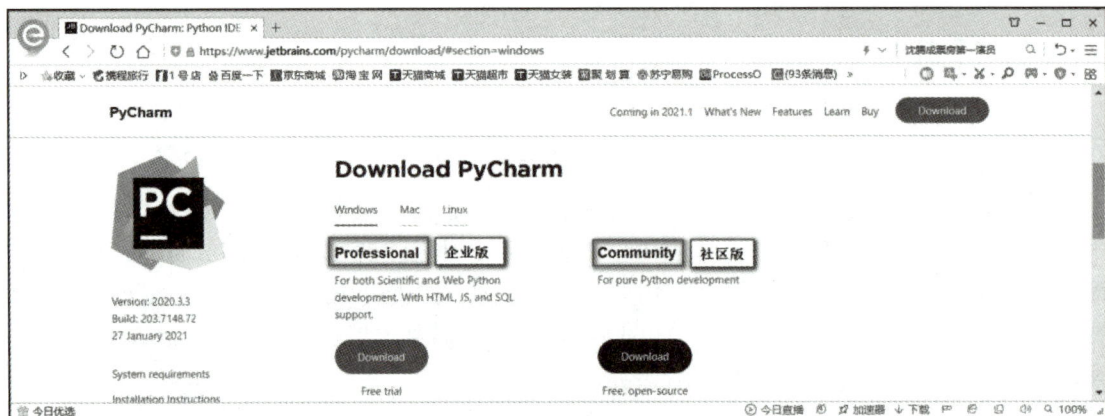

图 8-10　下载 PyCharm 安装包之 Community 版

　　下载之后的安装包如图 8-11 所示。双击安装包，进入安装界面，如图 8-12 所示，点击"Next"按钮，出现图 8-13 所示的界面，选择程序的安装路径，默认安装到 C 盘中，本书安装在 H 盘 PyCharm 软件的文件夹中（注意：需提前在 H 盘创建 PyCharm 软件的文件夹）。点击"Next"，进入下一步，进入安装配置选择界面，如图 8-14 所示，将"64-bit launcher"和"Add lanuchers dir to the PATH"两个复选框选中。由于最新的 PyCharm 版本不支持 Windows 32 位的操作系统，因此如果计算机的操作系统是 32 位的，则需下载安装其他版本的 PyCharm，比如 2018.3 版本。点击"Next"，进入图 8-15 所示的界面。在该界面中不做任何选择，直接点击"Install"按钮进行安装。安装需要等待一段时间，当看到图 8-16 的界面时说明 PyCharm 安装成功，点击"Finish"按钮，结束安装过程。

图 8-11　PyCharm 社区版的安装包

图 8-12　PyCharm 的安装界面

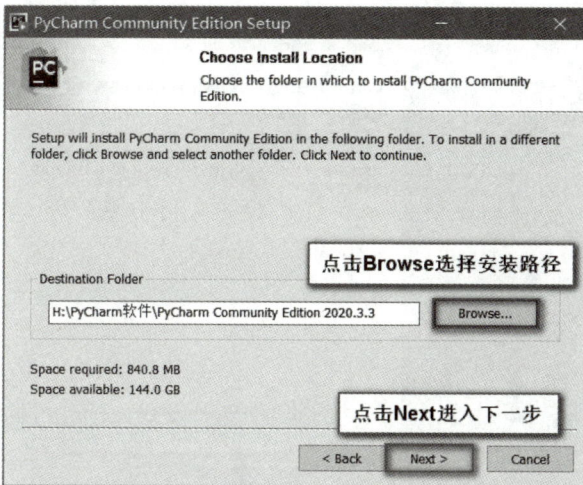

图 8-13　选择安装路径

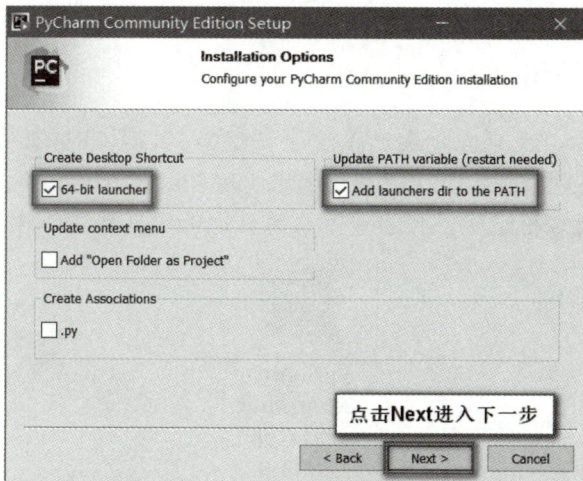

图 8-14　选择安装配置选项

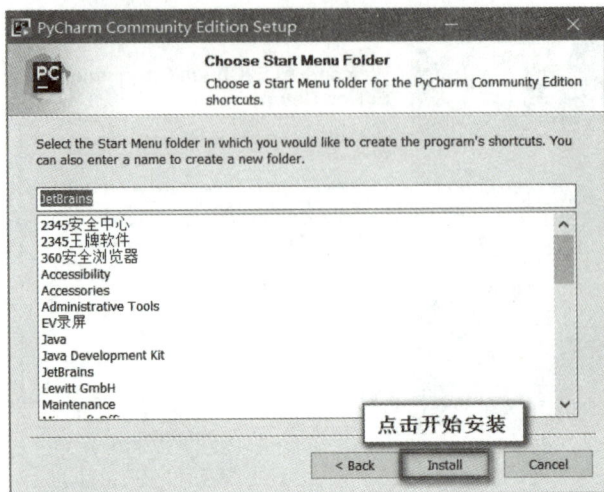

图 8-15   开始安装

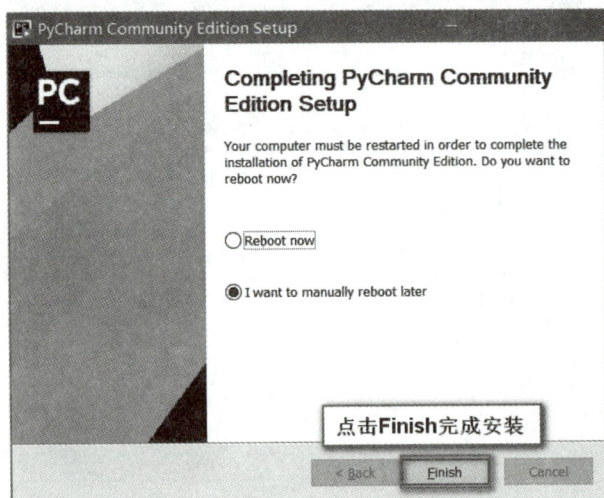

图 8-16   PyCharm 安装完成界面

8.2.3   PyCharm 的使用

PyCharm 安装之后, 在桌面上会产生一个快捷方式, 其图标如图 8-17 所示。双击该图标将启动 PyCharm 应用程序, 首次启动将出现 "JetBrains Privacy Policy" 窗口, 如图 8-18 所示, 将图片下方的复选框选中, 代表 "本人确认已阅读并接受本用户协议的条款"。

图 8-17   PyCharm 快捷方式图标

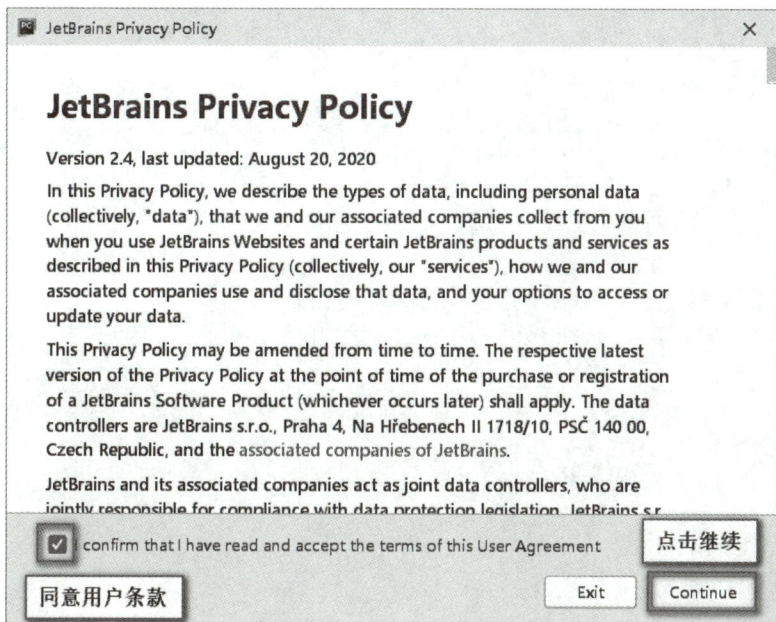

图 8-18　同意用户协议条款

点击"Continue"按钮，进入欢迎界面。在这里我们点击"New Project"按钮，选择新建项目，如图 8-19 所示。

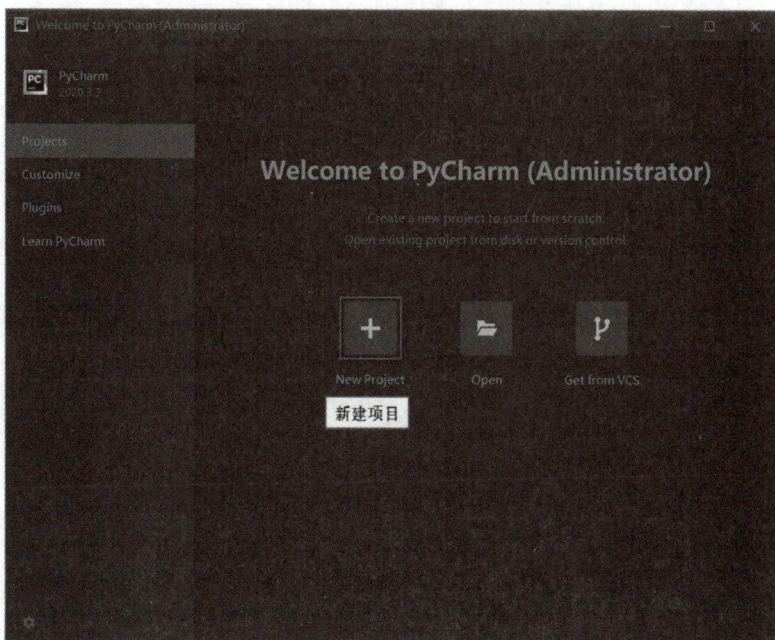

图 8-19　新建项目界面

点击"New Project"按钮，进入新建项目界面，首先选择新建项目的路径，本书中将新项目创建到了 I 盘 office 下，选择下方的单选按钮，选择之前安装的 Python 解释器的位置，即 python.exe 的位置，然后点击下方的"Create"按钮创建项目，如图 8-20 所示。

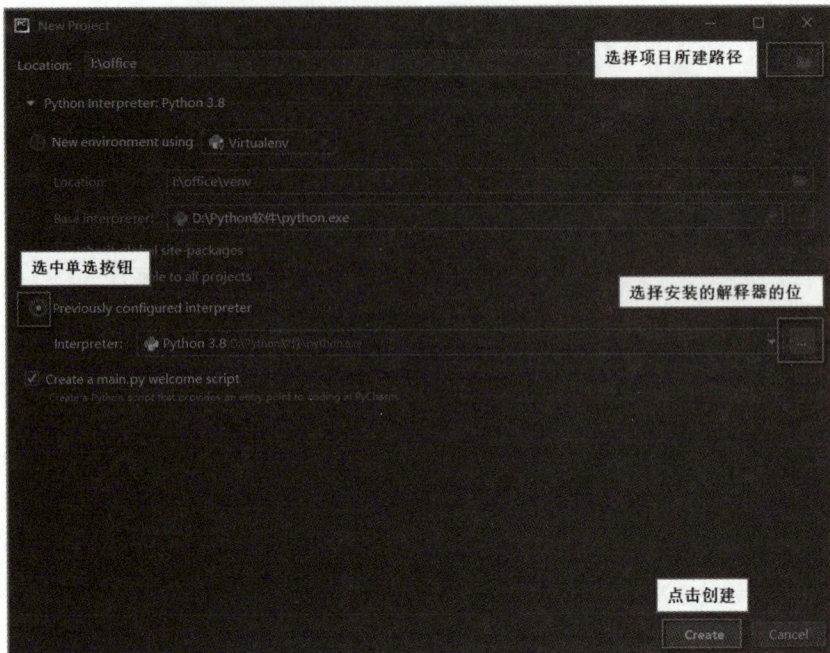

图 8-20　配置选项

项目创建完成，如图 8-21 所示，左侧显示项目结构，右侧为编辑区，新建好的项目自带一个 main.py 测试文件。在 main.py 文件中点击鼠标右键，在弹出的菜单中选择"Run main"运行程序，在下方的控制台显示程序的运行结果。

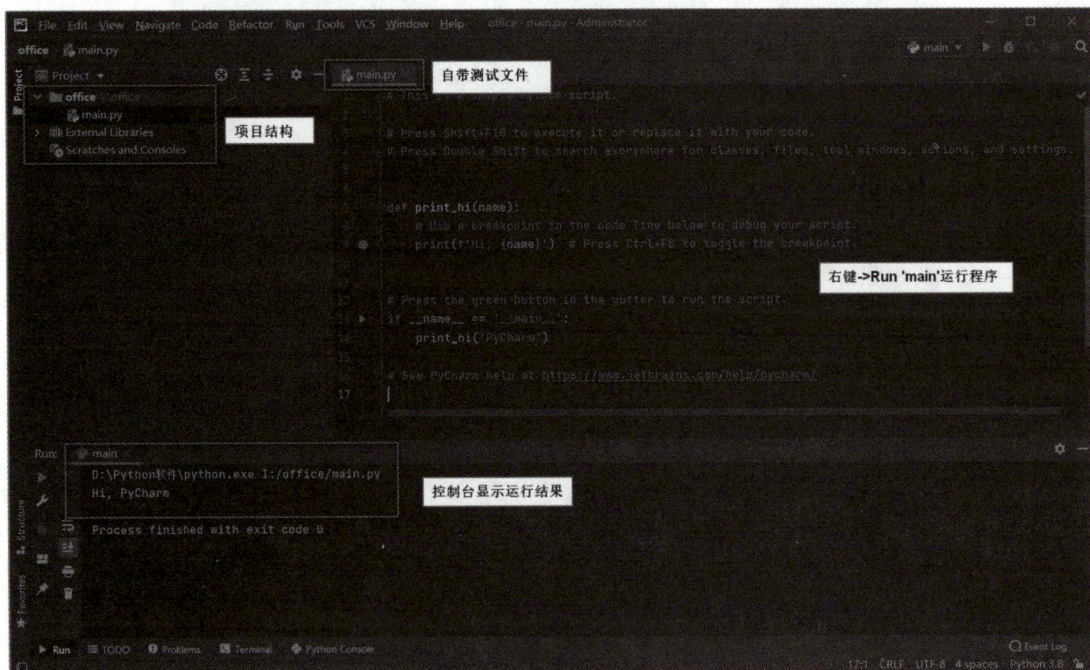

图 8-21　项目结构

PyCharm 的整体风格样式默认是黑色，我们可以通过 Settings 进行外观风格的修改。

点击菜单栏上的"File"，在下拉菜单中选择"Settings"，如图 8-22 所示，在出现的设置窗体中选择"Appearance"，在窗体的右侧"Theme"选项中选择"IntelliJ Light"，点击"OK"按钮完成设置，如图 8-23 所示。

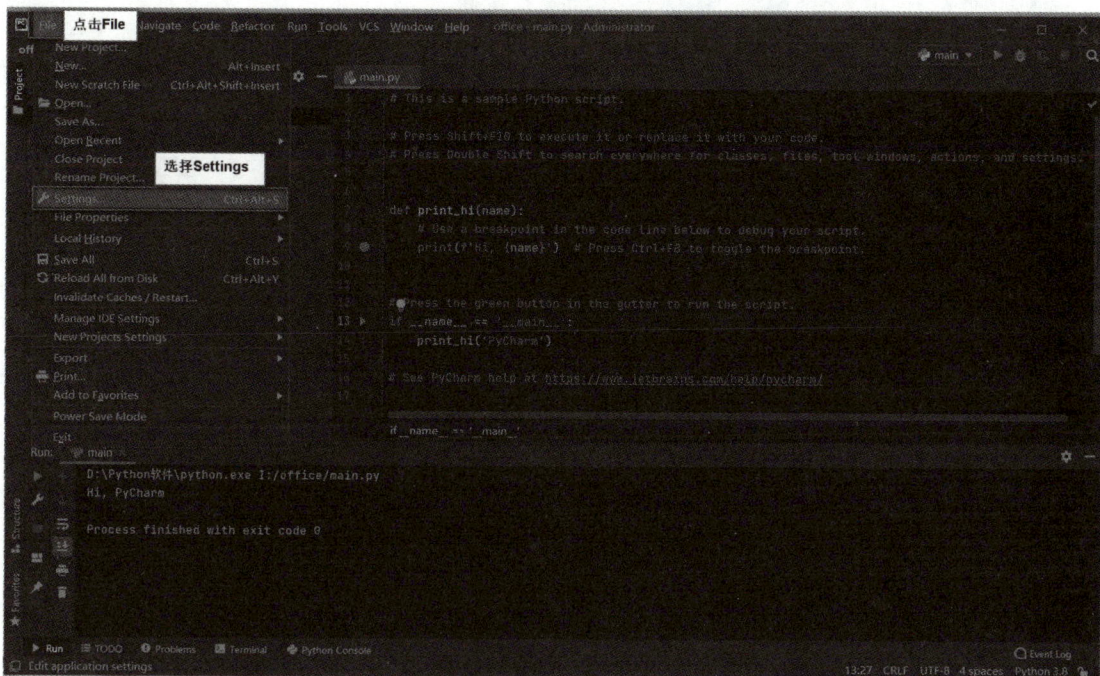

图 8-22　选中 Settings 菜单

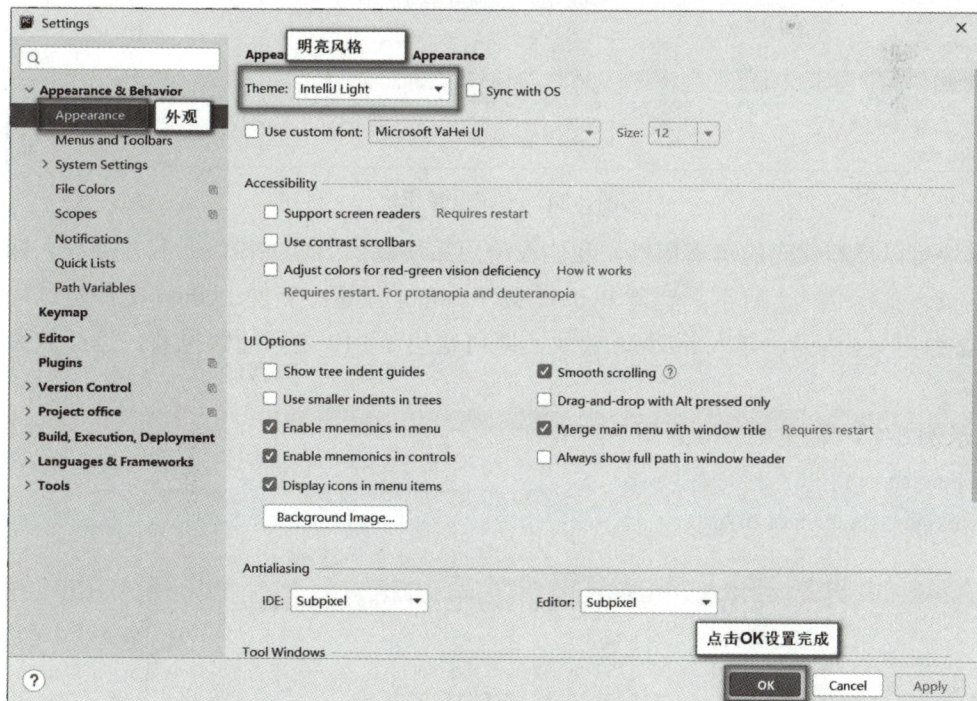

图 8-23　设置外观风格

8.3　Python 的用法

8.3.1　初识 Python 模块

在 Python 中，一个名称为 .py 的文件表示一个模块，如 8.2 节中的 main.py 就是一个名称为 main 的模块。在安装 Python 解释器的时候一些模块跟随解释器一起安装到了硬盘中，如图 8-24 所示。

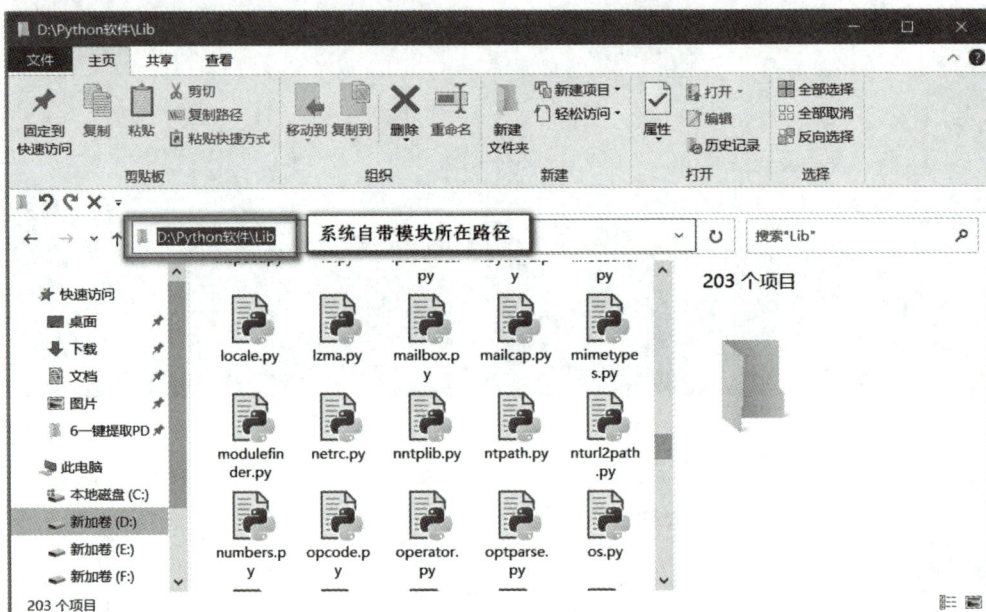

图 8-24　系统自带模块

模块可以提高代码的可重用性，我们在使用系统提供的这些模块时只需要导入即可使用其功能。如示例 8-1 所示，新建 Python 文件 demo(注意：新建 Python 文件的过程可参考 8.3.2 自定义模块)，导入 random 模块，即可输出 1～10 之间的随机数，运行效果如图 8-25 所示。

【示例 8-1】　输出 1～10 之间的随机数。

```
import random
print(random.randint(1,10))
```

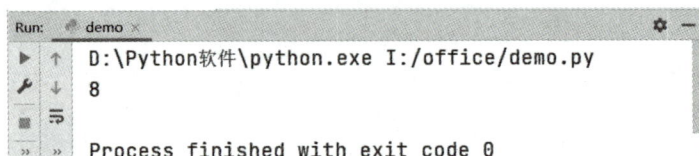

图 8-25　示例 8-1 的运行结果

8.3.2　自定义模块

要想通过编写代码实现一定的功能，那么这些代码就要写在某个模块中，这个模块不是安装 Python 解释器自带的，而是自己创建的，所以将其称为自定义模块。在自定义模块之前应先创建一个目录，用于管理 Python 模块。目录的创建过程如图 8-26 至图 8-28所示。

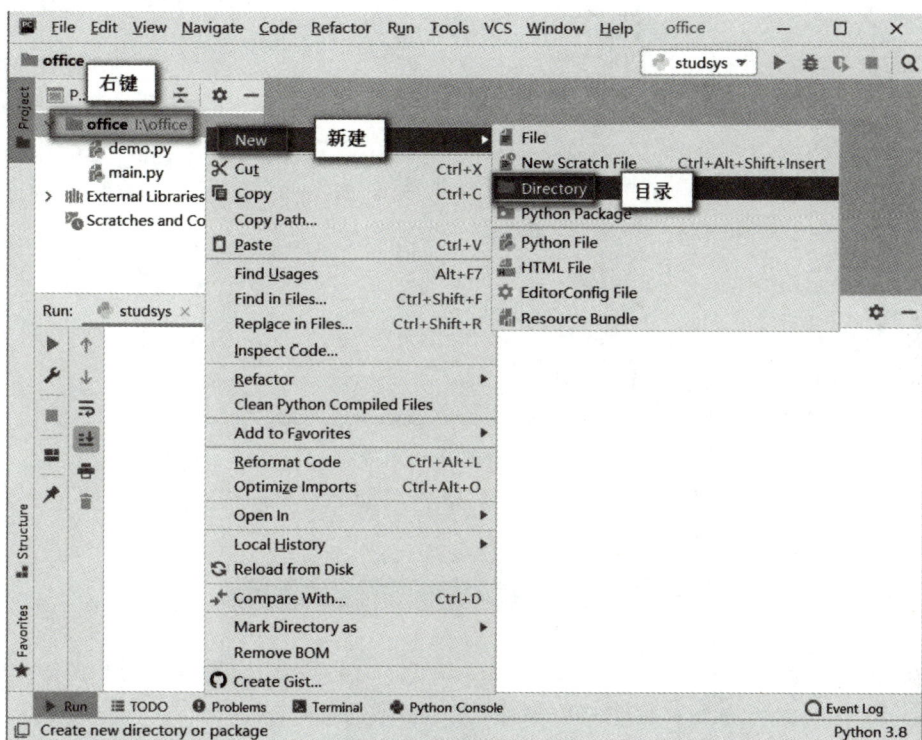

图 8-26　新建目录

图 8-27　新建目录名称

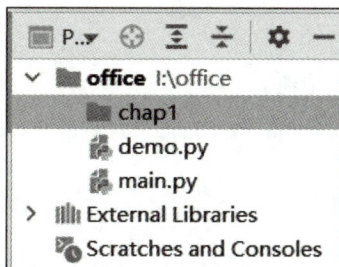

图 8-28　项目结构

目录创建完成之后，在目录 chap1 上单击右键选择"New"，在出现的下拉菜单中选择"Python File"，如图 8-29 和图 8-30 所示。

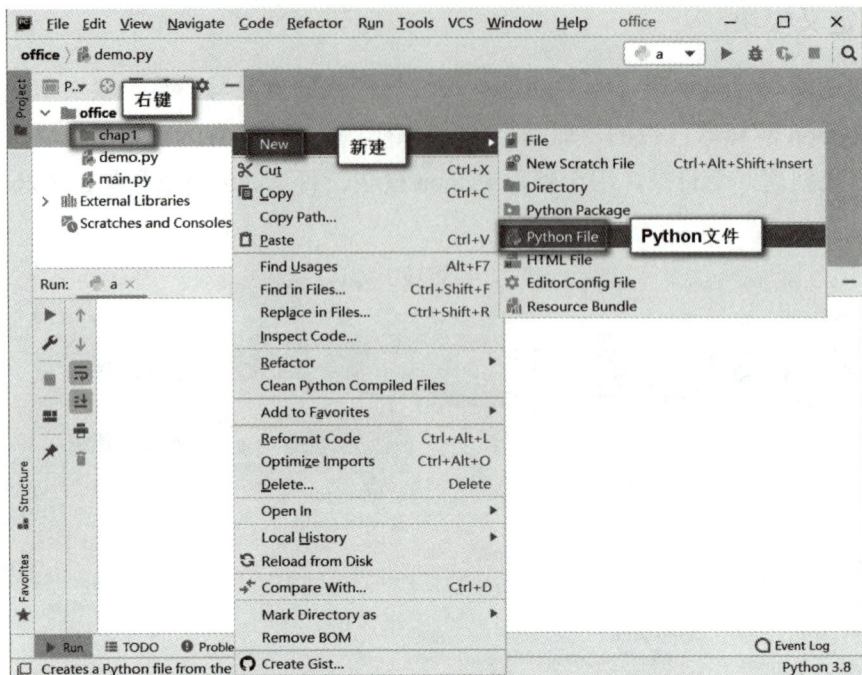

图 8-29　新建 Python 文件

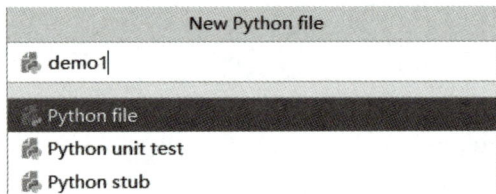

图 8-30　新建 Python 文件的名称

新建的 demo1.py 文件就是自定义的模块，编写测试代码并运行，如图 8-31 所示。

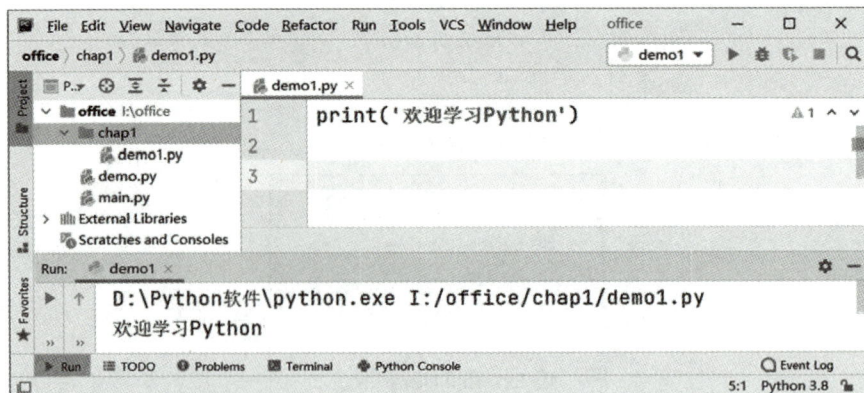

图 8-31　编写代码测试自定义模块

8.3.3　输出函数 print

Python 中的内置函数 print() 用于输出运算结果。根据输出的内容不同，常用的输出方式有 2 种。

(1) 输出单个变量，输出结束后，自动换行。

语法结构如下：

```
print( 输出内容 )
```

使用 print() 函数输出单个变量如示例 8-2 所示，运行效果如图 8-32 所示。

【示例 8-2】 使用 print() 函数输出单个变量。

```
print(1314)
print(' 一生一世 ')
print(521.1314)
```

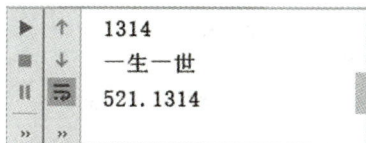

图 8-32 示例 8-2 的运行效果图

(2) 输出多个变量，变量之间使用逗号进行分隔，输出结果中各变量之间含有一个空格，输出结束之后自动换行。

语法结构如下：

```
print( 变量 1, 变量 2, …, 变量 N)
```

使用 print() 函数输出多个变量如示例 8-3 所示，运行效果如图 8-33 所示。

【示例 8-3】 使用 print() 函数输出多个变量。

```
print('welcome','to','beijing')
print(' 我爱你 ',1314)
```

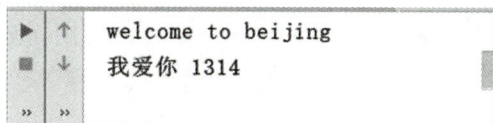

图 8-33 示例 8-3 的运行效果图

8.3.4 变量与赋值

简单来说，Python 中的变量就是一个代号、一个名称，它所代表的是一个数据。既然是变量，那么它就是可以变化的量。我们可以通过赋值运算符"="来改变变量的值。

变量与赋值的语法结构如下：

```
变量 = 值
```

变量的赋值如示例 8-4 所示。

【示例 8-4】 变量赋值。

```
name = ' 张三 '              # name 代表的数据是张三
age = 20                     # age 代表的数据是 20
weight = 130.8               # weight 代表的数据是 130.8
```

注意：name=' 张三 ' 中的引号为英文状态下的引号。

变量赋值之后就可以通过变量的名称使用它所表示的数据，如示例 8-5 所示，运行效果如图 8-34 所示。

【示例 8-5】 变量的使用。

```
name = ' 张三 '              # name 代表的数据是张三
age = 20                   # age 代表的数据是 20
weight = 130.8             # weight 代表的数据是 130.8
print(' 姓名 ',name)
print(' 年龄 ',age)
print(' 体重 ',weight)
```

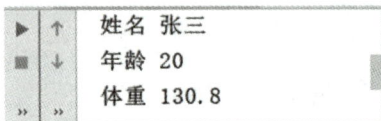

```
▶  ↑     姓名  张三
■  ↓     年龄  20
»  »     体重  130.8
```

图 8-34   示例 8-5 的运行效果图

使用变量时的注意事项：

(1) 变量的名称可以是字母 (英文字母或中文汉字)、数字、下划线，但不建议使用中文作为变量名。

(2) 变量名不能以数字开头。

(3) 变量名不可以使用 Python 中的关键字或内置函数名称。

(4) 变量名称对大小写字母敏感，name 与 Name 分别代表两个不同的变量。

(5) 变量名称的命名建议见名知意，慎用 a、b 等单个字母为变量命名。

8.3.5 运算符

运算符实际上就是一些特殊符号，这些特殊符号可以用于数学计算、比较大小和逻辑运算等。常用的运算符有算术运算符、赋值运算符、关系运算符、逻辑运算符和连接运算符。

1. 算术运算符

算术运算符顾名思义就是执行数学运算的。Python 中的算术运算符的作用与数学中的作用相同。常用的算术运算符如表 8-1 所示。

表 8-1   常用的算术运算符

运算符	描 述	举 例	结 果
+	用于计算两个数的加法运算	3+4	7
−	用于计算两个数的减法运算	10−4	6
*	用于计算两个数的乘法运算	2*4	8
/	用于计算两个数的除法运算	7/2	3.5
//	用于计算两个数的整除运算	7//2	3
%	用于计算两个整数的余数运算	7%2	1
**	幂运算，用于计算 x 的 y 次方	2**3	8

算术运算符的使用如示例 8-6 所示，运行效果如图 8-35 所示。

【示例 8-6】　算术运算符的使用。

```
print(3+4)
print(10−4)
print(2*4)
print(7/2)
print(7//2)
print(7%2)
print(2**3)
```

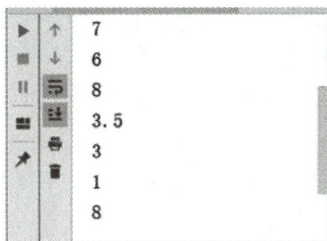

图 8-35　示例 8-6 的运行效果

2. 赋值运算符

在 Python 语言中，一个"＝"被称为赋值运算符，其作用是为变量进行赋值操作。常用的赋值运算符如表 8-2 所示。

表 8-2　常用的赋值运算符

运算符	描　述	举　例	结　果
＝	简单的赋值运算	a=10 b=a	b 的值为 10
+=	先加再赋值	a=10 a+=1	a 的值为 11
−=	先减再赋值	a=10 a−=1	a 的值为 9
*=	先乘再赋值	a=10 a*=3	a 的值为 30
/=	先除再赋值	a=7 a/=2	a 的值为 3.5
//=	先整除再赋值	a=7 a//=2	a 的值为 3
%=	先求余数再赋值	a=10 a%=3	a 的值为 1
**=	先幂运算再赋值	a=2 a**=3	a 的值为 8

赋值运算符的使用如示例 8-7 所示，运行效果如图 8-36 所示。

【示例 8-7】　赋值运算符的使用。

```
# 简单赋值运算
a=10
b=a
print(b)


# 先加再赋值
a=10
a+=1
print(a)


# 先减再赋值
a=10
a-=1
print(a)


# 先乘再赋值
a=10
a*=3
print(a)


# 先除再赋值
a=7
a/=2
print(a)


# 先整数再赋值
a=7
a//=2
print(a)


# 先求余数再赋值
a=10
a%=3
print(a)
# 先幂运算再赋值
a=2
a**=3
print(a)
```

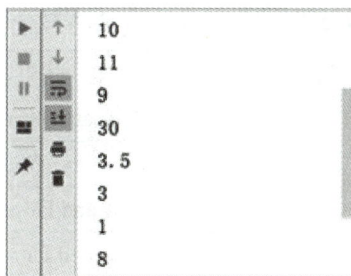

图 8-36　示例 8-7 的运行效果图

3. 关系运算符

关系运算符又称为比较运算符，可用于对两个数值进行大小、真假的比较，其结果为 True 或 False。常用的关系运算符如表 8-3 所示。

表 8-3　常用的关系运算符

运算符	描　述	举　例	结　果
>	大于	98>97	True
<	小于	98<97	False
>=	大于或等于	97>=97	True
<=	小于或等于	97<=97	True
==	等于	98==97	False
!=	不等于	98!=97	True

关系运算符的使用如示例 8-8 所示，运行效果如图 8-37 所示。

【示例 8-8】　关系运算符的使用。

```
print(98>97)
print(98<97)
print(97>=97)
print(97<=97)
print(98==97)
print(98!=97)
```

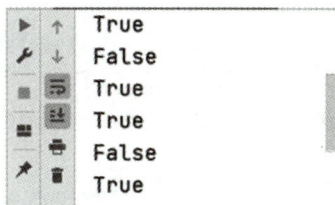

图 8-37　示例 8-8 的运行效果图

4. 逻辑运算符

逻辑运算符是对真 (True) 和假 (False) 两个值进行的运算，运算的结果依然是 True 或 False。在 Python 中，常用的逻辑运算符有逻辑与 (and)、逻辑或 (or) 和逻辑非 (not)。常用的逻辑运算符及使用如表 8-4 所示。

表 8-4　常用的逻辑运算符及使用

运算符	描　述	举　例	结　果
and	逻辑与运算	True and True	True
		False and True	False
		True and False	False
		False and False	False
or	逻辑或运算	True or True	True
		False or True	True
		True or False	True
		False or False	False
not	逻辑非运符	not True	False
		not False	True

逻辑运算符的使用如示例 8-9 所示，运行效果如图 8-38 所示。

【示例 8-9】　逻辑运算符的使用。

```
print(3>4 and 1<2)
print(3>4 or 1<2)
print(not 3>4)
```

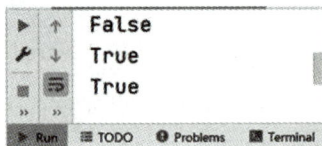

图 8-38　示例 8-9 的运行效果图

5. 连接运算符

在 Python 中，如果"+"左右的值是数值型，那么它的作用是算术运算符；如果"+"左右的值是字符串型，那么它的作用则是连接运算符。例如，'hello'+'word' 的结果为 helloword，如示例 8-10 所示，运行效果如图 8-39 所示。

【示例 8-10】　连接运算符的使用。

```
print('hello'+'word')
```

图 8-39　示例 8-10 的运行效果图

注意：如果"+"左右的值的类型不一致，则程序的运行将会出现异常（不正常）情况。连接异常情况如示例 8-11 所示，运行效果如图 8-40 所示。

【示例 8-11】　连接异常情况。

```
print('hello'+123)
```

```
Traceback (most recent call last):
  File "I:/office/chap2/示例2-10连接异常情况.py", line 3,
  in <module>
    print('hello'+123)
TypeError: can only concatenate str (not "int") to str
```

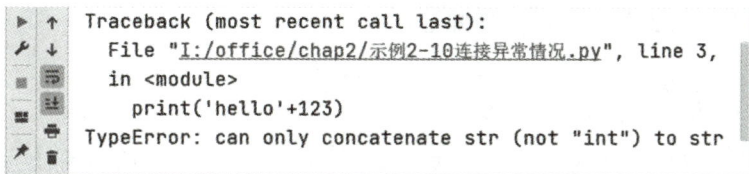

图 8-40　示例 8-11 的运行效果图

8.3.6　注释与缩进

1. 注释

注释是对代码的一个解释说明，这部分内容会被解释器忽略，不会被计算机执行。在 Python 中只有单行注释，使用 "#" 开头，"#" 之后的内容均为注释内容，如示例 8-12 所示。可使用 "Ctrl + /" 为选中的多行代码添加注释。

【示例 8-12】　单行注释。

```
# 教育机构：北京讯达
# 讲师：杨淑娟
# 这是输出语句
print('helloword')
```

在 Python 中没有正规的多行注释的语法，通常多行注释使用字符串表示，如示例 8-13 所示。

【示例 8-13】　字符串作注释。

```
''' 这是输出语句 '''
print('helloword')
```

注释除了用作代码的解释说明之外，还有一个作用，就是在程序调试时使用。在程序调试时，有部分代码可能暂时不需要执行，这个时候就可以将其作为注释，当调试完成之后再取消注释。

2. 缩进

在 Python 语法中缩进也是程序语法中的一部分，所以 Python 中对缩进有着严格的使用方式，如果缩进错了，则可能会导致程序运行报错，如示例 8-14 所示，运行效果如图 8-41 所示。

【示例 8-14】　错误的缩进。

```
print('helloword')  # 缩进正常
    print('Welcome to beijing')
```

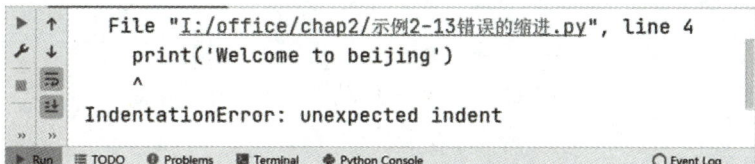

```
File "I:/office/chap2/示例2-13错误的缩进.py", line 4
    print('Welcome to beijing')
    ^
IndentationError: unexpected indent
```
▶ Run　≡ TODO　❶ Problems　■ Terminal　❖ Python Console　　　　○ Event Log

图 8-41　示例 8-14 的运行效果图

Python 中的分支结构 if、循环结构 while 和 for 以及函数和类的定义都需要使用到缩进，按下键盘上的"Tab"键即可实现缩进。

8.3.7 基本数据类型

人类社会中人的性别分为男、女两种类型，不同类型的人所承担的社会和家庭的责任不同。在 Python 中的数据也有不同的数据类型，不同类型的数据具有不同的特点和功能。Python 中常用的简单数据类型有整数类型、浮点数类型和字符串类型。

1. 整数类型

Python 中的整数类型与数学中的整数是一样的，即不带小数点的数，其可分为正整数、负整数和 0。整数类型在 Python 中使用 int 表示，整数的使用如示例 8-15 所示，运行效果如图 8-42 所示。

【示例 8-15】 整数的使用。

```
num=10                # num 是整数类型
ran=20                # ran 是整数类型
# print 输出多个值，中间使用逗号分隔
print(num,'+',ran,'=',num+ran)
```

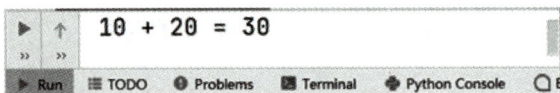

图 8-42 示例 8-15 的运行效果图

注意：'+' 的引号与 '=' 的引号均为英文的引号。

2. 浮点数类型

Python 中的浮点数与数学中带小数点的数是相同的，Python 中的浮点数要求必须带小数部分，如 10.0。浮点数类型在 Python 中使用 float 表示，浮点数的使用如示例 8-16 所示，运行效果如图 8-43 所示。

【示例 8-16】 浮点数的使用。

```
a=10.4
b=9.2
# print 输出多个值，中间使用逗号分隔
print(a,'+',b,'=',a+b)
```

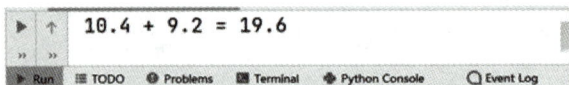

图 8-43 示例 8-16 的运行效果图

3. 字符串类型

字符串类型是 Python 中的字符序列，由一个一个的字符组成。例如，"Python"这个单词就是由 6 个字符组成的字符串。在 Python 中无论什么类型的数据只要加上引号均表

示字符串类型。

　　字符串所使用的引号可以是单引号、双引号或三引号。使用单引号与双引号所表示的含义相同，没有区别。使用三引号表示的字符串与单引号和双引号的区别在于，三引号中的字符串可分在多行显示。单引号、双引号和三引号的使用如示例 8-17 所示，运行效果如图 8-44 所示。

　　【示例 8-17】　字符串的定义。

```
s1='helloworld'
s2="helloworld"
s3='''hello
    word'''
print(s1)
print(s2)
print(s3)
```

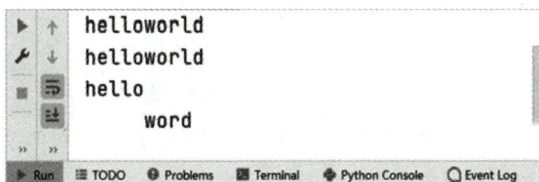

图 8-44　示例 8-17 的运行效果图

　　在 Python 中，"\n""\t"与"\\"都表示着特殊的含义，专业上称其为"转义字符"。"\n"出现在一个字符串中表示换行；"\t"出现在字符串中表示一个制表位 (大概 8 个空格)；"\\"通常在表示文件路径时使用，用于输出正确的路径。转义字符的使用如示例 8-18 所示，运行效果如图 8-45 所示。

　　【示例 8-18】　转义字符的使用。

```
s1='hello\nworld'          # 输出 hello 之后换行输出 world
s2="hello\tworld"          # 输出 hello 之后间隔一定距离输出 world
s3='D:\\a.txt'             # 表示 D 盘中名称为 a.txt 文件
print(s1)
print(s2)
print(s3)
```

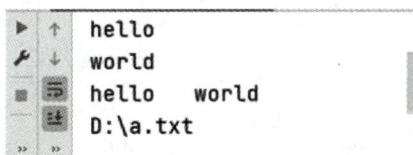

图 8-45　示例 8-18 的运行效果图

　　如果希望转义字符不起作用，只是原样显示输出，则可以在字符串前加上字母"r"，如示例 8-19 所示，运行效果如图 8-46 所示。

【示例 8-19】 字母 r 的用法。

```
s1=r'hello\nworld'              #输出 hello 之后换行输出 world
s2=r"hello\tworld"              #输出 hello 之后间隔一定距离输出 world
s3=r'D:\a.txt'                  # 表示 D 盘中名称为 a.txt 文件
print(s1)
print(s2)
print(s3)
```

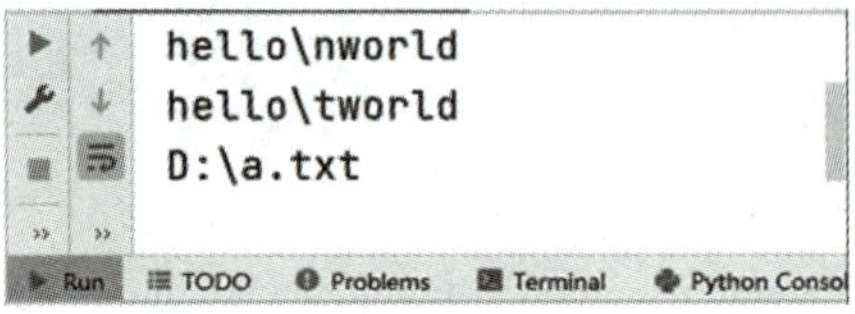

```
hello\nworld
hello\tworld
D:\a.txt
▶ Run  ☰ TODO  ⊕ Problems  ▦ Terminal  ♦ Python Consol
```

图 8-46　示例 8-19 的运行效果图

字符串类型是 Python 中非常重要的数据类型，相对于整数 int 类型和 float 类型有更多的处理函数和操作方法。常用的字符串处理函数如表 8-5 所示。

表 8-5　常用的字符串处理函数

函数名称	功 能 描 述
len(x)	获取字符串 x 的长度，即字符串中字符的个数
str(x)	将任意类型转换成字符串类型

字符串处理函数的使用如示例 8-20 所示，运行效果如图 8-47 所示。

【示例 8-20】 字符串处理函数的使用。

```
s='python'
print(s,' 的长度为 :',len(s))
i=50
print(i,' 的类型是 :',type(i))           #type() 函数可查看变量的数据类型
s2=str(i)
print(i,' 使用 str() 转换之后数据类型为 :',type(s2))
```

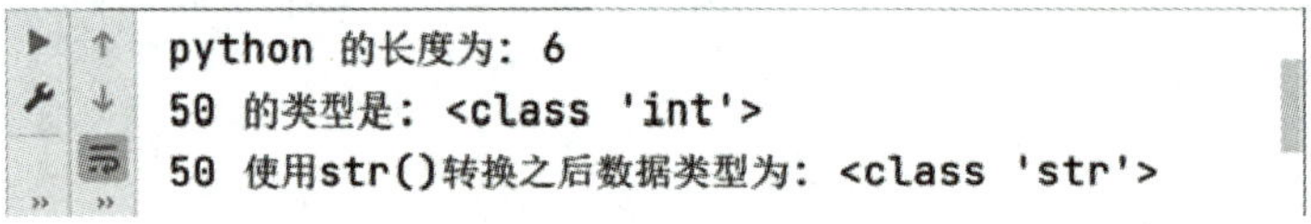

```
python 的长度为: 6
50 的类型是: <class 'int'>
50 使用str()转换之后数据类型为: <class 'str'>
```

图 8-47　示例 8-20 的运行效果图

字符串的常用处理方法如表 8-6 所示。

表 8-6　字符串的常用处理方法

方法名称	功 能 描 述
str.lower()	将字符串中所有字母均转换成小写，结果产生一个新的字符串
str.upper()	将字符串中所有字母均转换成大写，结果产生一个新的字符串
str.split(sep=None)	根据 sep 分割字符串，结果是一个列表。如果没写 sep，则默认按空格分隔

续表

方法名称	功 能 描 述
str.count(sub)	统计 sub 在 str 中出现的次数，结果为整数类型
str.replace(old,new)	将字符串 str 中的 old 替换为 new，结果产生一个新的字符串
str.center(width,fillchar)	字符串在 width 宽度内居中显示，fillchar 为填充字符，结果产生一个新的字符串。如果实际长度大于 width，则将以实际长度为准
str.strip(chars)	去掉字符串左右在 chars 中出现的字符，如果没写 chars，则默认去掉字符串左右的空格，结果产生一个新的字符串
str.join(iter)	在 iter 变量的每一个元素后增加一个 str 字符串
str.format(x1,x2,…,xn)	格式化字符串，将从 x1 到 xn 的参数填充到 str 中指定槽的位置

常用的字符串处理方法的使用如示例 8-21 所示，运行效果如图 8-48 所示。

【示例 8-21】 常用的字符串处理方法的使用。

```
s='PYTHON'
s2='python'
slower=s.lower()                        #将字符串 s 中的每个字母均转成小写
print('(1) 转小写 ',s,slower)
supper=s2.upper()                       #将字符串 s2 中的每个字母均转成大写
print('(2) 转大写 ',s2,supper)


s='welcome to beijing'
words=s.split()                         #默认按空格分割
print('(3) 按空格分割 ',s,' 分割之后的结果是 :',words)


s='hello,word'
words=s.split(',')                      #按逗号分割
print('(4) 按逗号分割 ',s,' 分割之后的结果是 :',words)


print('(5) 统计个数 ',s.count('o'))     # o 在字符串 s 中出现的次数
newword=s.replace('o',' 我 ')           #将字符串 s 中的 o 替换成我
print('(6) 替换 ',newword)


scenter=s.center(30,'*')               # 宽度为 30 个字符，s 居中显示，左右平分空白处用 * 填充
print('(7) 居中显示 ',scenter)


scenter2=s.center(5)
print('(8) 居中显示，给定宽度小于实际长度 ',scenter2)
s=' welcome to beijing '
strips=s.strip()                        #默认去掉左右的空格，中间不去
```

```
print('(9) 去掉左右空格 ',strips)

s='helloeh,heolleh'
strip2=s.strip('he')                #去掉左右的 he 与 eh，与顺序无序包含即可，中间的 he 和 eh 不去
print('(10) 去掉左右指定字符 ',strip2)

newstr='*'.join('Python')           #每个字符之间都使用 * 连接
print('(11) 使用指字符连接字符串 ',newstr)

s=' 我的名字叫 {0}，今年 {1} 岁了 '
print('(12) 格式化字符串 ',s.format(' 张三 ',18))
```

```
(1)转小写 PYTHON python
(2)转大写 python PYTHON
(3)按空格分割 welcome to beijing 分割之后的结果是：['welcome', 'to', 'beijing']
(4)按逗号分割 hello,word 分割之后的结果是：['hello', 'word']
(5)统计个数 2
(6)替换 hell我,w我rd
(7)居中显示 *********hello,word**********
(8)居中显示，给定宽度小于实际长度 hello,word
(9)去掉左右空格 welcome   to   beijing
(10)去掉左右指定字符 lloeh,heoll
(11)使用指字符连接字符串 P*y*t*h*o*n
(12)格式化字符串 我的名字叫张三，今年18岁了
```

图 8-48　示例 8-21 的运行效果图

示例 8-21 中字符串对象的 format 方法中槽位与参数的对应关系如图 8-49 所示。

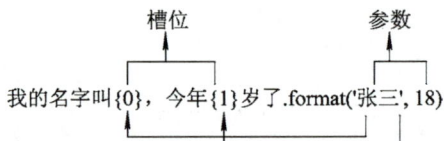

槽位　　　　　　参数

我的名字叫{0}，今年{1}岁了.format('张三', 18)

图 8-49　format 方法中槽位与参数的对应关系

除了操作字符串的函数和方法外，字符串的索引取值也是非常常用的功能。大家都知道，字符串由一个一个的字符构成，每个字符在字符串中都占据一个位置，这个位置的标号就称为索引。Python 中字符串的索引有正向递增索引和反向递减索引，如图 8-50 所示。

可以通过索引获取指定位置上的字符，如示例 8-22 所示，运行效果如图 8-51 所示。

正向递增索引

0	1	2	3	4	5
P	y	t	h	o	n
-6	-5	-4	-3	-2	-1

反向递减索引

图 8-50　字符串的索引

【示例 8-22】 根据索引获取字符。

```
s='Python'
char=s[0]            # 正向获取
char2=s[-6]          # 反向获取
print(char,char2)
```

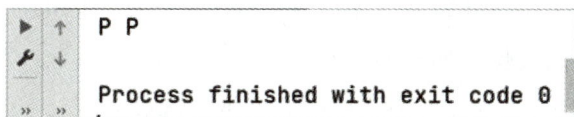

图 8-51　示例 8-22 的运行效果图

如果希望使用索引在指定的字符串提取更多的字符，那就需要使用切片操作。所谓切片操作，不是从原字符串而是根据索引截取出一个子字符串。

字符串切片的语法格式如下：

字符串名称 [start:stop:step]

其中，start 表示起始索引位置，stop 表示结束索引位置，step 表示步长。该语法解释为，从字符串中索引 start 的位置开始截取到 stop 结束 (不包括 stop)，步长为 step 的字符串。字符串的切片如示例 8-23 所示，运行效果如图 8-52 所示。

【示例 8-23】 字符串的切片。

```
s='Python'
sub=s[0:6:2]         # 从 0 开始到 6 结束 ( 不包含 6)，步长为 2，即提取索引为 0,2,4 位置上的字符
print(sub)

sub=s[-6:-1]         # 步长省略，则默认为 1
print(sub)
```

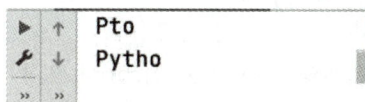

图 8-52　示例 8-23 的运行效果图

8.3.8　类型判断和类型转换

在 Python 中，内置函数 type(x) 用于判断变量值的数据类型，如示例 8-24 所示，运行效果如图 8-53 所示。

【示例 8-24】 数据类型的判断。

```
print(type(100))
print(type('100'))
print(type(100.0))
```

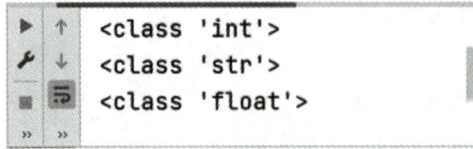

图 8-53　示例 8-24 的运行效果图

数据值的类型不仅可以判断查看，还可以进行各种转换，Python 中提供了 3 个常用的函数用于数据类型之间的转换，如表 8-7 所示。

表 8-7　数据类型转换函数

函数名称	功 能 描 述
int(x)	将 x 转换成 int 类型，x 可以是 float 或 str 类型
float(x)	将 x 转换成 float 类型，x 可以是 int 或 str 类型
str(x)	将 x 转换成 str 类型，x 可以是 int 或 float 类型，也可以是其他类型

数据类型转换函数的使用如示例 8-25 所示，运行效果如图 8-54 所示。

【示例 8-25】　数据类型转换函数的使用。

```
# int(x)
print(int(99.9)+int('100'))
# float(x)
print(float(3)+float('3.4'))
# str(x)
print(str(99)+str(99.9))          # + 左右为字符串类型，起连接作用
```

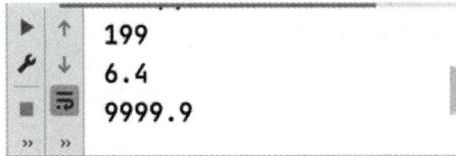

图 8-54　示例 8-25 的运行效果图

8.3.9　输入函数 input

在 Python 中，通过内置函数 input() 来接收用户的键盘输入，无论用户输入的内容是什么，其结果都是 str 类型。input() 函数可以通过参数来提示用户输入，但参数并非强制操作，也不会影响用户的输入结果。

input() 函数的语法结构如下：

```
变量 =input( 提示文本 )
```

input 函数的使用如示例 8-26 所示，运行效果如图 8-55 所示。

【示例 8-26】　input 函数的使用。

```
name=input(' 请输入您的姓名 :')        # 请输入您的姓名，为提示文本
age=input(' 请输入您的年龄 :')
height=input()                        # 无提示文本，不够友好，用户不知道输入什么内容是合理的
print(name,' 类型是 ',type(name))
print(age,' 类型是 ',type(age))
print(height,' 类型是 ',type(height))
```

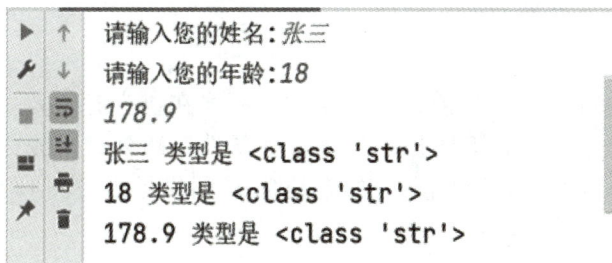

图 8-55　示例 8-26 的运行效果图

程序运行到 input() 函数时，在控制台上光标闪动，等待用户的输入，当用户输入完成之后，则会执行下一句代码，继续等待用户的输入，当 3 个 input() 函数执行完毕之后，才会执行 3 个打印输出。通过运行结果我们可以看出，无论我们输入的是字符串类型的张三，还是整数 18、浮点数 178.9，最终存储到变量中的结果均为 str 类型。

8.3.10　执行字符串表达式函数 eval

在使用 input() 函数的时候，我们输入的任意类型的数据，其结果都是 str 类型。如果希望对输入的数据进行类型转换，则可以使用 int() 函数将 str 类型转换成 int 类型，通过 float() 函数将 str 类型转换成 float 类型。但如果我们对输入的数据的具体类型不清楚、不明确，则可以通过 Python 中的内置函数 eval() 将输入的数据转换成实际的数据类型。eval 函数的使用如示例 8-27 所示，运行效果如图 8-56 所示。

【示例 8-27】　eval 函数的使用。

```
# 姓名实际就应该是 str 类型，无须使用 eval() 函数
name=input(' 请输入您的姓名 :')

age=eval(input(' 请输入您的年龄 :'))
height=eval(input(' 请输入您的身高 :'))

print(name,' 类型是 ',type(name))
print(age,' 类型是 ',type(age))
print(height,' 类型是 ',type(height))
```

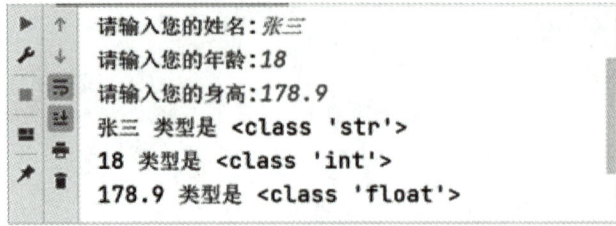

图 8-56   示例 8-27 的运行效果图

8.3.11   分支结构

分支结构是 Python 中的一种流程控制结构。程序在执行时需要根据不同的情况选择不同的路径执行。程序从上到下运行，当执行到条件判断处时，先去进行条件判断，判断的结果可能是 True，也可能是 False，如果是 True 则执行语句块 1，否则执行语句块 2。分支结构的流程图如图 8-57 所示。

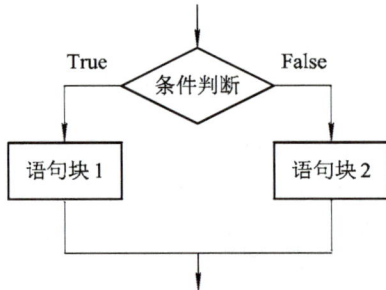

图 8-57   分支结构

1. 单分支结构

单分支结构是分支结构中最简单的结构，通过 if 对条件进行判断。

单分支结构的语法结构如下：

if 条件判断：
　　语句块

在语法结构中需要注意的是，条件判断后的冒号和语句块前的缩进都是语法的组成部分。当条件判断的结果为 True 时，将执行缩进的语句块部分；当条件判断的结果为 False 时，将跳过语句块而执行后续代码。单分支结构程序执行流程图如图 8-58 所示。

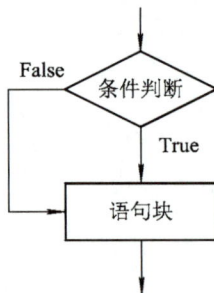

图 8-58   单分支结构流程图

单分支结构的使用如示例 8-28 所示，程序的运行效果如图 8-59 和图 8-60 所示。

【示例 8-28】　单分支结构。

```
age=eval(input(' 请输入您的年龄 '))
if age>=8:
        print(' 你可以学习写程序了 ')
# 分支结构的后续语句
print(' 程序结束 ')
```

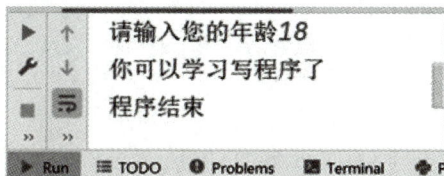

图 8-59　示例 8-28 的运行效果图　　　　图 8-60　示例 8-28 的运行效果图

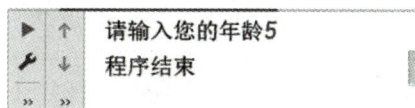

第一次程序运行时，用户输入的年龄是 18，18>=8 的结果为 True，程序执行 if 结构中缩进的代码"你可以学习写程序了"；if 结构执行完毕继续执行后续代码"程序结束"。第二次程序运行时，用户输入的年龄是 5，5>=18 的结果为 False，程序跳过缩进的代码，而直接执行 if 结构的后续代码"程序结束"。

2. 双分支结构

双分支结构是程序执行过程中的一种二选一结构，由 if 和 else 一起进行条件判断。

双分支结构的语法结构如下：

```
if 条件判断 :
    语句块 1
else:
    语句块 2
```

当条件判断的结果为 True 时，则执行 if 中缩进的语句块 1；当条件判断的结果为 False 时，则执行 else 中缩进的语句块 2。条件判断后的冒号和 else 后的冒号均是语法的组成部分。双分支结构的程序执行流程图如图 8-61 所示。

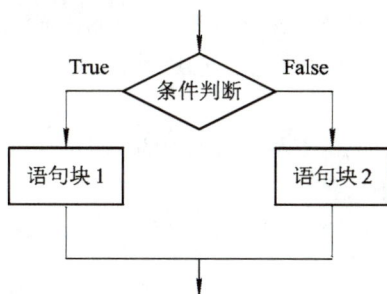

图 8-61　双分支结构流程图

双分支结构的使用如示例 8-29 所示，运行效果如图 8-62 和图 8-63 所示。

【示例 8-29】　双分支结构的应用。

```
age=eval(input(' 请输入您的年龄 '))
if age>=8:
```

```
        print(' 你可以学习写程序了 ')
else:
        print(' 你还小 ')
# 分支结构的后续语句
print(' 程序结束 ')
```

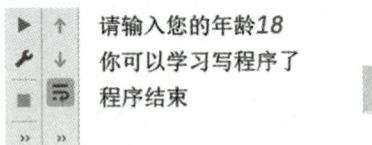

```
▶  ↑   请输入您的年龄18
✎  ↓   你可以学习写程序了
■  ↵   程序结束
    »»
```

```
▶  ↑   请输入您的年龄5
✎  ↓   你还小
■  ↵   程序结束
    »»
```

图 8-62　示例 8-29 的运行效果图　　　图 8-63　示例 8-29 的运行效果图

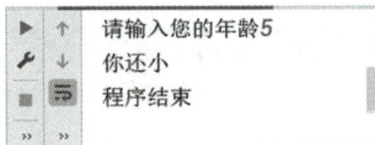

3. 多分支结构

如果条件判断的可能性有多种情况，则需要对可能的多个条件进行判断，为此 Python 提供了 if-elif-else 结构。

多分支结构的语法结构如下：

```
if 条件判断 1:
        语句块 1
elif 条件判断 2:
        语句块 2
elif 条件判断 N:
        语句块 N
else:
        语句块 N+1
```

当条件判断 1 的结果为 True 时，则执行语句块 1，否则不进行后续判断。只有条件判断 1 的结果为 False 时，才进行 elif 中条件判断 2 的判断，如果判断结果为 True，则执行语句块 2，后续所有的判断条件将不再进行判断。当所有的判断条件均为 False 时，则会执行语句块 N＋1 部分。其中，else 部分是可选部分。多分支结构程序流程图如 8-64 所示。

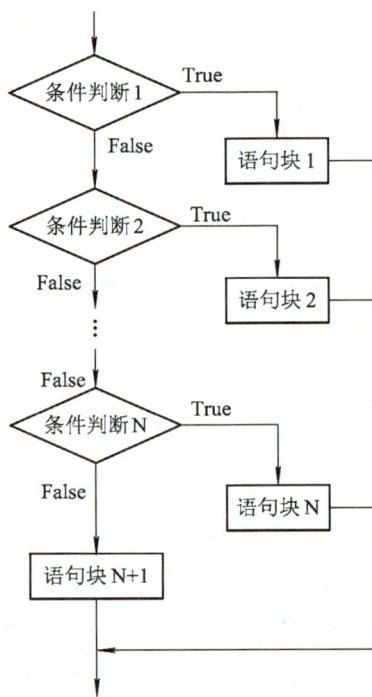

图 8-64　多分支结构程序流程图

多分支结构的应用如示例 8-30 所示，运行效果如图 8-65 和图 8-66 所示。

【示例 8-30】　多分支结构的应用。

```
score = eval(input(' 请输入您的成绩 :'))
if score >100 or score<0:
        print(' 成绩应该在 0 到 100 之间 ')
elif score >= 90:
        print(' 优秀 ')
elif score >= 80:
        print(' 良好 ')
elif score >= 70:
```

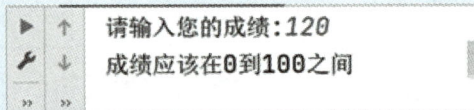

```
▶  ↑   请输入您的成绩:120
✎  ↓   成绩应该在0到100之间
    »»
```

图 8-65　示例 8-30 的运行效果图

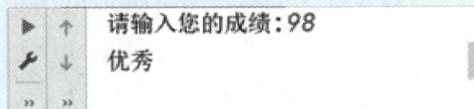

```
▶  ↑   请输入您的成绩:98
✎  ↓   优秀
    »»
```

图 8-66　示例 8-30 的运行效果图

```
        print(' 中等 ')
elif score >= 60:
        print(' 及格 ')
else:
        print(' 不及格，你需要努力了！！！ ')
```

8.3.12　循环结构

程序的执行需要很多次相同的操作步骤才能实现，这种结构在 Python 中称为循环结构。常用的循环结构有两种：一种是重复指定次数的循环，称为遍历循环，使用 for 实现；另一种是不限定次数的循环，称为无限循环，使用 while 实现。

1. 遍历循环

在 Python 中用于完成指定次数重复操作的循环使用 for 来实现。

循环结构的语法结构如下：

```
for item in 可遍历对象：
        语句块
```

在上述的语法结构中，item 是一个自定义的名称，称为迭代变量，其可遍历的对象可以是一个元组、列表、集合、字典、字符串等，目前只学习到了字符串，因此可使用遍历循环遍历字符串中的每个元素。可遍历对象后的冒号是语法的一部分，不可省略；语句块则是循环所要执行的重复操作。遍历循环的执行流程图如图 8-67 所示。

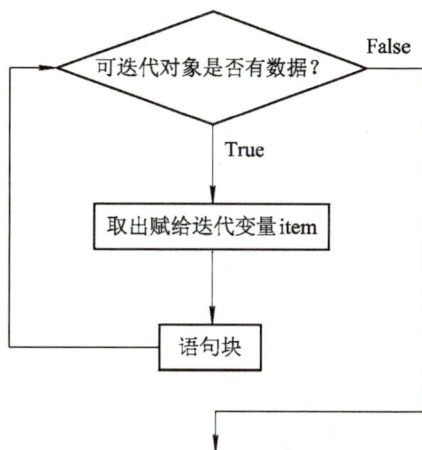

图 8-67　遍历循环的执行流程图

遍历循环的应用如示例 8-31 所示，运行效果如图 8-68 所示。

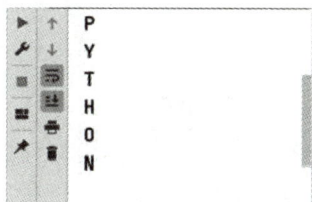

图 8-68　示例 8-31 的运行效果图

【示例 8-31】　遍历字符串中的字符并转大写。

```
for item in 'python':
        print(item.upper())
```

for…in 循环除了用于遍历字符串序列之外，有的时候还会使用内置函数 range(N) 产生一个 [0,N-1] 的整数序列，用于控制循环的次数，如示例 8-32 所示，运行效果如图 8-69 所示。

【示例 8-32】　range 函数的使用。

```
for i in range(5):
        print(i)
```

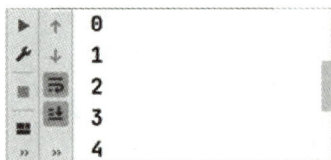

图 8-69　示例 8-32 的运行效果图

2. 无限循环

在 Python 中不计次数的重复操作使用 while 来实现。

无限循环的语法结构如下:

```
while 条件判断:
    语句块
```

while 的语法结构与单分支结构 if 的语法结构相似。当条件判断为 True 时, 则执行缩进的语句块部分; 当条件判断为 False 时, 则跳过语句块而执行后续语句。无限循环 While 的流程图如图 8-70 所示。

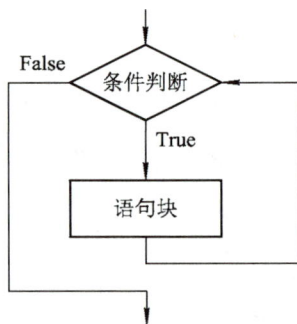

图 8-70　无限循环 while 的流程图

无限循环的感知如示例 8-33 所示, 运行效果如图 8-71 所示。

【示例 8-33】　无限循环 while 的感知。

```
while True:
    print('helloworld')
```

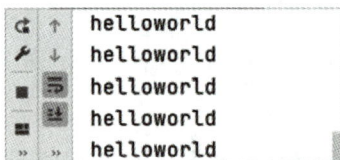

图 8-71　示例 8-33 的运行效果图

由于条件判断为 True, 因此程序无限次地执行输出"helloworld", 直到手动点击图 8-71 左侧那个红色方形停止按钮, 则程序结束运行, 否则就会一直运行。对于无限循环, 可以在语句块中使用 if 和 break 来终止循环的进行, 如示例 8-34 所示, 运行效果如图 8-72 所示。

【示例 8-34】　while 中使用 break。

```
a=1
while True:
    print('helloworld')
```

```
        a+=1                    # 每执行一次输出 a 都自动加 1
        # if...break 判断是否终止循环
        if a==5:
            break
print(' 循环结束 ')
```

图 8-72 示例 8-34 的运行效果图

8.3.13 组合数据类型

变量相当于一个容器，可用于存储一个数据，那么可以一次性存储多个数据的容器就称为组合数据类型。在 Python 中常用的组合数据类型有元组 (tuple)、列表 (list)、集合 (set) 以及字典 (dict)。

1. 元组

在 Python 中使用一对小括号来定义一个元组，元组中的每个元素之前都使用英文的逗号进行分隔。元组的定义如示例 8-35 所示。

【示例 8-35】 元组的定义。

```
t=(11,22,33,44)
```

当元组定义完成之后，我们可以像操作字符串序列一样去操作元组。元组的操作可以使用 for…in 循环去遍历元组中的元素、获取元组的长度，通过索引获取元组中指定索引位置上的元素，也可以利用切片截取子元组。元组的具体操作如示例 8-36 所示，运行效果如图 8-73 所示。

【示例 8-36】 元组的相关操作。

```
t=(11,22,33,44)
print('-----(1) 遍历元组 ----')
for item in t:
    print(item)
print('-----(2) 获取元组的长度 ----')
print(len(t))
print('-----(3) 根据索引获取指定索引位置上的元素 ----')
print(t[0])              # 正向递增索引
print(t[-4])             # 逆向递减索引
print('-----(4) 元组的切片操作 ----')
t1=t[0:3]
print(t1)
print('-----(5) 元组元素的判断 ')
```

```
print(11 in t)
print(100 not in t )
```

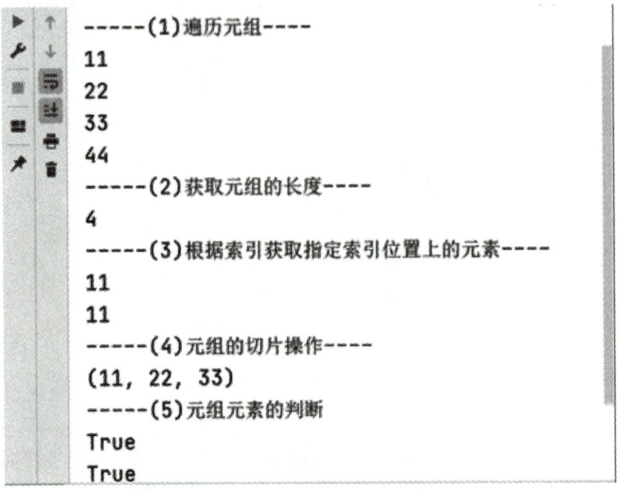

图 8-73　示例 8-36 的运行效果图

2. 列表

在 Python 中使用一对方括号来定义一个列表，列表中的每个元素之间都使用英文的逗号进行分隔。列表的定义如示例 8-37 所示。

【示例 8-37】 列表的定义。

```
lst=[11,22,33,44]
```

对元组的操作也可以应用到列表中，如示例 8-38 所示，运行效果如图 8-74 所示。

【示例 8-38】 列表的相关操作。

```
lst=[11,22,33,44]
print('-----(1) 遍历列表 ----')
for item in lst:
        print(item)
print('-----(2) 获取列表的长度 ----')
print(len(lst))
print('-----(3) 根据索引获取指定索引位置上的元素 ----')
print(lst[0])   # 正向递增索引
print(lst[-4])  # 逆向递减索引
print('-----(4) 列表的切片操作 ----')
lst1=lst[0:3]
print(lst1)
print('-----(5) 列表元素的判断 ')
print(11 in lst1)
print(100 not in lst1)
```

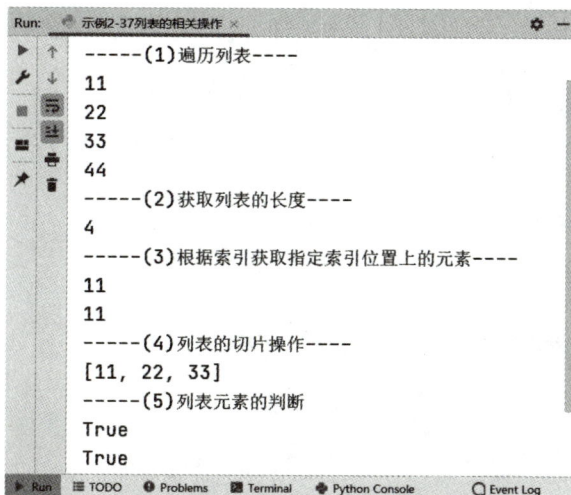

图 8-74　示例 8-38 的运行效果图

除了上述与元组相同的操作方法之外，列表还有一些特有的方法，如表 8-8 所示。

表 8-8　列表操作的相关方法

方　法　名	方　法　描　述
lst.append(x)	将 x 添加到 lst 列表的最后
lst.insert(i,x)	将 x 插入到列表中 i 的位置上
lst.pop(i)	将列表中索引为 i 的位置上的元素取出并删除
lst.remove(x)	将列表中第一个出现的 x 元素删除
lst.copy()	复制列表 lst 中的所有元素，生成一个新列表
lst.sort(reverse=True/False)	对列表中的元素进行排序，reverse=False 时为升序，reverse=True 时为降序，reverse 默认值为 False
lst.clear()	删除列表中的所有元素

列表操作的特有方法使用如示例 8-39 所示，运行效果如图 8-75 所示。

【示例 8-39】　列表操作的特有方法。

```python
lst=[88,9,54,34,2,9]
print('-----(1)append(x)----')
lst.append(100)
print(lst)                # 在列表的最后添加 100
print('-----(2) 在列表中索引为 1 的位置添加 20----')
lst.insert(1,20)
print(lst)
print('-----(3) 将列表中索引为 0 的位置的元素 88 删除 ----')
print(lst.pop(0))
print(lst)
print('-----(4) 将列表中第一个 9 删除 ----')
```

```
lst.remove(9)
print(lst)
print('-----(5) 列表复制 ----')
lst2=lst.copy()
print('lst2=',lst2)
print('-----(6) 对 lst 列表中的元素进行升序排序 ----')
lst.sort()
print(lst)
print('-----(7) 对 lst 列表中的元素进行降序排序 ----')
lst.sort(reverse=True)
print(lst)
print('-----(8) 清空 lst 列表 ----')
lst.clear()
print(lst)
```

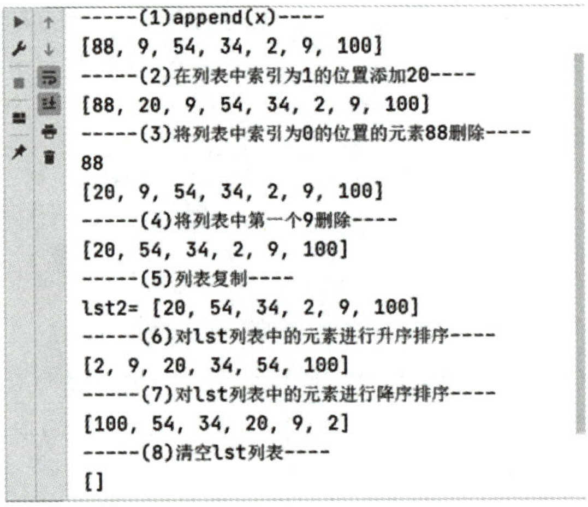

```
-----(1)append(x)----
[88, 9, 54, 34, 2, 9, 100]
-----(2)在列表中索引为1的位置添加20----
[88, 20, 9, 54, 34, 2, 9, 100]
-----(3)将列表中索引为0的位置的元素88删除----
88
[20, 9, 54, 34, 2, 9, 100]
-----(4)将列表中第一个9删除----
[20, 54, 34, 2, 9, 100]
-----(5)列表复制----
lst2= [20, 54, 34, 2, 9, 100]
-----(6)对lst列表中的元素进行升序排序----
[2, 9, 20, 34, 54, 100]
-----(7)对lst列表中的元素进行降序排序----
[100, 54, 34, 20, 9, 2]
-----(8)清空lst列表----
[]
```

图 8-75　示例 8-39 的运行效果图

3. 集合

列表与元组中的元素都是可以根据索引位置进行获取元素的，并且可以存储重复的元素。在 Python 中有一种数据类型是没有顺序并且不可以存储重复元素的称为集合，在 Python 中使用花括号进行定义。集合的定义如示例 8-40 所示，运行效果如图 8-76 所示。

【示例 8-40】　集合的定义。

```
s={11,22,33,44,11,22}
print(s)
```

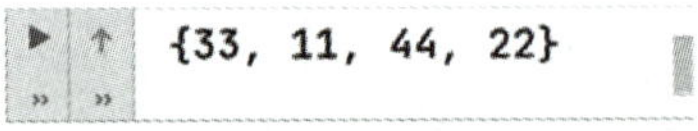

```
{33, 11, 44, 22}
```

图 8-76　示例 8-40 的运行效果图

集合的操作可以使用集合对象的 add(x) 方法向集合中添加元素，使用集合对象的 remove(x) 方法删除集合中的元素。集合的具体操作如示例 8-41 所示，运行效果如图 8-77 所示。

【示例 8-41】　集合的常用操作。

```
s={11,22,33,44}
print('-----(1) 集合的添加操作 ----')
s.add(55)
print(s)
print('-----(2) 集合元素的删除操作 ----')
s.remove(11)
print(s)
print('-----(3) 集合中元素的个数 ----')
print(len(s))
print('-----(4) 集合元素的判断 ----')
print(44 in s)
print(9 not in s)
print('-----(5) 集合元素的遍历 ----')
for item in s:
    print(item)
print('-----(6) 集合元素的清空 ----')
s.clear()
print(s)
```

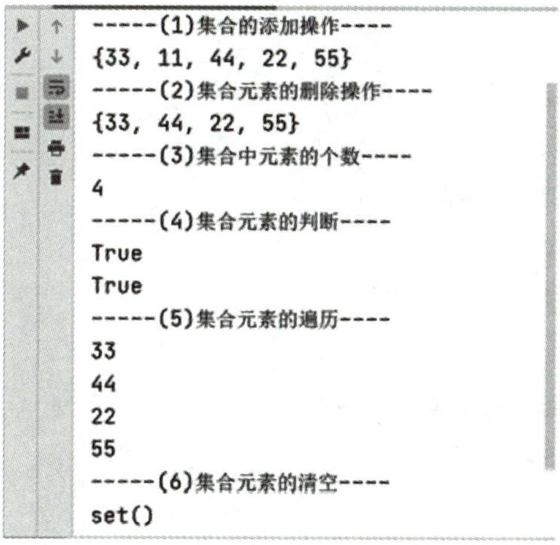

图 8-77　示例 8-41 的运行效果图

4. 字典

字典是四种组合数据类型中最特殊的一种类型，它所存储的每个元素都是由两部分组成的，一部分称为键，另一部分称为值，键与值之间使用冒号进行分隔，元素与元素之间依然使用英文的逗号进行分隔。在 Python 中字典也使用花括号进行定义，如示例 8-42 所示。

【示例 8-42】　字典的定义。

```
d={1001:' 张三 ',1002:' 李四 ',1003:' 王五 '}
```

字典这种数据类型在日常开发中使用的频率非常高，常用的字典操作方法如表 8-9 所示。

表 8-9　字典的操作方法

方 法 名	方 法 描 述
d.keys()	获取所有的键
d.values()	获取所有的值
d.items()	获取所有的键 - 值对
d.get(key,default)	根据键获取值，如果键不存在，则获取默认值 default
d.pop(key,default)	根据键获取值之后将键值对从字典中删除，如果键不存在，则获取默认值 default
d.clear()	删除字典中所有的键值对

字典的常用操作如示例 8-43 所示，运行效果如图 8-78 所示。

【示例 8-43】　字典的常用操作。

```
d={1001:' 张三 ',1002:' 李四 ',1003:' 王五 '}
print('-----(1) 获取所有的键 ----')
print(d.keys())
print('-----(2) 获取所有的值 ----')
print(d.values())
print('-----(3) 获取所有的键值对 ----')
print(d.items())
print('-----(4) 根据键获取值 , 键存在 ----')
print(d.get(1001,' 无名氏 '))
print('-----(5) 根据键获取值 , 键不存在 ----')
print(d.get(1004,' 无名氏 '))
print('-----(6) 根据键获取值 ,[] 格式 ----')
print(d[1001])
print('-----(7) 根据键删除键值对 , 键存在 ----')
print(d.pop(1001,' 无名氏 '))
print(d)
print('-----(8) 根据键删除键值对 , 键不存在 ----')
print(d.pop(1004,' 无名氏 '))
print(d)
print('-----(9) 字典元素的遍历 ----')
for item in d:
    print(item,'----',d[item])
print('-----(10) 删除字典元素 ----')
d.clear()
print(d)
```

```
▶  ↑  -----(1)获取所有的键----
🔧  ↓  dict_keys([1001, 1002, 1003])
      -----(2)获取所有的值----
🗔 🖿  dict_values(['张三', '李四', '王五'])
      -----(3)获取所有的键值对----
🖩 📇  dict_items([(1001, '张三'), (1002, '李四'), (1003, '王五')])
⚲ 🗑  -----(4)根据键获取值,键存在----
      张三
      -----(5)根据键获取值,键不存在----
      无名氏
      -----(6)根据键获取值,[]格式----
      张三
      -----(7)根据键删除键值对,键存在----
      张三
      {1002: '李四', 1003: '王五'}
      -----(8)根据键删除键值对,键不存在----
      无名氏
      {1002: '李四', 1003: '王五'}
      -----(9)字典元素的遍历----
      1002 ---- 李四
      1003 ---- 王五
      -----(10)删除字典元素----
      {}
```

图 8-78　示例 8-43 的运行效果图

8.3.14　zip() 函数与 enumerate() 函数

zip() 函数是 Python 中的内置函数，可用于将列表、字符串、元组等作为函数的参数，依次将列表、字符串、元组中对应索引位置上的元素打包成一个个元组。zip() 函数的原理图如图 8-79 所示。

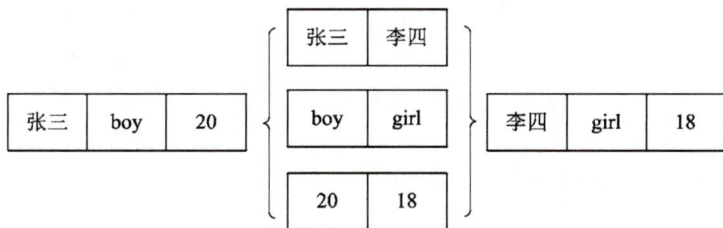

图 8-79　zip 函数的原理图

zip 函数的使用如示例 8-44 所示，运行效果如图 8-80 所示。

【示例 8-44】　zip 函数的使用。

```
names_lst=[' 张三 ',' 李四 ',' 王五 ']
gender_lst=['boy','girl','boy']
age_lst=[20,18,23]
# 打包之后结果存储到 result 变量中
result=zip(names_lst,gender_lst,age_lst)
# 通过内置函数 list() 将 result 转成列表类型
print(list(result))
```

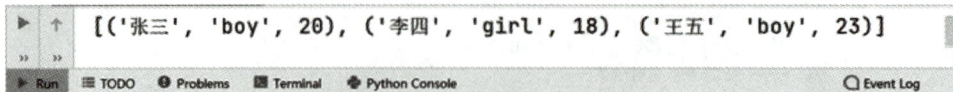

图 8-80　示例 8-44 的运行效果图

enumerate() 函数也是 Python 中的内置函数，通常在进行 for 循环遍历时使用，同时展示出索引值和对应的元素值。enumerate() 函数的使用如示例 8-45 所示，运行效果如图 8-81 所示。

【示例 8-45】　enumerate 函数的使用。

```
names_lst=[' 张三 ',' 李四 ',' 王五 ']
for index,item in enumerate(names_lst):
    print(index,item)
```

图 8-81　示例 8-45 的运行效果图

8.3.15　函数

把一个具有独立功能的代码进行封装，在需要使用相应功能的时候直接通过封装的名称调用即可。例如，我们使用的输出函数 print() 就是 Python 开发者编写好的，把用于实现输出功能的代码进行封装，当我们需要输出时直接通过封装之后的名称 print 就可以实现输出功能。

1. 函数的定义

像输出函数 print()、输入函数 input() 等这些我们直接使用的函数称为 Python 中的内置函数。我们也可以根据编写代码的实际情况去定义自己的函数，称为自定义函数。在 Python 中使用 def 声明函数。

自定义函数的语法格式如下：

```
def 函数名称 ( 参数列表 ):
    函数体
    [return]
```

在语法格式中，函数名称是自己起的；参数列表是可选项，根据用户的需要确定是否需要参数；函数体就是用于完成功能的一段代码；最后的 return 用于结束函数，并向调用处提供结果，如果没有运行结果需要提供，则 return 可以省略不写。定义一个计算两个加数和的函数如示例 8-46 所示。

【示例 8-46】　计算两加数和的函数定义。

```
def fun(a,b):
    c=a+b
    return c
```

在示例 8-46 中，使用 def 定义了一个函数，函数的名称为 fun，该函数有两个参数 a 和 b，实现函数功能的函数体是计算 a 与 b 的和并存储到变量 c 中，最后使用 return 将和 c 提交给函数的调用处去处理。

2. 函数的调用

函数只有定义没有调用是无法运行的。若想使用函数的功能，则需要对函数进行调用。在 Python 中直接通过函数的名称即可调用函数。函数的调用如示例 8-47 所示，运行效果如图 8-82 所示。

【示例 8-47】　函数的调用。

```
def fun(a,b):
    c=a+b
    return c


res=fun(1,2)
print(res)
```

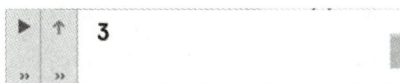

图 8-82　示例 8-47 的运行效果图

在示例 8-47 中，调用函数时，由于 fun 的定义处定义了两个参数，所以在函数调用时传入了两个实际值 1 和 2，并将函数的执行结果赋值给变量 res，最后使用输出语句 print 将变量 res 中的值 3 显示输出。

在调用函数时，需要注意以下两点：

(1) 观察函数定义处是否有参数，如果函数的定义处有参数，则在调用时需要提供参数。

(2) 函数是否使用了 return 进行返回结果，如果有结果，则在调用时把结果存到变量中以备后续程序使用。

3. 变量的作用域

在示例 8-46 中我们定义了函数 fun，该函数有两个参数 a 和 b，函数体中有一个存储 a 与 b 结果的变量 c，这三个变量只能在函数 fun 中使用，出了 fun 函数就超出了使用范围，所以变量的使用范围就称为变量的作用域。

根据变量可以起作用的范围分为局部变量和全局变量。函数的参数和函数中定义的变量均为局部变量，作用范围仅限于当前函数。函数外定义的变量称为全局变量。可以在函数中使用全局变量。局部变量与全局变量的使用如示例 8-48 所示，运行效果如图 8-83 所示。

【示例 8-48】　局部变量与全局变量。

```
x=10
def calc(a,b):
    c=a+b                                    #
    print('calc 函数中局部变量 c=',c)           # 输出局部变量 c
    print('calc 函数中输出全局变量 x=',x)        # 输出全局变量 x
```

```
def show():
    print('show 函数中输出全局变量 x=',x)                    # 输出全局变量 x
    print('show 函数中输出 calc 函数中的局部变量 c=',c)      # 输出 calc 函数中的局部变量 c


calc(10,20)                                                  # 函数没有使用 return，直接调用
show()                                                       # 函数没有使用 return，直接调用
```

```
D:\Python软件\python.exe I:/office/chap2/示例2-47局部变量和全局变量.py
calc函数中局部变量c= 30
calc函数中输出全局变量x= 10
show函数中输出全局变量x= 10
Traceback (most recent call last):
  File "I:/office/chap2/示例2-47局部变量和全局变量.py", line 14, in
 <module>
    show()
  File "I:/office/chap2/示例2-47局部变量和全局变量.py", line 11, in show
    print('show函数中输出calc函数中的局部变量c=',c) # 输出calc函数中的局部变量c
NameError: name 'c' is not defined
```

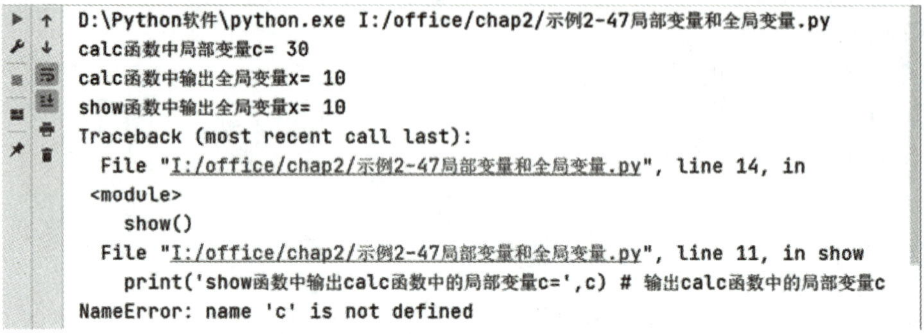

图 8-83　示例 8-48 的运行效果图

如图 8-83 所示，在 show 函数中输出 calc 函数中的局部变量程序报错，"c" 没有定义，因为其超出了作用范围。

8.3.16　类和对象

在 Python 中类属于一种自定义数据类型，当 int 类型、float 类型、str 类型以及组合数据类型都不能满足我们所要描述的数据时，就可以采用自定义数据类型，比如说描述一个手机时，就可以使用手机类型来表示。

1. 类的定义

在 Python 中使用 class 去定义一个自定义类型简称为类。在类中可以包含描述对象的名词，比如，手机的品牌、型号、价格等。只有品牌、型号和价格的是手机吗？不一定，因为描述得不够完整，真正的手机是要具备接电话、打电话、收短信和发短信的基本功能，这个功能的描述在类中称为方法。类的定义如示例 8-49 所示。

【示例 8-49】　类的定义。

```
class Phone:
    brand=' 华为 '           # 品牌
    type='Mate'             # 型号
    price=3999.9            # 价格


    # 打电话的功能
    def call(self):
        print(' 张三使用华为手机打电话 ')


    def answer_the_phone(self):
        print(' 张三使用华为手机接电话 ')
```

　　大家会发现方法的定义与函数的定义相似，只是每个方法里面都含有一个 self 的参数，这个也是方法与函数的区别。

　　如示例 8-49 所示，这个自定义的数据类型 Phone 就定义完成了，那么这种数据类型如何使用呢？需要创建对象才能使用。

2. 对象的创建

　　自定义的数据类型需要创建对象才能使用，对象创建完成就可以通过对象名去使用类中定义的属性和方法。

　　创建对象的语法如下：

对象名 = 类名 ()

　　对象的创建如示例 8-50 所示，运行效果如图 8-84 所示。

【示例 8-50】　对象的创建。

```
class Phone:
    brand=' 华为 '              # 品牌
    type='Mate40'              # 型号
    price=3999.9              # 价格


    # 打电话的功能
    def call(self):
        print(' 张三使用华为手机打电话 ')


    def answer_the_phone(self):
        print(' 张三使用华为手机接电话 ')


p=Phone()                      # 创建对象
p.call()                       # 调用打电话的方法
p.answer_the_phone()           # 调用接电话的方法
```

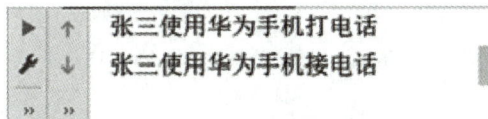

图 8-84　示例 8-50 运行效果

8.4　实　践　案　例

【案例名称】

学生成绩录入与统计分析系统。

【实践目的】

(1) 掌握 Python 的基础语法和流程控制结构。

(2) 熟练使用列表、字典等数据结构存储数据。

(3) 培养解决实际问题的编程思维能力。

(4) 学会基本的异常处理和程序调试方法。

【实践步骤】

1. 系统设计

1) 确定系统功能

(1) 成绩录入；

(2) 成绩查询；

(3) 统计分析 (平均分 / 最高分 / 及格率)；

(4) 数据保存 / 加载。

2) 设计数据结构

(1) 使用字典存储单个学生信息；

(2) 使用列表存储所有学生记录。

2. 核心功能实现

(1) 实现成绩录入功能。

```python
students = []
def add_score():
    name = input(" 请输入学生姓名：")
    score = float(input(" 请输入成绩："))
    students.append({"name":name, "score":score})
```

(2) 开发查询功能。

```python
def query_score():
    name = input(" 请输入要查询的学生姓名：")
    for s in students:
        if s["name"] == name:
            print(f" 学生 {s['name']} 的成绩是 {s['score']}")
            return
    print(" 未找到该学生！")
```

(3) 编写统计功能。

```python
def show_stats():
    scores = [s["score"] for s in students]
    print(f" 平均分：{sum(scores)/len(scores):.1f}")
    print(f" 最高分：{max(scores)}")
    print(f" 及格率：{sum(1 for s in scores if s>=60)/len(scores):.1%}")
```

3. 增强功能开发

(1) 实现文件存储。

```
import json
def save_data():
    with open("scores.json", "w") as f:
        json.dump(students, f)
```

(2) 添加异常处理。

```
try:
    score = float(input(" 请输入成绩："))
except ValueError:
    print(" 输入错误，请输入数字！")
```

(3) 开发主菜单界面。

```
while True:
    print("\n1. 添加成绩 2. 查询成绩 3. 查看统计 4. 退出 ")
    choice = input(" 请选择：")
    # 处理用户选择 ...
```

4. 测试优化

(1) 进行功能测试。

(2) 修复发现的 bug。

(3) 优化用户交互体验。

(4) 编写使用说明注释。

【实践效果】

(1) 完成具有完整功能的成绩管理系统。

(2) 掌握 Python 的核心知识点并进行实际应用。

(3) 编程调试能力得到显著提升。

(4) 获得可扩展的 Python 项目框架。

(5) 建立规范的编程开发习惯。

课后习题 8

参 考 文 献

[1] 廖晓峰，武春岭. 信息技术 (基础模块)[M]. 重庆：重庆大学出版社，2024.

[2] 罗印，徐文平. 计算机应用基础项目式教程 (Windows 10 + Office 2016)[M]. 西安：西安电子科技大学出版社，2024.

[3] 孙锋申，李玉霞. 新一代信息技术 [M]. 北京：中国水利水电出版社，2021.

[4] 唐作莉，刘蕊，郭顶龙. 计算机基础：基于国产化软件 [M]. 西安：西安电子科技大学出版社，2024.

[5] 杨淑娟，郭豪，周平昭，等. Python 程序设计教程 [M]. 西安：西安电子科技大学出版社，2024.